T20天正建筑 V8.0

实战从入门到精通

布克科技 高彦强 迟福桥 毛强强 ◎编著

人民邮电出版社

北 京

图书在版编目（CIP）数据

T20天正建筑V8.0实战从入门到精通 / 高彦强，迟福桥，毛强强编著. -- 北京：人民邮电出版社，2024.5
ISBN 978-7-115-63436-8

Ⅰ. ①T… Ⅱ. ①高… ②迟… ③毛… Ⅲ. ①建筑设计—计算机辅助设计—应用软件 Ⅳ. ①TU201.4

中国国家版本馆CIP数据核字(2024)第056499号

内 容 提 要

本书从初学者的角度出发，系统地介绍 T20 天正建筑 V8.0 的基本操作方法、绘制建筑图的方法及作图的实用技巧等内容，并且采用"知识点讲解+实例"的方式写作，以绘图实例贯穿全书，将理论知识融入大量的实例中，全面地介绍 T20 天正建筑 V8.0 在建筑设计领域的具体应用。

全书共 13 章。第 1 章介绍天正建筑软件的绘图基础及 T20 天正建筑 V8.0 新功能与改进功能；第 2 章至第 10 章结合实例介绍软件各命令的使用方法；第 11 章至第 13 章主要通过 3 个完整的实例对前面所讲的知识进行实战演练，包括公司办公楼施工图、学校教学楼施工图、酒店施工图的绘制。

本书内容系统、完整，实用性较强，不仅可以作为高等院校建筑、土木等专业及各类建筑制图培训班的教材，也可以作为相关工程技术人员的自学参考书。

◆ 编　著　布克科技　高彦强　迟福桥　毛强强
　　责任编辑　李永涛
　　责任印制　胡　南

◆ 人民邮电出版社出版发行　　北京市丰台区成寿寺路 11 号
　　邮编　100164　电子邮件　315@ptpress.com.cn
　　网址　https://www.ptpress.com.cn
　　固安县铭成印刷有限公司印刷

◆ 开本：787×1092　1/16
　　印张：20.5　　　　　　　　2024 年 5 月第 1 版
　　字数：524 千字　　　　　　2024 年 5 月河北第 1 次印刷

定价：99.90 元

读者服务热线：(010)81055410　印装质量热线：(010)81055316
反盗版热线：(010)81055315
广告经营许可证：京东市监广登字 20170147 号

前　言

天正建筑软件是一款由天正公司开发设计的非常专业的图纸设计软件。近 20 年来，天正公司秉承"以用户需求为导向"的经营理念和服务宗旨，致力于用先进计算机技术推动行业信息化发展，至今已开发出基于 AutoCAD 与 Revit 双平台的建筑、结构、给排水等 20 多款产品，它们在行业内具有广泛的应用基础。其中，以 T20 天正建筑 V8.0 为代表的全系列专业软件已成为建筑设计师爱不释手的设计工具，同时也已成为高等院校建筑专业学生的必修内容。

特点和内容

本书突出实用性，从初学者的角度出发，注重培养读者的实践能力，具有以下特色。

（1）结合 T20 天正建筑 V8.0 的特点组织本书内容及编排方式，系统地介绍 T20 天正建筑 V8.0 的基本操作方法、绘制建筑图的方法及作图的实用技巧等内容，并且提供了丰富的绘图练习。

（2）采用"知识点讲解+实例"的方式写作，以绘图实例贯穿全书，将理论知识融入大量的实例中，使读者在实际绘图过程中不知不觉地掌握理论知识，提高绘图水平。

本书共 13 章，主要内容介绍如下。

- 第 1 章：介绍天正建筑软件的绘图基础及 T20 天正建筑 V8.0 新功能与改进功能。
- 第 2 章：结合实例介绍轴网平面图。
- 第 3 章：结合实例介绍墙体的创建与编辑。
- 第 4 章：结合实例介绍柱子的创建与编辑。
- 第 5 章：结合实例详细介绍门窗的创建与编辑。
- 第 6 章：结合实例介绍楼梯及室内外设施的创建与编辑。
- 第 7 章：结合实例介绍尺寸及符号标注。
- 第 8 章：结合实例介绍立面图的绘制。
- 第 9 章：结合实例介绍剖面图的绘制。
- 第 10 章：结合实例介绍文件与布图。
- 第 11 章：介绍某公司办公楼建筑设计综合实例。
- 第 12 章：介绍某中学教学楼建筑设计综合实例。
- 第 13 章：介绍某酒店建筑设计综合实例。

配套资源

本书配套资源主要包括以下 3 部分内容。

1. ".dwg" 素材文件

本书练习需要使用的素材文件都在配套资源的"素材"文件夹下，读者可以在进行设计前打开这些文件。

2. ".mp4" 视频文件

本书部分典型实例的设计过程录制成了视频，放在配套资源的"操作视频"文件夹下。

3. 习题答案

本书的习题答案都在配套资源的"习题答案"文件夹下。

参加本书编写工作的除封面署名人员外，还有沈精虎、宋一兵、冯辉、董彩霞、管振起等。由于作者水平有限，书中难免存在疏漏之处，敬请读者批评指正。

感谢您选择了本书，也欢迎您对本书提出意见和建议并告诉我们，编辑邮箱：liyongtao@ptpress.com.cn。

布克科技

2024 年 3 月

目　录

第1章　T20 天正建筑 V8.0 绘图基础 1

1.1　建筑设计的流程图 1
1.2　选项设置与自定义界面 3
1.3　T20 天正建筑 V8.0 新功能及改进功能介绍 6
　1.3.1　注释系统新功能介绍 6
　1.3.2　房间面积相关内容 11
　1.3.3　图库图案 14
1.4　小结 15
1.5　习题 15

第2章　轴网平面图 16

2.1　轴网的概念 16
　2.1.1　轴线系统 16
　2.1.2　轴号系统 16
　2.1.3　尺寸标注系统 16
2.2　创建轴网 17
　2.2.1　绘制直线轴网 17
　2.2.2　绘制墙生轴网 19
　2.2.3　绘制弧线轴网 20
2.3　轴网标注与编辑 22
　2.3.1　轴网标注 22
　2.3.2　单轴标注 25
　2.3.3　添加轴线 27
　2.3.4　轴线裁剪 29
　2.3.5　轴网合并 30
　2.3.6　轴改线型 31
2.4　轴号的编辑 31
　2.4.1　添补轴号 32
　2.4.2　删除轴号 33
　2.4.3　一轴多号 34

2.4.4　轴号隐现 36
2.4.5　主附转换 37
2.4.6　轴号对象编辑 38
2.4.7　综合练习——某办公楼二层平面图轴网标注 38
2.5　小结 40
2.6　习题 41

第 3 章　创建与编辑墙体 43
3.1　创建墙体 43
3.1.1　墙体的概念 43
3.1.2　绘制墙体 44
3.1.3　等分加墙 47
3.1.4　单线变墙 48
3.1.5　墙体造型 49
3.1.6　净距偏移 50
3.2　编辑墙体 51
3.2.1　倒墙角 51
3.2.2　修墙角 52
3.2.3　基线对齐 53
3.2.4　墙柱保温 54
3.2.5　边线对齐 55
3.2.6　墙齐屋顶 56
3.2.7　编辑普通墙 56
3.2.8　编辑玻璃幕墙 57
3.3　墙体编辑命令 59
3.3.1　改墙厚 59
3.3.2　改外墙厚 60
3.3.3　改高度 61
3.3.4　改外墙高 62
3.4　墙体立面命令 63
3.4.1　墙面 UCS 63
3.4.2　异形立面 64
3.4.3　矩形立面 65
3.5　识别内外命令 66
3.5.1　识别内外 66
3.5.2　指定内墙 67
3.5.3　指定外墙 67
3.6　综合练习——绘制某办公楼的轴网和墙体 68
3.7　小结 70

3.8 习题 70

第 4 章 创建与编辑柱子 72

4.1 柱子的概念 72
  4.1.1 柱子的夹点定义 72
  4.1.2 柱子与墙体的连接方式 73
4.2 创建柱子 73
  4.2.1 标准柱 73
  4.2.2 角柱 76
  4.2.3 构造柱 78
4.3 编辑柱子 80
  4.3.1 替换柱子 80
  4.3.2 修改柱子 81
  4.3.3 柱齐墙边 82
4.4 综合练习——某办公楼平面柱子布置 83
4.5 小结 86
4.6 习题 86

第 5 章 创建与编辑门窗 88

5.1 创建门窗 88
  5.1.1 门窗 88
  5.1.2 组合门窗 93
  5.1.3 带形窗 94
  5.1.4 转角窗 96
5.2 编辑门窗 97
  5.2.1 门窗的夹点编辑 97
  5.2.2 对象编辑与特性编辑 97
  5.2.3 内外翻转 98
  5.2.4 左右翻转 99
5.3 门窗编号与门窗表 99
  5.3.1 门窗编号 99
  5.3.2 门窗检查 101
  5.3.3 门窗表 103
  5.3.4 门窗总表 104
5.4 门窗命令 106
  5.4.1 编号复位 106
  5.4.2 编号后缀 106
  5.4.3 门窗套 107

5.4.4　门口线 ……………………………………………………108
5.5　门窗库 …………………………………………………………109
5.5.1　平面门窗图块的概念 ………………………………………109
5.5.2　门窗原型 ……………………………………………………109
5.5.3　门窗入库 ……………………………………………………110
5.6　综合练习——绘制某图书馆首层的门窗 ……………………110
5.7　小结 ……………………………………………………………114
5.8　习题 ……………………………………………………………114

第6章　楼梯及室内外设施 …………………………………………117

6.1　创建楼梯 ………………………………………………………117
6.1.1　直线梯段 ……………………………………………………117
6.1.2　圆弧梯段 ……………………………………………………119
6.1.3　任意梯段 ……………………………………………………120
6.1.4　双跑楼梯 ……………………………………………………121
6.1.5　多跑楼梯 ……………………………………………………123
6.2　楼梯扶手与栏杆 ………………………………………………124
6.2.1　添加扶手 ……………………………………………………124
6.2.2　连接扶手 ……………………………………………………125
6.2.3　创建楼梯栏杆 ………………………………………………126
6.3　创建其他设施 …………………………………………………127
6.3.1　电梯 …………………………………………………………127
6.3.2　自动扶梯 ……………………………………………………129
6.3.3　阳台 …………………………………………………………130
6.3.4　台阶 …………………………………………………………131
6.3.5　坡道 …………………………………………………………132
6.3.6　散水 …………………………………………………………133
6.4　综合练习——绘制某图书馆首层平面图中的楼梯、电梯、台阶、散水 …134
6.5　小结 ……………………………………………………………137
6.6　习题 ……………………………………………………………138

第7章　尺寸与符号标注 ……………………………………………139

7.1　尺寸标注 ………………………………………………………139
7.1.1　门窗标注 ……………………………………………………139
7.1.2　门窗标注的联动 ……………………………………………140
7.1.3　墙厚标注 ……………………………………………………141
7.1.4　内门标注 ……………………………………………………141
7.1.5　两点标注 ……………………………………………………143

7.1.6 快速标注 144
7.1.7 逐点标注 145
7.1.8 半径标注 146
7.1.9 直径标注 148
7.1.10 角度标注 148
7.2 符号标注 149
7.2.1 符号标注的概念 150
7.2.2 符号标注的内容 150
7.2.3 箭头引注 150
7.2.4 引出标注 151
7.2.5 剖切符号 153
7.2.6 画指北针 154
7.2.7 符号标注练习 155
7.3 坐标与标高标注 157
7.3.1 标注状态设置 157
7.3.2 坐标标注 157
7.3.3 标高标注 158
7.4 综合练习——标注某图书馆首层平面图 159
7.5 小结 162
7.6 习题 162

第 8 章 立面 **164**

8.1 立面的概念 164
8.2 创建立面 165
8.2.1 建筑立面 165
8.2.2 构件立面 167
8.2.3 立面门窗 167
8.2.4 立面阳台 168
8.2.5 立面屋顶 169
8.3 编辑立面 170
8.3.1 门窗参数 170
8.3.2 立面窗套 171
8.3.3 雨水管线 172
8.3.4 柱立面线 173
8.3.5 立面轮廓 174
8.4 综合练习——绘制某住宅小区立面图 175
8.5 小结 176
8.6 习题 177

第9章 剖面 180

9.1 剖面的概念 180
9.2 创建剖面 181
9.2.1 建筑剖面 181
9.2.2 构件剖面 183
9.2.3 剖面门窗 184
9.2.4 门窗过梁 186
9.3 剖面楼梯与栏杆 187
9.3.1 参数楼梯 187
9.3.2 参数栏杆 189
9.3.3 扶手接头 190
9.4 综合练习——绘制某别墅的建筑图 190
9.5 小结 193
9.6 习题 194

第10章 文件与布图 197

10.1 天正工程管理 197
10.1.1 天正工程管理的概念 197
10.1.2 工程管理 197
10.1.3 图纸集 200
10.1.4 楼层表 200
10.1.5 三维组合 201
10.2 图纸布局 202
10.2.1 多比例布图 202
10.2.2 单比例布图 203
10.3 图纸布局命令 203
10.3.1 插入图框 203
10.3.2 图纸目录 206
10.3.3 定义视口 208
10.3.4 视口放大 209
10.3.5 改变比例 209
10.3.6 布局旋转 210
10.4 转换和导出命令 211
10.4.1 旧图转换 211
10.4.2 整图导出 211
10.4.3 批量导出 213
10.5 图形转换命令 213
10.5.1 图变单色 213

10.5.2 颜色恢复 214

10.5.3 图形变线 214

10.6 图框的用户定制 215

10.6.1 定制标题栏的准备 215

10.6.2 定制标题栏的入库 216

10.6.3 直接插入的用户定制图框 217

10.7 综合练习——插入图框、改变图形颜色及导出图形 217

10.8 小结 219

10.9 习题 219

第 11 章 某公司办公楼建筑设计综合实例 221

11.1 绘制首层建筑轴网 221

11.2 绘制首层墙体和柱子 223

11.3 绘制首层门窗 227

11.4 绘制其他构件和标注尺寸 229

11.5 创建标准层平面图 233

11.6 建立办公楼工程管理 242

11.7 生成办公楼立面图 244

11.8 生成办公楼剖面图 248

11.9 布置办公楼图纸 251

第 12 章 某中学教学楼建筑设计综合实例 254

12.1 创建首层平面图 254

12.1.1 绘制建筑轴线 254

12.1.2 绘制墙体和柱子 257

12.1.3 绘制首层门窗 261

12.1.4 绘制楼梯及其他构件 270

12.1.5 尺寸及符号标注 273

12.2 创建二层至四层平面图 277

12.3 创建顶层平面图 279

12.4 创建屋面排水示意图 281

12.5 建立教学楼工程管理 283

12.6 生成教学楼立面图 284

12.7 生成教学楼剖面图 287

12.8 布置教学楼图纸 290

第13章　某酒店建筑设计综合实例 293

13.1　绘制首层建筑轴网 293
13.2　绘制首层墙体和柱子 295
13.3　绘制首层门窗 298
13.4　绘制首层楼梯 300
13.5　创建室内外构件及标注尺寸 301
13.6　创建二层、三层平面图 306
13.7　创建屋顶平面图 308
13.8　建立酒店工程管理 310
13.9　生成酒店立面图 310
13.10　生成酒店剖面图 312
13.11　布置酒店图纸 315

第1章 T20 天正建筑 V8.0 绘图基础

【学习重点】

- 熟悉建筑设计的基本流程。
- 掌握 T20 天正建筑的选项设置与自定义界面的方法。
- 熟悉 T20 天正建筑 V8.0 新功能及改进功能。

通过对本章的学习，读者可以熟悉建筑设计的基本流程，掌握通过【天正自定义】对话框和【天正选项】对话框对软件界面形式及操作命令方面、建筑设计参数方面进行定制设置的方法，熟悉 T20 天正建筑 V8.0 的新功能及改进功能，为后续的软件实战学习奠定基础。

1.1 建筑设计的流程图

T20 天正建筑 V8.0 可满足建筑设计各个阶段的需求，无论是初期的方案设计还是最后阶段的施工图设计，设计图纸的绘制详细程度（设计深度）都取决于设计需求。设计需求由用户自己把握，而不需要通过切换软件的菜单来选择，也不需要有先进行三维建模、后进行施工图设计这样的转换过程。绘制设计图纸除具有因果关系的步骤必须严格遵守外，通常没有严格的先后顺序限制。

本节主要讲解绘制一套完整的建筑设计图纸应该采取的基本步骤，这有助于初学者在绘图时对设计有一定的概念。

图 1-1 所示是包含日照分析与节能分析的建筑设计流程图。

近 20 年来，天正公司秉承"以用户需求为导向"的经营理念和服务宗旨，致力于用先进计算机技术推动行业信息化发展，至今已开发出基于 AutoCAD 与 Revit 双平台的建筑、结构、给排水、暖通、电气、节能、日照、采光、碳排放及近零能耗等 20 多款产品，它们在行业内具有广泛的应用基础。其中，以建筑为代表的全系列专业软件已成为建筑设计师爱不释手的设计工具。

天正公司利用 AutoCAD 平台开发的 T20 天正建筑 V8.0 继续以先进的建筑对象概念服务于建筑施工图设计，成为建筑设计师的首选软件。

T20 天正建筑软件将设计师在绘图过程中常用的命令分类提取出来，将同类功能以选项板的形式呈现在绘图区上方。用户可直接在选项板中单击按钮激活相关命令，无须通过多级菜单寻找命令，可以更方便、快捷地完成工程图纸的绘制工作。图 1-2 所示为天正建筑软件的绘图工作界面。

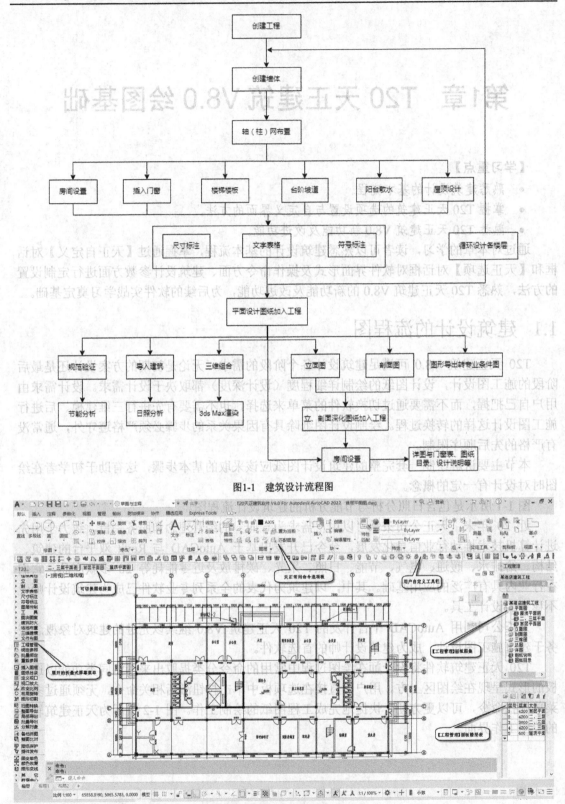

图1-1 建筑设计流程图

图1-2 天正建筑软件的绘图工作界面

1.2 选项设置与自定义界面

通过【天正自定义】对话框和【天正选项】对话框可以对软件界面形式及操作命令方面、建筑设计参数方面进行定制设置。此设置可以导出为 XML 文件，供其他用户使用，以实现参数配置的共享。单击 恢复默认 按钮可恢复为程序最初的设置。

选择菜单命令【设置】/【自定义】，打开【天正自定义】对话框，如图 1-3 所示，该对话框包括【基本设置】【屏幕菜单】【工具条】【快捷键】4 个选项卡，分别介绍如下。

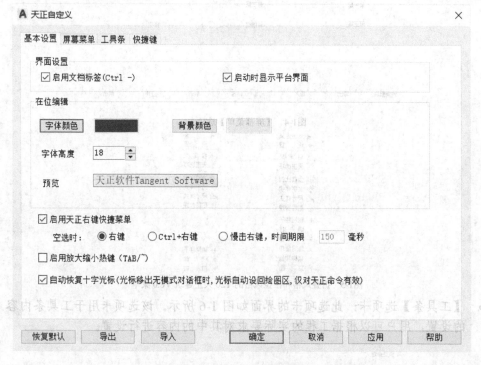

图1-3 【天正自定义】对话框

- **【基本设置】选项卡**：此选项卡的界面如图 1-3 所示。该选项卡用于设置系统的界面设置、在位编辑、启用天正右键快捷菜单、启用放大缩小热键及自动恢复十字光标等，用户可以根据工程的实际要求对其中的内容进行设置。快捷菜单的功能比较丰富，可实现命令帮助、目录跳转、启动命令及自定义等操作。在绘图过程中，快捷菜单能感知所选对象的类型，显示相应的编辑命令。用户还可以随意定制个性化菜单，以满足自己的习惯。

- **【屏幕菜单】选项卡**：此选项卡的界面如图 1-4 所示。该选项卡用于设置屏幕菜单及菜单风格。T20 天正建筑 V8.0 提供了方便的智能化菜单系统，该智能化菜单系统图文并茂、层次清晰、结构折叠，支持鼠标滚轮操作，使子菜单之间的切换更加快捷。从设计风格区分，每一个菜单都有折叠风格和推拉风格，用户可以结合自身的操作习惯及工程的实际要求进行选择。图 1-5 所示为折叠风格和推拉风格的 T20 天正建筑 V8.0 菜单。

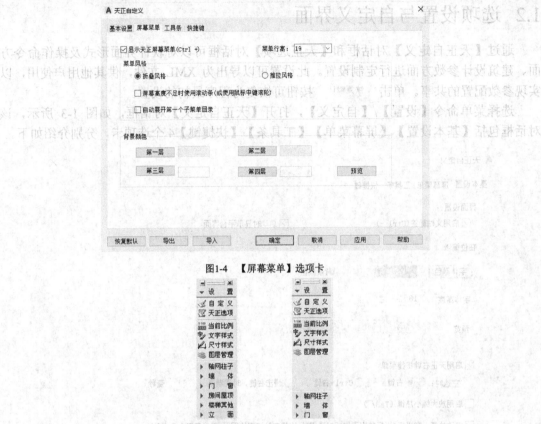

图1-4 【屏幕菜单】选项卡

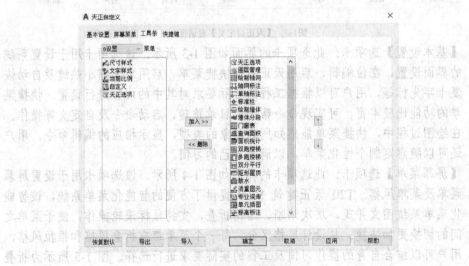

图1-5 折叠风格和推拉风格的 T20 天正建筑 V8.0 菜单

- 【工具条】选项卡：此选项卡的界面如图 1-6 所示。该选项卡用于工具条内容的设置，用户可以根据工程的实际要求对其中的内容进行设置。

图1-6 【工具条】选项卡

- 【快捷键】选项卡：此选项卡的界面如图 1-7 所示。该选项卡用于设置快捷键内容，用户可以根据工程的实际要求对其中的内容进行设置。

图1-7 【快捷键】选项卡

选择菜单命令【设置】/【天正选项】，打开【天正选项】对话框，如图 1-8 所示，该对话框包括【基本设定】【加粗填充】【高级选项】3 个选项卡，分别介绍如下。

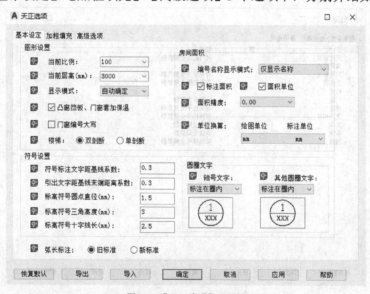

图1-8 【天正选项】对话框

- 【基本设定】选项卡：此选项卡的界面如图 1-8 所示。该选项卡用于设置系统的基本参数，用户可以根据工程的实际要求对其中的内容进行设置。
- 【加粗填充】选项卡：此选项卡的界面如图 1-9 所示。该选项卡专用于填充墙体与柱子，提供各种填充图案和加粗线宽，并有标准和详图两个级别。由用户通过当前比例给出界限，当前比例大于设置的比例界限时，就会从一种填充与加粗选择进入另外一种选择，可有效满足施工图中图纸类型填充不同与加粗详细程度不同的要求。
- 【高级选项】选项卡：此选项卡的界面如图 1-10 所示。用户可以通过文字表格 T20 的系统参数进行自由配置，使系统更加灵活地满足用户个性化的需求。

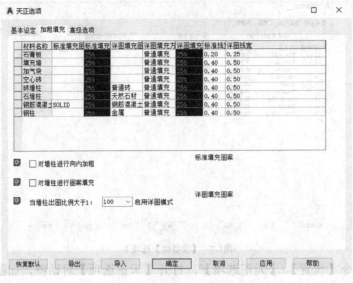

图1-9 【加粗填充】选项卡

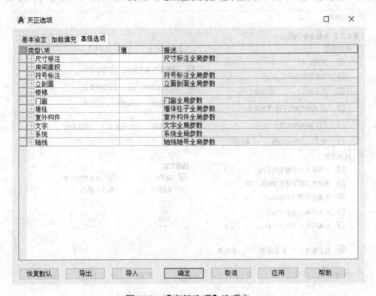

图1-10 【高级选项】选项卡

1.3 T20 天正建筑 V8.0 新功能及改进功能介绍

T20 天正建筑 V8.0 支持 32 位 AutoCAD 2010–2016 及 64 位 AutoCAD 2010–2022。

1.3.1 注释系统新功能介绍

注释系统新功能介绍如下。

1. 新增【轴号示意】命令

当标注轴号不在当前视图范围内时,在视图边缘开启浮动轴号的显示。

- 菜单命令：【轴网柱子】/【轴号示意】。
- 工具栏图标：。
- 命令：TDriftLabel。

【练习1-1】： 练习使用【轴号示意】命令。

1. 打开素材文件 "dwg\第 1 章\1-1.dwg"，如图 1-11 所示。

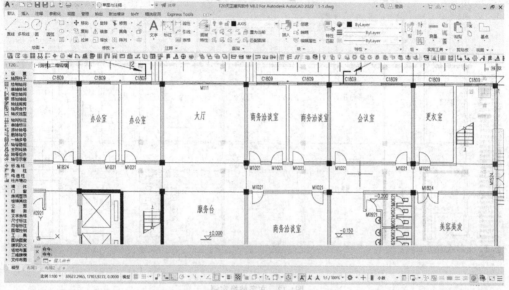

图1-11　轴号示意实例

2. 选择菜单命令【轴网柱子】/【轴号示意】或单击工具栏图标，在视图边缘开启浮动轴号的显示，结果如图 1-12 所示。

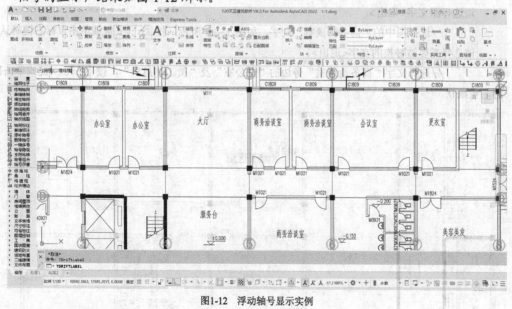

图1-12　浮动轴号显示实例

2. 新增【文字替换】命令

利用该命令可以用源文字替换目标文字。

- 菜单命令：【文字表格】/【文字替换】。
- 工具栏图标：■。
- 命令：TTextReplace。

【练习1-2】： 练习使用【文字替换】命令。

1. 打开素材文件"dwg\第 1 章\1-2.dwg"，如图 1-13 所示。

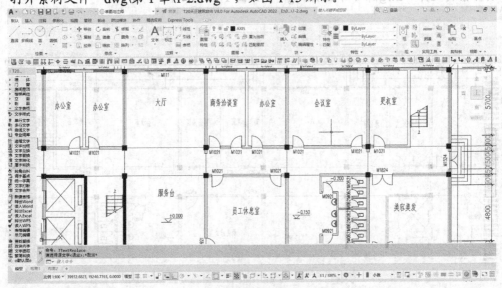

图1-13 文字替换实例

2. 选择菜单命令【文字表格】/【文字替换】或单击工具栏图标■。

3. 命令行提示如下。

请选择源文字<退出>：

//选择图中的"商务洽谈室"文字，如图 1-14 所示，按 Enter 键或单击鼠标右键确认

请选择需要被替换的文字<退出>：

//选择文字"商务洽谈室"旁边的"办公室"及"员工休息室"，按 Enter 键或单击鼠标右键确认

图1-14 选择源文字

结果如图 1-15 所示。

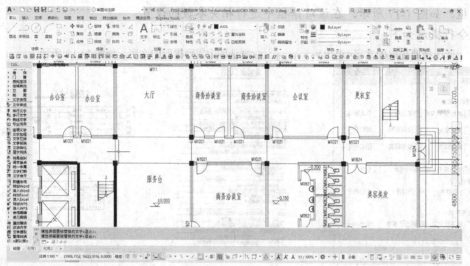

图1-15　文字替换完成

3.　新增【文字提取】命令

利用该命令可以提取选中对象中的文字到记事本或 Word 中。

- 菜单命令：【文字表格】/【文字提取】。
- 工具栏图标：🔲。
- 命令：TTextraText。

【练习1-3】：　练习使用【文字提取】命令，将图 1-16 中的建筑施工说明文字提取到记事本中。

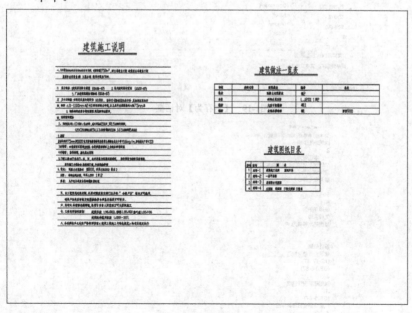

图1-16　文字提取实例

1.　打开素材文件"dwg\第 1 章\1-3.dwg"。

2. 选择菜单命令【文字表格】/【文字提取】或单击工具栏图标█，弹出【文字提取】对话框，如图 1-17 所示，在该对话框中进行相关参数的设置。

3. 命令行提示如下。

请选择要提取的文字<退出>：　　　　//框选图中需要提取的文字，如图 1-18 所示

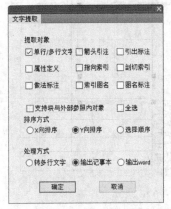

图1-17 【文字提取】对话框　　　　　　图1-18 框选要提取的文字

4. 按 Enter 键或单击鼠标右键确认，弹出【另存为】对话框，如图 1-19 所示，单击 保存(S) 按钮即可完成对文字的提取，结果如图 1-20 所示。

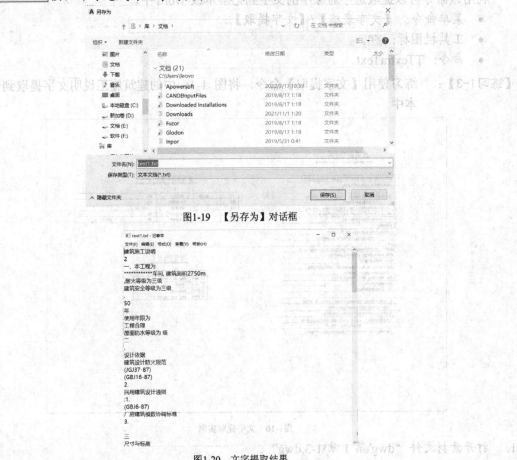

图1-19 【另存为】对话框

图1-20 文字提取结果

4. 其他新增功能

- 新增【属字转换】命令，使用该命令可以将文字转换为属性定义或将属性定义转换为文字。
- 新增【读入 Word】命令，使用该命令可根据 Word 中选中的表格，创建或更新图中相应的天正表格。
- 新增【合并标注】命令，使用该命令可以在选中的多个尺寸的外侧标注总尺寸。
- 新增【标高改值】命令，使用该命令可以批量对标高增加或减少指定标高值。
- 新增【加引注点】命令，使用该命令可以给引出标注快速增加标注点。
- 新增【删引注点】命令，使用该命令可以批量删除引出标注的标注点。
- 新增【符号对齐】命令，使用该命令可以实现引出标注、索引符号的端头对齐。

1.3.2 房间面积相关内容

　　房间面积是一系列符合房产测量规范和建筑设计规范统计规则的命令，按这些规范的不同计算方法可获得多种面积指标统计表格，分别用于房产部门的面积统计和设计审查、报批。此外，为创建用于渲染的室内三维模型，房间对象提供了一个三维地面的特性，开启该特性就可以获得三维楼板，绘制一般的建筑施工图不需要开启该特性。

　　(1) 在【天正选项】对话框中利用增加房间面积的相关设置来整体控制图纸中房间对象的显示情况。

- 菜单命令：【设置】/【天正选项】。
- 工具栏图标：。
- 命令：toptions。

　　执行【天正选项】命令后，打开【天正选项】对话框，如图 1-21 所示，利用该对话框中增加房间面积的相关设置来整体控制图纸中房间对象的显示情况。

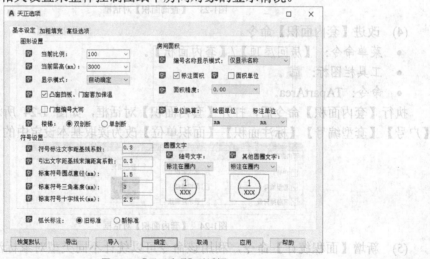

图1-21　【天正选项】对话框

　　(2) 改进【搜索房间】命令。

- 菜单命令：【房间屋顶】/【搜索房间】。
- 工具栏图标：。

- 命令：TUpdSpace。

执行【搜索房间】命令后，打开【搜索房间】对话框，如图 1-22 所示。将对话框中的【显示房间名称】【显示房间编号】【标注面积】【面积单位】改为读取基本设定中的设置，支持直接批量生成阳台面积，支持搜索并正确生成回字形房间。

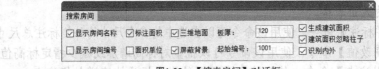

图1-22 【搜索房间】对话框

(3) 改进【查询面积】命令。

- 菜单命令：【房间屋顶】/【查询面积】。
- 工具栏图标：。
- 命令：TSpArea。

执行【查询面积】命令后，打开【查询面积】对话框，如图 1-23 所示。将对话框中的【显示房间名称】【显示房间编号】【标注面积】【面积单位】改为读取基本设定中的设置。在对话框中增加房间名称的预设，增加是否显示轮廓线、建筑面积是否忽略凸出外墙皮的柱子、是否扣减房间内独立柱面积、面积边界是按墙中线还是按墙边线计算的设置；在房间面积查询模式下，增加对回字形房间的支持；在查询多段线面积和阳台面积时，支持框选批量生成；新增支持查询填充面积。

图1-23 【查询面积】对话框

(4) 改进【套内面积】命令。

- 菜单命令：【房间屋顶】/【套内面积】。
- 工具栏图标：。
- 命令：TApartArea。

执行【套内面积】命令后，打开【套内面积】对话框，如图 1-24 所示。将对话框中的【户号】【套型编号】【标注面积】【面积单位】改为读取基本设定中的设置。

图1-24 【套内面积】对话框

(5) 新增【面积统计】命令，利用该命令可以统计不同类型对象标注的面积，并生成统计表。

- 菜单命令：【房间屋顶】/【面积统计】。
- 工具栏图标：。
- 命令：TCountArea。

【练习1-4】： 练习使用【面积统计】命令，完成对图 1-25 所示房间的面积统计。

图1-25 面积统计实例

面积统计表

名称	编号	面积(m²)
房间	1016	88.70
房间	1017	63.91
房间	1018	63.91
房间	1019	63.91
房间	1020	63.91
房间	1023	75.12
房间	1024	30.99
房间	1025	95.53
房间	1026	63.90
房间	1027	63.91
房间	1028	63.88
房间	1029	63.88
房间	1030	122.86

1. 打开素材文件 "dwg\第 1 章\1-4.dwg"，选择菜单命令【房间屋顶】/【面积统计】或单击工具栏图标，打开【面积统计】对话框，设置相关参数，如图 1-26 所示。

2. 命令行提示如下。

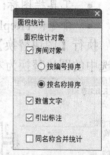

图1-26 【面积统计】对话框

请选择需要统计面积的对象<退出>：//选择需要统计面积的对象，如图 1-27 所示，按 Enter 键或单击鼠标右键确认

请点取表格的插入位置<退出>：

//点取表格插入的位置，按 Enter 键或单击鼠标右键退出

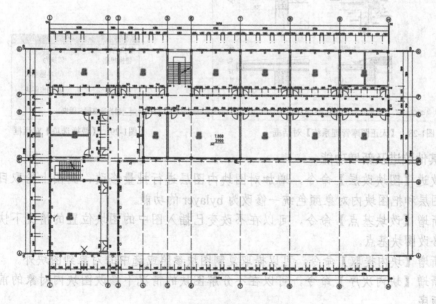

图1-27 选择需要统计面积的对象

1.3.3 图库图案

天正图库系统是一款采用新编程技术开发的多视图管理软件，该软件支持贴附材质的多视图图块，支持同时打开多张图片的操作。天正可以对图块附加图块屏蔽特性，图块可以遮挡背景对象而无须对背景对象进行裁剪，实现对象编辑，以随时改变图块的精确尺寸与转角。

1. **改进【通用图库】命令**
   - 菜单命令：【图块图案】/【通用图库】。
   - 工具栏图标：▦。
   - 命令：tkw。

执行【通用图库】命令后，打开【天正图库管理系统】对话框，如图 1-28 所示，该对话框提供了搜索图块的功能，右侧的图块预览界面支持用鼠标滚轮翻页。

2. **改进【图块替换】命令**
   - 菜单命令：【图块图案】/【图块替换】。
   - 工具栏图标：▨。
   - 命令：TRepIns。

执行【图块替换】命令后，打开【替换选项】对话框，如图 1-29 所示，该对话框支持把选中的图块替换为本图中的另一个图块，在替换时还支持多选操作。

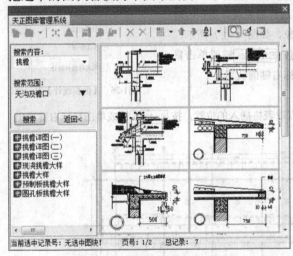

图1-28　【天正图库管理系统】对话框

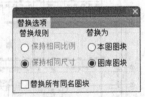

图1-29　【替换选项】对话框

3. **其他改进及新增功能**
   - 改进【图块改层】命令，增加对图块内图层进行批量修改、到图上拾取目标图层和把图块内对象颜色统一修改为 bylayer 的功能。
   - 新增【改块基点】命令，可以在不改变已插入图中的图块位置的情况下快速修改图块基点。
   - 新增【块内提取】命令，可以提取复制图块参照或选中的对象到图块外。
   - 新增【块内次序】命令，可以在不分解图块的情况下修改图块内对象的前后顺序。

1.4　小结

本章主要内容总结如下。

(1)　介绍了绘制一套完整的建筑设计图纸应该采取的基本步骤，便于初学者在绘图时对设计有一定的概念。

(2)　讲解了通过【天正自定义】对话框和【天正选项】对话框对软件界面形式及操作命令方面、建筑设计参数方面进行定制设置的方法。

(3)　介绍了 T20 天正建筑 V8.0 的主要新功能及改进功能。

1.5　习题

1.　填空题

(1)　T20 天正建筑软件将设计师在绘图过程中常用的命令分类提取出来，将同类功能以（　　　　）的形式呈现在绘图区上方。用户可直接在选项板中单击按钮激活相关命令，无须通过多级菜单寻找命令，可以更方便、快捷地完成工程图纸的绘制工作。

(2)　通过（　　　　）和（　　　　）可以对软件界面形式及操作命令方面、建筑设计参数方面进行定制设置。此设置可以导出成 XML 文件，供其他用户使用，以实现参数配置的共享。单击 恢复默认 按钮可恢复为程序最初的设置。

(3)　T20 天正建筑 V8.0 的快捷菜单功能比较丰富，可实现（　　　　）、（　　　　）、（　　　　）、（　　　　）等操作。

2.　思考题

(1)　T20 天正建筑 V8.0 菜单的风格有几种？各风格的区别主要表现在哪些方面？

(2)　T20 天正建筑 V8.0 注释系统的新功能主要有哪些？

第2章　轴网平面图

【学习重点】

- 熟悉轴网的概念。
- 掌握创建轴网的方法。
- 熟练掌握轴网标注与编辑的方法。
- 熟悉轴号的编辑方法。

2.1　轴网的概念

轴网是由两组或多组轴线与轴号、尺寸标注组成的平面网格，是建筑物单体平面布置和墙柱构件定位的依据。完整的轴网由轴线、轴号和尺寸标注 3 个相对独立的系统构成。

2.1.1　轴线系统

轴线是把 AutoCAD 的线、弧或圆放到特定图层来表示的，因此除了用天正的命令来创建，也可以用 AutoCAD 的绘图功能来创建。另外，T20 天正建筑 V8.0 的轴网输入采用了电子表格的形式，支持鼠标右键操作，可以绘制非正交的直线轴网。

2.1.2　轴号系统

轴号是内部带有比例的自定义专业对象，是按照《房屋建筑制图统一标准》（GB/T 50001—2017）的规定编制的，它默认在轴线两端成对出现，可以通过对象编辑单独控制隐藏单侧轴号或隐藏某一个别轴号的显示。轴号的大小与编号方式符合现行制图规范的要求，保证出图后号圈直径是 8，不规范字符不得用作轴号。轴号对象预设了专用夹点，拖动夹点可以使轴号偏移、横向移动，还可以改变引线长度等。

2.1.3　尺寸标注系统

尺寸标注系统由自定义尺寸标注对象构成，在标注轴网时自动生成于轴线图层 AXIS 上。除了图层不同，与其他命令的尺寸标注没有区别。创建轴网有以下 3 种方法。

- 使用【绘制轴网】命令生成标准的直轴网或弧轴网。
- 根据已有的建筑平面布置图，使用【墙生轴网】命令生成轴网。
- 在轴线图层上绘制直线、圆及圆弧，使用【轴网标注】命令将其识别为轴线。

2.2　创建轴网

　　轴网是建筑制图的主体框架，建筑物的主要支承构件按照轴网定位排列，以达到井然有序的效果。下面介绍几种创建轴网的方法。

2.2.1　绘制直线轴网

　　【绘制轴网】功能用于生成正交轴网、斜交轴网或单向轴网。选择菜单命令【轴网柱子】/【绘制轴网】，打开【绘制轴网】对话框，在【直线轴网】选项卡中进行直线轴网的绘制。

　　1.　命令启动方法
- 菜单命令：【轴网柱子】/【绘制轴网】，如图 2-1 所示。
- 工具栏图标：⊞。
- 命令：TRectAxis。

图2-1　菜单命令【轴网柱子】/【绘制轴网】

　　【练习2-1】：　绘制直线轴网。

　　绘制图 2-2 所示的某大学生公寓轴网，其尺寸对应下开间为 5×3600、3900、5×3600，左进深为 4800、2100、4800。

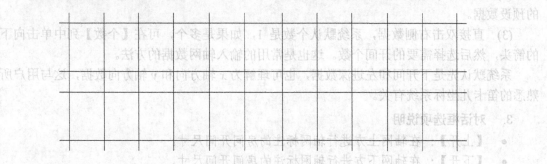

图2-2　某大学生公寓轴网

1.　选择菜单命令【轴网柱子】/【绘制轴网】或单击工具栏图标⊞，启动【绘制轴网】命令。
2.　弹出【绘制轴网】对话框，进入【直线轴网】选项卡，分别输入下开间、左进深的数据，如图 2-3 和图 2-4 所示。

图2-3 【绘制轴网】对话框中下开间数据的输入

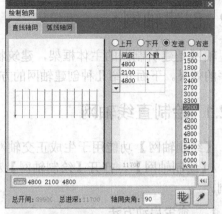

图2-4 【绘制轴网】对话框中左进深数据的输入

 【绘制轴网】对话框的左侧列表框中显示了预览图，下开间显示为红线，左进深显示为绿线。

3. 数据输入完成后，出现一个跟随鼠标指针移动的全红线框，在绘图区单击，将其放到适当位置，结果如图 2-5 所示。

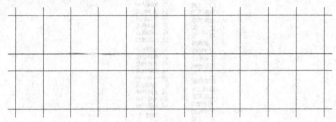

图2-5 绘制完成的直线轴网

2. 输入轴网数据的方法

(1) 直接在【键入】文本框内输入轴网数据，数据之间用空格或英文逗号隔开，输入完毕后按 Enter 键生效。

(2) 在电子表格中输入【间距】值和【个数】值，可直接用右侧数据栏或下拉列表中的预设数据。

(3) 直接双击右侧数据，系统默认个数是 1，如果是多个，可在【个数】列中单击向下的箭头，然后选择需要的开间个数。这也是常用的输入轴网数据的方法。

系统默认先是下开间和左进深数据，也可理解为 x 轴方向和 y 轴方向数据，这与用户所熟悉的笛卡儿坐标系统有关。

3. 对话框选项说明

- 【上开】：在轴网上方进行轴网标注的房间开间尺寸。
- 【下开】：在轴网下方进行轴网标注的房间开间尺寸。
- 【左进】：在轴网左侧进行轴网标注的房间进深尺寸。
- 【右进】：在轴网右侧进行轴网标注的房间进深尺寸。
- 【个数】：数据的重复次数，可通过单击右侧数据栏或下拉列表中的预设数据获得，也可以直接输入。

- 【间距】：开间或进深的尺寸数据，可通过单击右侧数据栏或下拉列表中的预设数据获得，也可以直接输入。
- 【键入】：输入一组尺寸数据，数据之间用空格或英文逗号隔开，按 Enter 键可将数据输入电子表格中。
- 【轴网夹角】：输入开间与进深轴线之间的夹角数据，默认为 90°。

用鼠标右键单击电子表格中的【行首】按钮 ▸，可以执行新建、插入、删除与复制数据行等操作。

在【绘制轴网】对话框中输入所有尺寸数据后，命令行提示如下。

请选择插入点 [旋转 90 度 (A) /切换插入点 (T) /左右翻转 (S) /上下翻转 (D) /改转角 (R)]：

此时可移动基点插入轴网，直接单击选取轴网目标位置或按提示选项回应。

要点提示 输入的尺寸定位以轴网的左下角轴线交点为基点，多层建筑各平面同号轴线的交点位置应一致。

2.2.2 绘制墙生轴网

在方案设计中，建筑设计师需反复修改平面图，如增加墙体，删除墙体，修改开间、进深数据等，用轴线定位就不太方便了。为此天正提供根据墙体生成轴网的功能，建筑设计师可以在参考栅格点上直接进行设计，待平面方案确定后，再用【墙生轴网】命令生成轴网。也可用墙体命令绘制平面草图，然后生成轴网。

命令启动方法
- 菜单命令：【轴网柱子】/【墙生轴网】。
- 工具栏图标：⊩。
- 命令：TWall2Axis。

【练习2-2】： 墙生轴网设计实例。

1. 打开素材文件"dwg\第 2 章\2-2.dwg"，如图 2-6 所示。

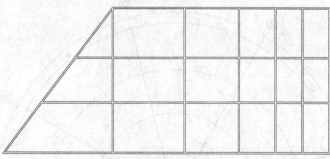

图2-6 墙生轴网设计实例

2. 选择菜单命令【轴网柱子】/【墙生轴网】或单击工具栏图标 ⊩，按照命令行提示选择墙体，按 Enter 键后会在墙体基线位置自动生成没有标注轴号和尺寸的轴网，结果如图 2-7 所示。
3. 关闭墙体图层之后，生成的轴网效果如图 2-8 所示。

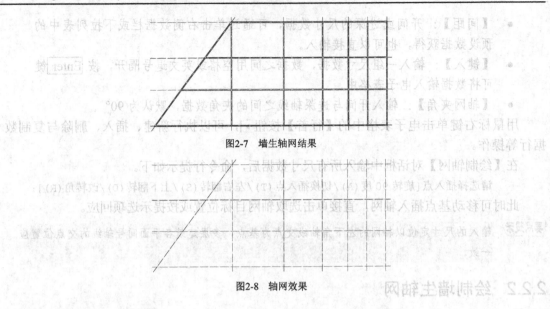

图2-7 墙生轴网结果

图2-8 轴网效果

2.2.3 绘制弧线轴网

弧线轴网是由一组同心弧线和不过圆心的径向直线组成的，常用于组合其他轴网，端径向轴线由两轴网共用。在【绘制轴网】对话框的【弧线轴网】选项卡中进行弧线轴网的绘制，【绘制轴网】命令支持拾取已有轴网参数的方法。

1. **命令启动方法**
   - 菜单命令：【轴网柱子】/【绘制轴网】。
   - 工具栏图标：⊞。
   - 命令：TRectAxis。

【练习2-3】： 绘制图2-9所示的某办公楼的弧线轴网。

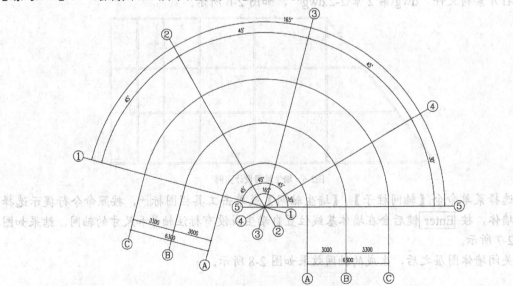

图2-9 某办公楼的弧线轴网

1. 选择菜单命令【轴网柱子】/【绘制轴网】或单击工具栏图标⊞，弹出【绘制轴网】对话框，进入【弧线轴网】选项卡，选择【进深】单选项，参数设置如图2-10所示。
2. 选择【夹角】单选项，参数设置如图2-11所示。

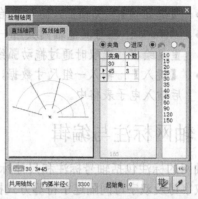

图2-10　在【弧线轴网】选项卡中输入进深数据　　　　图2-11　在【弧线轴网】选项卡中输入夹角数据

【绘制轴网】对话框的左侧列表框中显示了预览图，圆心角显示为红线，进深显示为绿线。

3. 数据输入完成后，出现一个跟随鼠标指针移动的全红线框，在绘图区单击，将其放到适当位置，结果如图2-12所示。

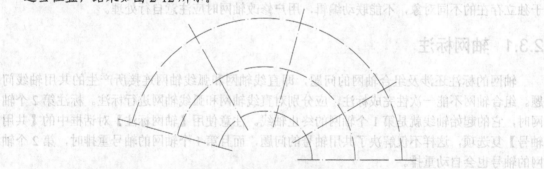

图2-12　绘制完成后的弧线轴网

2. 输入弧线轴网数据的方法

(1) 直接在【键入】文本框中输入轴网数据，数据之间用空格或英文逗号隔开，输入完毕后按 Enter 键生效。

(2) 在电子表格中输入【间距】值、【夹角】值和【个数】值，可直接用右侧数据栏或下拉列表中的预设数据。

3. 对话框选项的说明

* 【进深】：在轴网径向上，从圆心到外圆的轴线尺寸序列，单位为 mm。
* 【夹角】：从起始角开始，按旋转方向排列的轴线开间序列，单位为 "° "（度）。
* 【间距】：进深的尺寸数据，可以通过单击右方数据栏或下拉列表中的预设数据获得，也可以直接输入。
* 【个数】：数据的重复次数，可以通过单击右侧数据栏或下拉列表中的预设

数据获得，也可以直接输入。

- 内弧半径<：从圆心起算的最内侧环向轴线半径，可以从图上取两点获得，也可以为"0"。
- 【起始角】：x 轴正方向与起始径向轴线的夹角（按旋转方向定）。
- 共用轴线<：在与其他轴网共用一根径向轴线时，从图上指定该径向轴线，不再重复绘出，选取时通过拖动弧线轴网确定与其他轴网连接的方向。
- 【键入】：输入一组尺寸数据，数据之间用空格或英文逗号隔开，按 Enter 键后输入电子表格中。

2.3 轴网标注与编辑

轴网的标注包括轴号标注和尺寸标注，轴号可按规范要求用数字、大写字母、小写字母、双字母及双字母间隔连字符等方式标注，可适应各种复杂分区轴网。按照《房屋建筑制图统一标准》（GB/T 50001—2017）8.0.4 条的规定，英文字母作为轴号时，应全部采用大写字母，不应用同一个字母的大小写来区分轴号。英文字母 I、O、Z 不得用作轴号。系统在排序时会自动跳过这几个字母。

T20 天正建筑 V8.0 的轴网输入采用了电子表格的形式，支持鼠标右键操作，可一次性绘制非正交的直线轴网。尽管轴网标注命令能一次完成轴号和尺寸的标注，但轴号和尺寸属于独立存在的不同对象，不能联动编辑，用户修改轴网时应注意自行处理。

2.3.1 轴网标注

轴网的标注还涉及组合轴网的问题，即直线轴网和弧线轴网连接所产生的共用轴线问题。组合轴网不能一次性完成标注，应分别对直线轴网和弧线轴网进行标注。标注第 2 个轴网时，它的起始轴线就是第 1 个轴网的终止轴线。注意使用【轴网标注】对话框中的【共用轴号】复选项，这样不仅解决了共用轴号的问题，而且第 1 个轴网的轴号重排时，第 2 个轴网的轴号也会自动重排。

1. 命令启动方法

- 菜单命令：【轴网柱子】/【轴网标注】。
- 工具栏图标：▦▦。
- 命令：TMultAxisDim。

【练习2-4】： 打开素材文件"dwg\第 2 章\2-4.dwg"，如图 2-13 上图所示，标注该别墅的轴网，结果如图 2-13 下图所示。

1. 选择菜单命令【轴网柱子】/【轴网标注】或单击工具栏图标▦▦，弹出【轴网标注】对话框，参数设置如图 2-14 所示。
2. 命令行提示如下。

        请选择起始轴线<退出>：   //选择直线轴网某进深一侧的起始轴线 P1
        请选择终止轴线<退出>：   //选择直线轴网某进深同侧的终止轴线 P2
        请选择不需要标注的轴线：   //单击鼠标右键确认

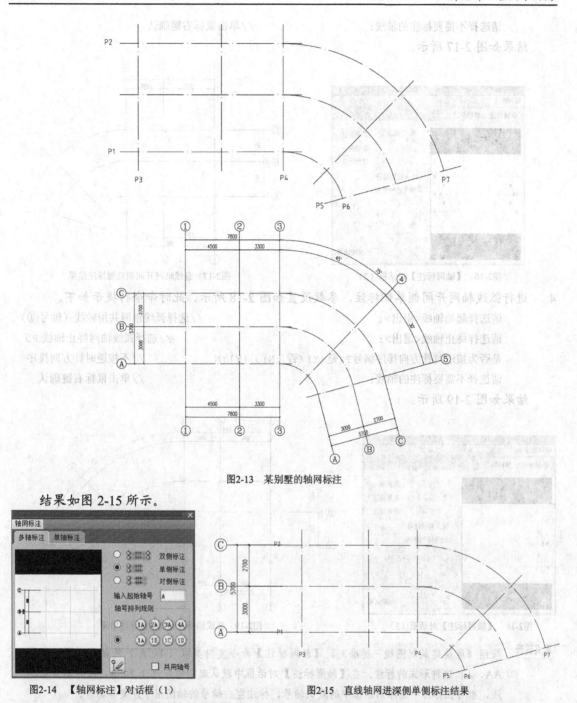

图2-13 某别墅的轴网标注

结果如图 2-15 所示。

图2-14 【轴网标注】对话框（1）

图2-15 直线轴网进深侧单侧标注结果

要点提示 在单侧标注的情况下，选择轴线的哪一侧就标在哪一侧。

3. 进行直线轴网开间侧双侧标注，参数设置如图 2-16 所示，此时命令行提示如下。

　　　请选择起始轴线<退出>：　　　　　　　　　//选择直线轴网某开间一侧的起始轴线 P3
　　　请选择终止轴线<退出>：　　　　　　　　　//选择直线轴网某开间同侧的终止轴线 P4

请选择不需要标注的轴线： //单击鼠标右键确认

结果如图 2-17 所示。

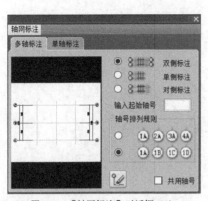

图2-16 【轴网标注】对话框（2）

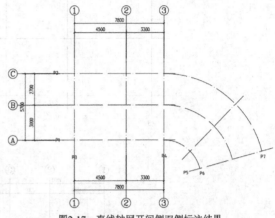

图2-17 直线轴网开间侧双侧标注结果

4. 进行弧线轴网开间侧单侧标注，参数设置如图 2-18 所示，此时命令行提示如下。

    请选择起始轴线<退出>： //选择弧线轴网共用轴线（轴号③）

    请选择终止轴线<退出>： //选择弧线轴网终止轴线 P5

    是否为按逆时针方向排序编号?(是(Y)/否（N)）[Y]:N //不按逆时针方向排序

    请选择不需要标注的轴线： //单击鼠标右键确认

结果如图 2-19 所示。

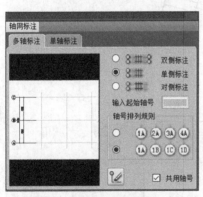

图2-18 【轴网标注】对话框（3）

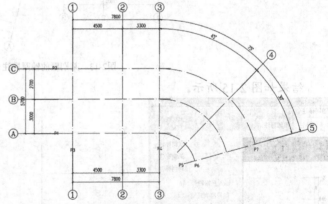

图2-19 弧线轴网开间侧单侧标注结果

 按照《房屋建筑制图统一标准》，【轴网标注】命令支持类似 1-1、A-1 的轴号分区标注与 AA、A1 这种形式的标注。在【轴网标注】对话框中默认起始轴号为 1 和 A，按方向自动标注，也可在标注中删除对话框中的默认轴号，标注空白轴号的轴网用于方案等场合。

5. 按 Enter 键重复执行命令，弹出【轴网标注】对话框，参数设置如图 2-20 所示。

6. 命令行提示如下。

    请选择起始轴线<退出>： //选择弧线轴网内圈轴线 P6

    请选择终止轴线<退出>： //选择弧线轴网外圈轴线 P7

    请选择不需要标注的轴线： //单击鼠标右键确认

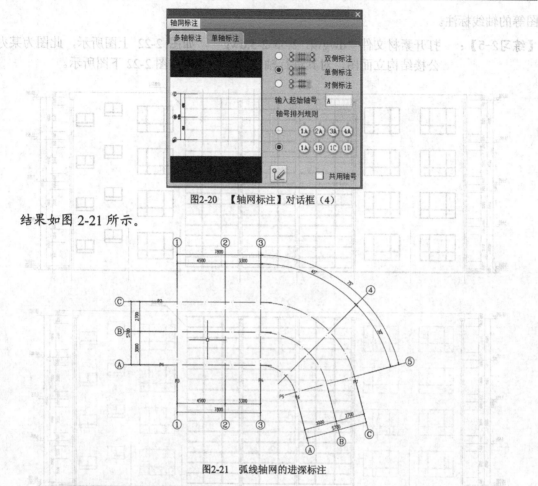

图2-20 【轴网标注】对话框（4）

结果如图 2-21 所示。

图2-21 弧线轴网的进深标注

2. 【轴网标注】对话框选项说明

- 【输入起始轴号】：希望起始轴号不是默认值 1 或 A 时，在此处输入自定义的起始轴号，轴号可以使用字母和数字组合。
- 【共用轴号】：选择此复选项，表示起始轴号由所选择的已有轴号的后继数字或字母决定。
- 【单侧标注】：表示在当前选择的一侧的开间（进深）标注轴号和尺寸。
- 【双侧标注】：表示在两侧的开间（进深）均标注轴号和尺寸。

2.3.2 单轴标注

命令启动方法

- 菜单命令：【轴网柱子】/【单轴标注】。
- 工具栏图标： 。
- 命令：TSingleAxisDim。

【单轴标注】命令只对单个轴线标注轴号，轴号独立生成，不与已经存在的轴号系统和尺寸系统产生关联。该命令不适用于一般的平面图轴网的轴线标注，常用于立面与剖面、详图等的轴线标注。

【练习2-5】： 打开素材文件"dwg\第 2 章\2-5.dwg"，如图 2-22 上图所示，此图为某办公楼结构立面图，对其进行轴线标注，结果如图 2-22 下图所示。

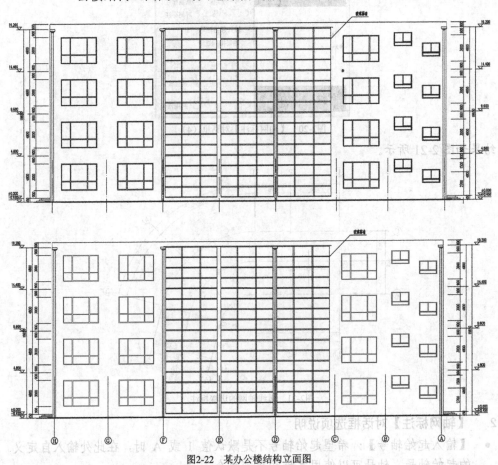

图2-22　某办公楼结构立面图

1. 选择菜单命令【轴网柱子】/【单轴标注】，弹出【轴网标注】对话框，进入【单轴标注】选项卡，参数设置如图 2-23 所示。

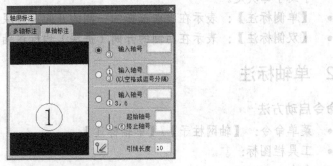

图2-23　【单轴标注】选项卡

2. 命令行提示如下。

点取待标注的轴线或 [手工绘制(D)] <退出>：

//选取要标注的右侧第 1 根轴线

结果如图 2-24 所示。

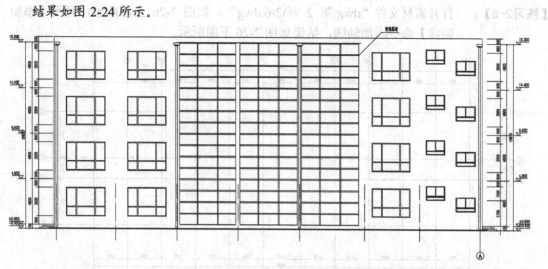

图2-24　第 1 根轴线标注结果

3. 在【单轴标注】选项卡的【输入轴号】文本框中输入轴号"B"，然后标注第 2 根轴线，结果如图 2-25 所示。

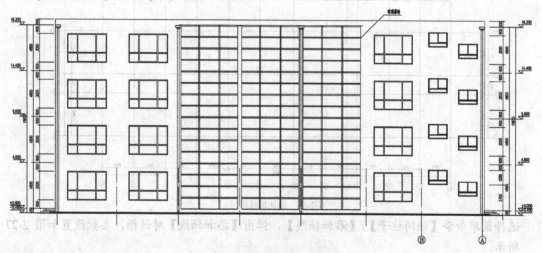

图2-25　第 2 根轴线标注结果

4. 用上述方法标注其余轴线，最终结果如图 2-22 下图所示。

2.3.3　添加轴线

命令启动方法

- 菜单命令：【轴网柱子】/【添加轴线】。
- 工具栏图标：▆。
- 命令：TInsAxis。

【添加轴线】命令应在【轴网标注】命令执行完成后执行，其功能是参考某一根已经存在的轴线，在其任意一侧添加一根新轴线，同时根据用户的选择赋予新的轴号，把新轴线和新轴号一起融入存在的参考轴号系统中。

27

【练习2-6】：　打开素材文件 "dwg\第 2 章\2-6.dwg"，如图 2-26 上图所示，利用【添加轴线】命令添加轴线，结果如图 2-26 下图所示。

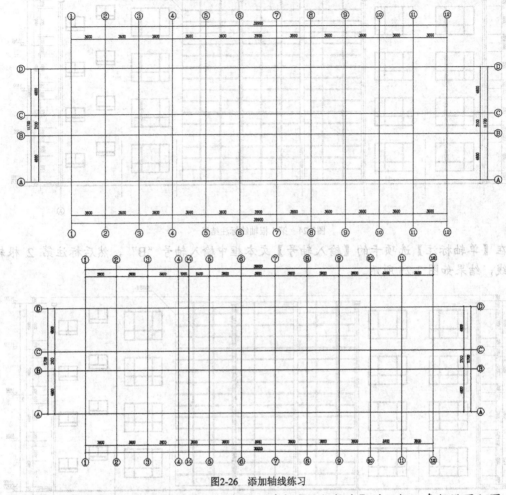

图2-26　添加轴线练习

1. 选择菜单命令【轴网柱子】/【添加轴线】，弹出【添加轴线】对话框，参数设置如图 2-27 所示。

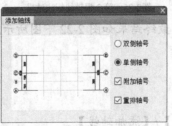

图2-27　【添加轴线】对话框

2. 命令行提示如下。

　　　选择参考轴线<退出>：　　　　　　　　　　　　　　//选择轴线4
　　　距参考轴线的距离<退出>：1200　　　　　　　　//输入距参考轴线的距离并按 Enter 键完成

　　结果如图 2-26 下图所示。

2.3.4 轴线裁剪

命令启动方法

- 菜单命令:【轴网柱子】/【轴线裁剪】。
- 工具栏图标: 。
- 命令: TClipAxis。

【轴线裁剪】命令可以根据设定的多边形或直线范围,裁剪多边形内的轴线或直线某一侧的轴线。

【练习2-7】: 打开素材文件"dwg\第 2 章\2-7.dwg",如图 2-28 上图所示,利用【轴线裁剪】命令裁剪轴线,结果如图 2-28 下图所示。

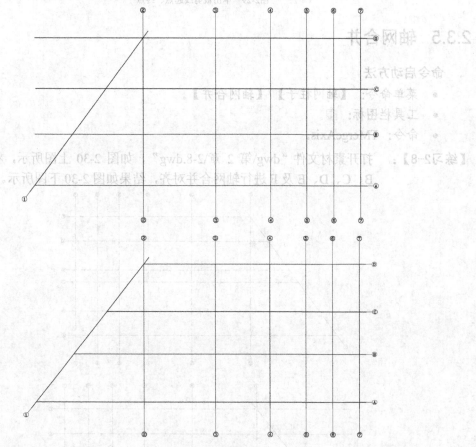

图2-28 轴线裁剪练习

选择菜单命令【轴网柱子】/【轴线裁剪】,命令行提示如下。

矩形的第一个角点或 [多边形裁剪(P)/轴线取齐(F)]<退出>:F //选择"轴线取齐(F)"选项
请输入裁剪线的起点或选择一裁剪线: //单击裁剪线起点A
请输入裁剪线的终点: //单击裁剪线终点B,如图 2-29 所示
请输入一点以确定裁剪的是哪一边: //单击轴线被剪裁的一侧

结果如图 2-28 下图所示。

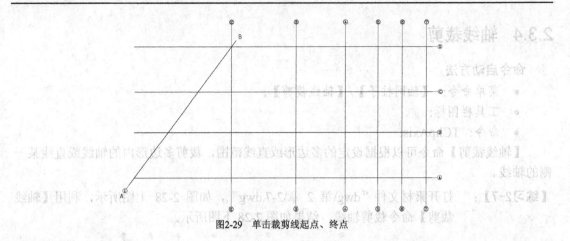

图2-29　单击裁剪线起点、终点

2.3.5　轴网合并

命令启动方法

- 菜单命令：【轴网柱子】/【轴网合并】。
- 工具栏图标：⊞。
- 命令：TMergeAxis。

【练习2-8】：　打开素材文件"dwg\第 2 章\2-8.dwg"，如图 2-30 上图所示，将轴线 A、
　　　　　　　B、C、D、E 及 F 进行轴网合并对齐，结果如图 2-30 下图所示。

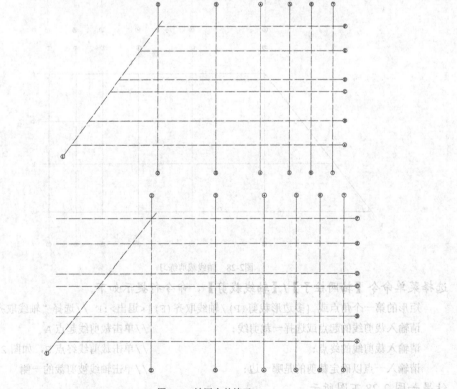

图2-30　轴网合并练习

选择菜单命令【轴网柱子】/【轴网合并】，命令行提示如下。

```
请选择需要合并对齐的轴线<退出>：    //依次选择轴线 A、B、C、D、E 及 F 后按 Enter 键
请选择需要对齐的边界<退出>：      //选择需要对齐的边界后按 Enter 键结束
```

2.3.6　轴改线型

命令启动方法

- 菜单命令：【轴网柱子】/【轴改线型】。
- 工具栏图标：![图标]。
- 命令：TAxisDote。

【轴改线型】命令可让轴线在点画线和连续线两种线型之间切换。建筑制图要求轴线必须使用点画线，但由于点画线不便于捕捉对象，故在绘图过程中常使用连续线，在输出的时候才将其切换为点画线。如果使用模型空间出图，则线型比例用 10×当前比例决定，当出图比例为 1∶100 时，默认线型比例为 1∶1000。如果使用图纸空间出图，则系统已经考虑了自动缩放。

【练习2-9】：　打开素材文件"dwg\第 2 章\2-9.dwg"，如图 2-31 上图所示，利用【轴改线型】命令修改线型，结果如图 2-31 下图所示。

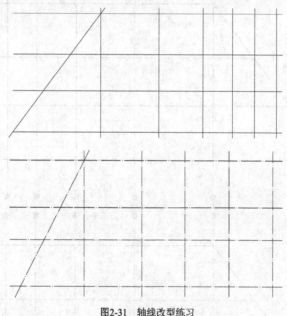

图2-31　轴线改型练习

选择菜单命令【轴网柱子】/【轴改线型】，即可完成轴线类型的切换。

2.4　轴号的编辑

轴号对象是一组专门为建筑轴网定义的标注符号，通常就是轴网的开间或进深方向上的一排轴号。按国家制图规范，即使上下轴间距不同，同一个方向轴网的轴号也是统一编号的系统，用一个轴号对象表示，但一个方向的轴号系统和其他方向的轴号系统是互相独立的。

天正轴号对象中的任何一个单独的轴号均可设置为双侧显示或单侧显示,可以一次性关闭或打开一侧的全体轴号,不必为上下开间(进深)各自建立一组轴号,也不必为关闭其中某些轴号而炸开对象进行轴号删除。

2.4.1 添补轴号

使用【添补轴号】命令可在矩形、弧形、圆形轴网中为新增轴线添加轴号,新添轴号成为原有轴号对象的一部分,但不会生成轴线,也不会更新尺寸标注,适用于以其他方式增添或修改轴线后进行轴号标注。

命令启动方法

- 菜单命令:【轴网柱子】/【添补轴号】。
- 工具栏图标:。
- 命令:TAddLabel。

【练习2-10】: 打开素材文件"dwg\第 2 章\2-10.dwg",如图 2-32 上图所示,利用【添补轴号】命令添加轴号,结果如图 2-32 下图所示。

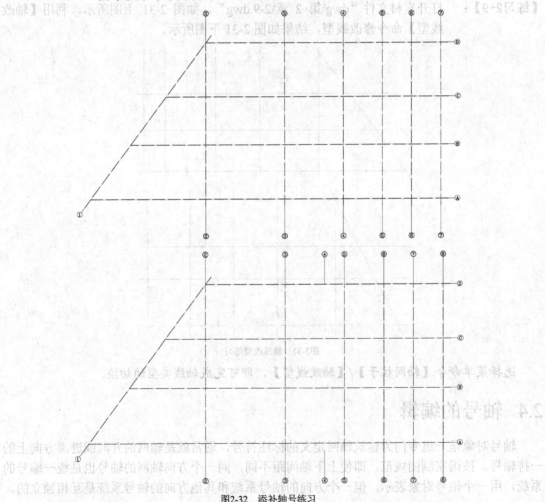

图2-32 添补轴号练习

1. 选择菜单命令【轴网柱子】/【添补轴号】，弹出【添补轴号】对话框，参数设置如图 2-33 所示。

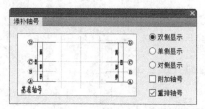

图2-33　【添补轴号】对话框

2. 命令行提示如下。

　　　请选择轴号对象<退出>：　　　　　　　　　　　　//选择轴号对象④
　　　请点取新轴号的位置或[参考点(R)] <退出>：3000　　//鼠标指针向左追踪 3000

结果如图 2-32 下图所示。

一般情况下，发现工程图上少了轴线时，执行【添补轴号】命令将会同时添补轴号到图上，这样就不必再添补轴号了。

2.4.2　删除轴号

【删除轴号】命令用于在平面图中删除个别不需要的轴号，可根据需要决定是否重排轴号。

命令启动方法
- 菜单命令：【轴网柱子】/【删除轴号】。
- 工具栏图标：
- 命令：TDelLabel。

【练习2-11】：打开素材文件"dwg\第 2 章\2-11.dwg"，如图 2-34 上图所示，利用【删除轴号】命令删除轴号，结果如图 2-34 下图所示。

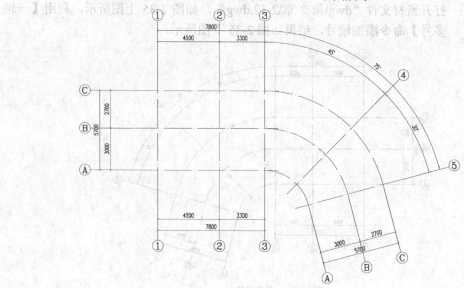

图 2-34　删除轴号练习

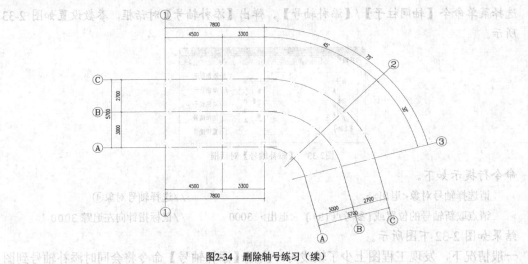

图2-34 删除轴号练习（续）

选择菜单命令【轴网柱子】/【删除轴号】，命令行提示如下。

请框选轴号对象<退出>：　　　　　　　　　　//选择轴号②和③
请框选轴号对象<退出>：　　　　　　　　　　//按 Enter 键退出选择状态
是否重排轴号?(是(Y)/否(N))[Y]:Y　　　　　　//选择"是(Y)"选项

结果如图 2-34 下图所示。

2.4.3 一轴多号

命令启动方法

- 菜单命令：【轴网柱子】/【一轴多号】。
- 工具栏图标： 88 。
- 命令：TMutiLabel。

【练习2-12】：打开素材文件"dwg\第 2 章\2-12.dwg"，如图 2-35 上图所示，利用【一轴多号】命令添加轴号，结果如图 2-35 下图所示。

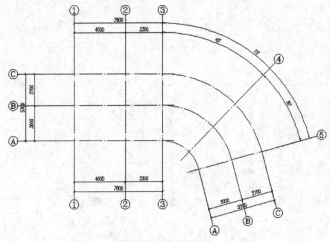

图 2-35 一轴多号练习

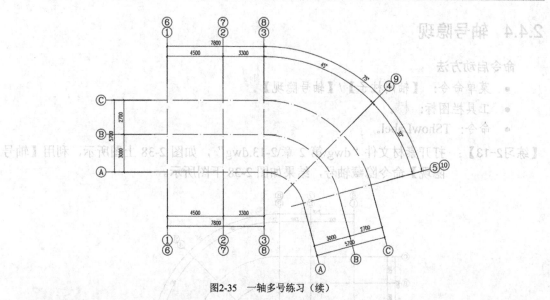

图2-35 一轴多号练习（续）

1. 选择菜单命令【轴网柱子】/【一轴多号】，弹出【一轴多号】对话框，参数设置如图 2-36 所示。

图2-36 【一轴多号】对话框

2. 命令行提示如下。

请选择已有轴号 [<退出>:   //选择需要共用的轴号①、②、③、④和⑤

结果如图 2-37 所示。

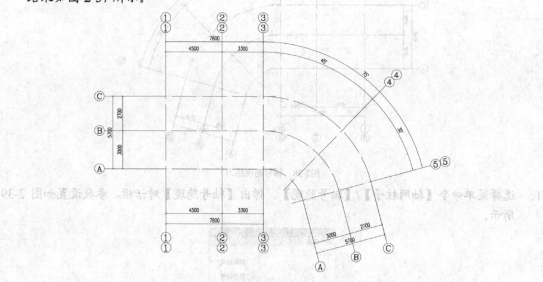

图2-37 标注轴号

3. 双击复制得到的新轴号①，直接输入新的轴号"6"，结果如图 2-35 下图所示。

2.4.4 轴号隐现

命令启动方法

- 菜单命令：【轴网柱子】/【轴号隐现】。
- 工具栏图标：![]。
- 命令：TShowLabel。

【**练习2-13**】：打开素材文件"dwg\第 2 章\2-13.dwg"，如图 2-38 上图所示，利用【轴号隐现】命令隐藏轴号，结果如图 2-38 下图所示。

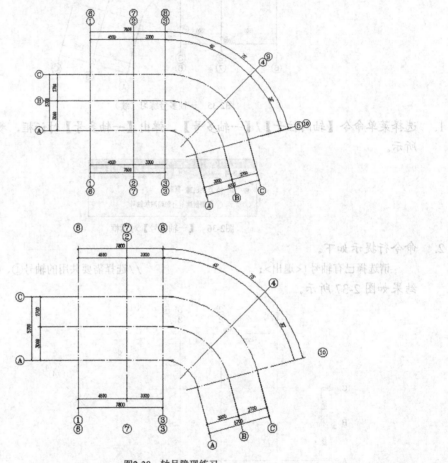

图2-38 轴号隐现练习

1. 选择菜单命令【轴网柱子】/【轴号隐现】，弹出【轴号隐现】对话框，参数设置如图 2-39 所示。

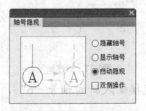

图2-39 【轴号隐现】对话框

2. 命令行提示如下。

请选择需要隐藏/显示的轴号<退出>：　　　　　　　　　//选择需要隐藏的轴号

请选择需要隐藏/显示的轴号<退出>：　　　　　　　　　//按 Enter 键退出选择状态

结果如图 2-38 下图所示。

2.4.5　主附转换

命令启动方法

- 菜单命令：【轴网柱子】/【主附转换】。
- 工具栏图标：⚎。
- 命令：TChAxisNo。

【练习2-14】：　打开素材文件"dwg\第 2 章\2-14.dwg"，如图 2-40 上图所示，利用【主附转换】命令转换轴号，结果如图 2-40 下图所示。

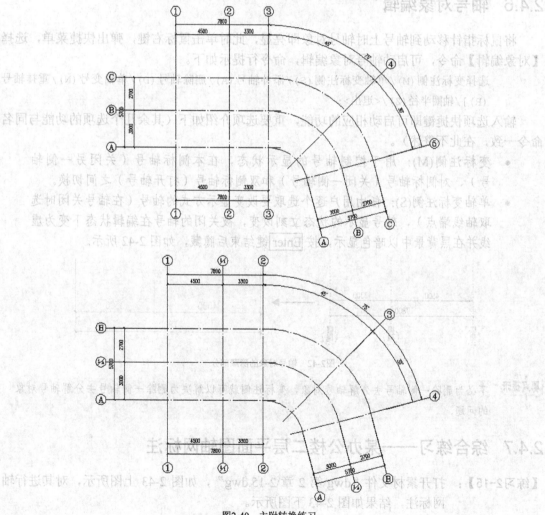

图2-40　主附转换练习

1. 选择菜单命令【轴网柱子】/【主附转换】，弹出【主附转换】对话框，参数设置如图 2-41 所示。

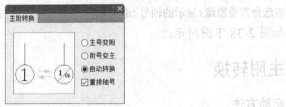

图2-41　【主附转换】对话框

2. 命令行提示如下。

请选择需要主号变附的轴号<退出>：　　　　　　　//选择需要转换的轴号②和⑥
请选择需要主号变附的轴号<退出>：　　　　　　　//按 Enter 键退出选择状态

结果如图 2-40 下图所示。

2.4.6　轴号对象编辑

将鼠标指针移动到轴号上时轴号对象即亮显，此时单击鼠标右键，弹出快捷菜单，选择【对象编辑】命令，可启动轴号对象编辑，命令行提示如下。

选择变标注侧(M)/单轴变标注侧(S)/添补轴号(A)/删除轴号(D)/单轴变号(N)/重排轴号(R)]/轴圈半径(Z)/<退出>：

输入选项快捷键即可启动相应的功能，重要选项介绍如下（其余几个选项的功能与同名命令一致，在此不赘述）。

- 变标注侧(M)：用于控制轴号的显示状态，在本侧标轴号（关闭另一侧轴号）、对侧标轴号（关闭一侧轴号）和双侧标轴号（打开轴号）之间切换。
- 单轴变标注侧(S)：任由用户逐个选取要改变显示方式的轴号（在轴号关闭时选取轴线端点），轴号显示的状态立刻改变，被关闭的轴号在编辑状态下变为虚线并在黑背景中以暗色显示，按 Enter 键结束后隐藏，如图 2-42 所示。

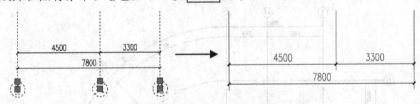

图2-42　轴号对象的隐藏部分

> **要点提示**　不必为删除一侧轴号去分解轴号对象，变标注侧就可以解决为删除一侧轴号去分解轴号对象的问题。

2.4.7　综合练习——某办公楼二层平面图轴网标注

【练习2-15】：打开素材文件"dwg\第 2 章\2-15.dwg"，如图 2-43 上图所示，对其进行轴网标注，结果如图 2-43 下图所示。

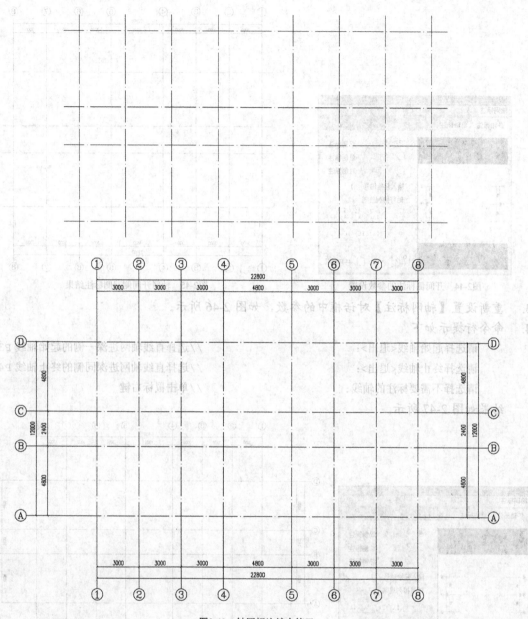

图2-43　轴网标注综合练习

1. 选择菜单命令【轴网柱子】/【轴网标注】或单击工具栏图标 ，弹出【轴网标注】对话框，参数设置如图 2-44 所示。

2. 命令行提示如下。

　　　请选择起始轴线<退出>：　　　　　　　　//选择直线轴网开间一侧的起始轴线 P1
　　　请选择终止轴线<退出>：　　　　　　　　//选择直线轴网开间同侧的终止轴线 P2
　　　请选择不需要标注的轴线：　　　　　　　//单击鼠标右键

结果如图 2-45 所示。

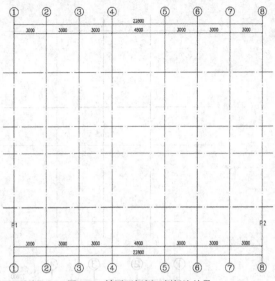

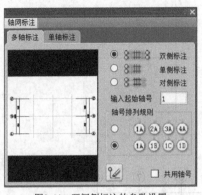

图2-44 开间侧标注的参数设置 　　　　　　　　　　　图2-45 轴网开间侧双侧标注结果

3. 重新设置【轴网标注】对话框中的参数，如图 2-46 所示。
4. 命令行提示如下。

　　　　请选择起始轴线<退出>：　　　　　　　　　　//选择直线轴网进深一侧的起始轴线 P3
　　　　请选择终止轴线<退出>：　　　　　　　　　　//选择直线轴网进深同侧的终止轴线 P4
　　　　请选择不需要标注的轴线：　　　　　　　　　　//单击鼠标右键

结果如图 2-47 所示。

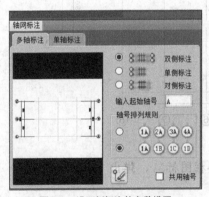

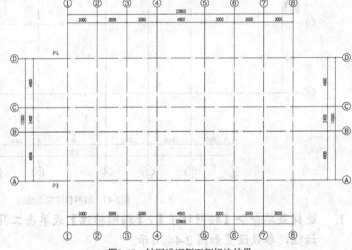

图2-46 进深侧标注的参数设置 　　　　　　　　　　　图2-47 轴网进深侧双侧标注结果

2.5 小结

本章的主要内容总结如下。

(1) 建立轴网是进行建筑设计的基础，本章先介绍了轴线系统和轴号系统的概念。

(2) 结合案例介绍了直线轴网、墙生轴网及弧线轴网的绘制方法。

(3) "轴网标注与编辑"一节详细介绍了轴网标注、单轴标注、添加轴线、轴线裁剪、轴网合并及轴线改型。轴网标注十分方便、灵活,对不规则建筑、轴线裁剪等非常有用,选取矩形对角线上的两点,即可轻松裁剪掉矩形内的轴网。轴线默认使用的线型是连续线,便于在绘图过程中捕捉对象,用户在出图前应该用【轴改线型】命令将线型改为规范要求的点画线。

(4) "轴号的编辑"一节主要介绍了【添补轴号】【删除轴号】【一轴多号】【轴号隐现】及【主附转换】命令的使用方法。

2.6 习题

1. 制作轴网。

    下开间:3×3300、3900、3×3600。左进深:4200、2100、4200。

2. 制作轴网。

    下开间:3600、3300、3900。

    上开间:4200、3900、4500。

    左进深:3600、3600、3000。

    右进深:3000、3600、3000。

3. 对照图 2-48 所示的某办公楼首层平面图、图 2-49 所示的某住宅小区标准层平面图制作其建筑图的轴网。

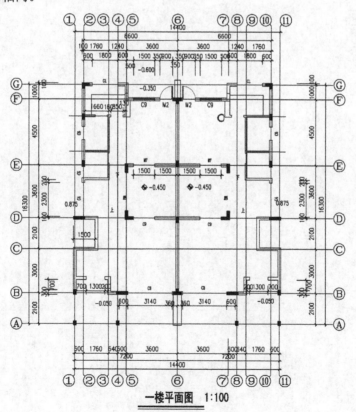

一楼平面图 1:100

图2-48 某办公楼首层平面图

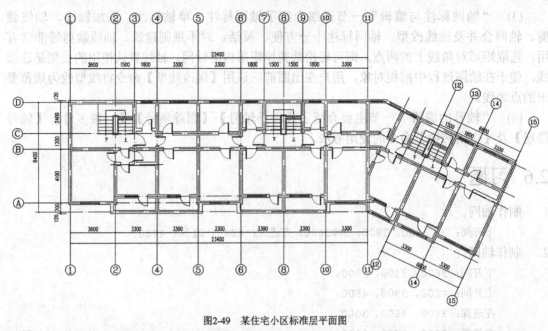

图2-49 某住宅小区标准层平面图

要点提示 对制作出的轴网进行裁剪，将那些没有墙体的轴网裁剪掉，注意留出线头。操作时关闭对象捕捉功能，可放大局部进行操作。

第3章 创建与编辑墙体

【学习重点】

- 熟悉墙体的概念。
- 掌握创建墙体的方法。
- 熟练掌握墙体的编辑方法。
- 熟悉墙体立面命令。
- 掌握识别内外命令。

3.1 创建墙体

墙体是天正建筑软件中的核心对象，它通过模拟实际墙体的专业特性构建而成，因此可以实现墙角的自动修剪、墙体之间按材料特性连接、与柱子和门窗互相关联等智能特性。

3.1.1 墙体的概念

墙体是建筑房间的划分依据，墙对象不仅包含位置、高度、厚度这样的几何信息，还包括类型、材料、内外墙这样的内在属性。

一个墙对象是柱子间或墙角间具有相同特性的一段直墙或弧墙单元，墙对象与柱子围合而成的区域就是房间。墙对象中的"虚墙"作为逻辑构件，围合建筑中挑空的楼板边界与划分功能的边界（如同一空间内餐厅与客厅的划分），可以查询得到各个房间的面积数据。

天正建筑软件定义的墙体按用途分为以下几类，可由对象编辑改变。

- **内墙：** 建筑物的内墙，参与按材料的加粗和填充。
- **外墙：** 建筑物的外墙，参与按材料的加粗和填充。
- **分户：** 建筑物的分户墙，参与按材料的加粗和填充。
- **虚墙：** 用于进行空间的逻辑分隔，以便计算房间面积。
- **卫生隔断：** 卫生间洁具隔断用的墙体或隔板，不参与加粗、填充与房间面积计算。
- **矮墙：** 表示在水平剖切线以下的可见墙（如女儿墙），不参与加粗和填充。矮墙的优先级低于其他所有类型的墙，矮墙之间的优先级由墙高决定，但依然受墙体材料影响。因此，希望定义矮墙时，各矮墙事先都选择同一种材料。

一般的墙进一步以内外特性分为在图形表示相同的内墙、外墙两类。用于节能计算时，室内外温差计算不必考虑内墙；用于组合生成建筑透视三维模型时，常常不考虑内墙，这大大减少了渲染的内存开销。

墙体的材料类型用于控制墙体的二维平面图效果。相同材料的墙体在二维平面图上与墙角连通成一体，系统约定按优先级高的墙体打断优先级低的墙体的预设规律处理墙角。优先级由高到低的墙体依次为钢筋混凝土墙、石墙、砖墙、填充墙、玻璃幕墙和轻质隔墙。

T20 天正建筑 V8.0 改进了【绘制墙体】命令，支持墙体边线交点和外观交点的捕捉，支持识别内外、指定内墙、指定外墙和加亮外墙时修改外墙的显示模式。在不退出命令的情况下，外墙始终保持高亮显示。

3.1.2 绘制墙体

墙体可使用【绘制墙体】命令创建或使用【单线变墙】命令从直线、圆弧或轴网转换而来。墙线相交处系统会自动处理，墙宽可随时定义、墙高可随时改变，在绘制过程中墙体端点可以回退，用户使用过的墙厚参数在数据文件中按不同材料分别保存。

为了准确地定位墙体端点，天正软件提供了对已有墙体基线、轴线和柱子进行自动捕捉的功能。必要时可以将天正软件内置的自动捕捉功能关闭，然后按 F3 键打开 AutoCAD 的捕捉功能。

1. 命令启动方法

- 菜单命令：【墙体】/【绘制墙体】，如图 3-1 所示。
- 工具栏图标：⊟。
- 命令：tgwall。

图3-1 菜单命令

【练习3-1】： 打开素材文件"dwg\第 3 章\3-1.dwg"，如图 3-2 左图所示，绘制此住宅的墙体，结果如图 3-2 右图所示。

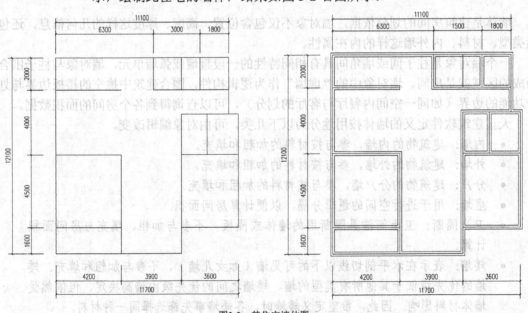

图3-2 某住宅墙体图

1. 选择菜单命令【墙体】/【绘制墙体】或单击工具栏图标⊟，弹出对话框，设置【墙体】选项卡中的参数，如图 3-3 所示。
2. 单击【直墙】按钮⊟，命令行提示如下。

起点或 [参考点(R)]<退出>： //单击 A 点

直墙下一点或 [弧墙(A)/矩形画墙(R)/闭合(C)/回退(U)]<另一段>: //单击 B 点

直墙下一点或 [弧墙(A)/矩形画墙(R)/闭合(C)/回退(U)]<另一段>: //单击 C 点

直墙下一点或 [弧墙(A)/矩形画墙(R)/闭合(C)/回退(U)]<另一段>: //单击 D 点

直墙下一点或 [弧墙(A)/矩形画墙(R)/闭合(C)/回退(U)]<另一段>: //单击 E 点

直墙下一点或 [弧墙(A)/矩形画墙(R)/闭合(C)/回退(U)]<另一段>: //单击 F 点

直墙下一点或 [弧墙(A)/矩形画墙(R)/闭合(C)/回退(U)]<另一段>: //单击 G 点

直墙下一点或 [弧墙(A)/矩形画墙(R)/闭合(C)/回退(U)]<另一段>: //单击 H 点

直墙下一点或 [弧墙(A)/矩形画墙(R)/闭合(C)/回退(U)]<另一段>: //右击停止绘制

起点或 [参考点(R)]<退出>: //按 Enter 键结束

结果如图 3-4 所示。

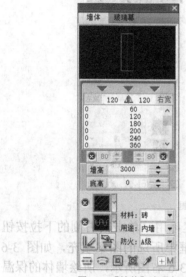

图3-3 【墙体】选项卡

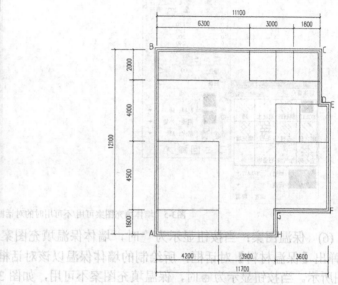

图3-4 绘制外围墙体

3. 用同样的方法绘制其余墙体,结果如图 3-2 右图所示。

2.【墙体】选项卡中的参数说明

(1) 墙宽设置:包括左宽、右宽、左保温、右保温 4 个参数,其中墙体的左宽、右宽是指沿墙体基线左侧和右侧部分的宽度;对于矩形布置方式,则分别对应基线内侧宽度和基线外侧宽度。其中左宽、右宽可以是正数,也可以是负数,还可以为零。

- 【左右镜像】按钮:单击该按钮可将左、右宽度数值互换,如左宽 50、右宽 150,单击该按钮后,则变成左宽 150、右宽 50。
- 居左、均分、居右按钮:单击相应按钮后,宽度随之改变。
- 左保温、右保温:当按钮显示为时,表示绘制墙体的同时加保温层;按钮显示为时,则表示不加保温层,可直接在文本框中输入数值,默认值为"80"。

(2) 墙宽组:列表框中预设有常用的墙宽参数,每一种材料都有各自常用的墙宽组系列供选用。用户若定义新的墙宽组,使用后墙宽组会自动添加到列表框中,选择其中某组数据,按 Delete 键可将其删除。

(3)【墙高】:从墙底到墙顶的高度。可以单击 墙高 按钮,在图中拾取已有墙体对象的高度值，或者尺寸线值。

(4)【底高】：墙底标高，从零标高（Z=0）到墙底的高度。可以单击 底高 按钮，在图中拾取已有墙体对象的底高值，或者尺寸线值。

(5)墙体填充：当按钮显示为 ⊙ 时，墙体填充图案可用，单击其右侧的下拉按钮 ▪，弹出【墙体填充】对话框，所绘制的墙体以该对话框中所选的图案进行填充，如图 3-5 左图所示。当按钮显示为 ⊗ 时，墙体填充图案不可用，如图 3-5 右图所示。

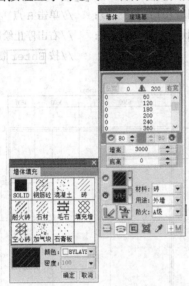

图3-5 墙体填充图案可用/不可用时的对话框

(6)保温图案：当按钮显示为 ⊙ 时，墙体保温填充图案可用，单击其右侧的下拉按钮 ▪，弹出【保温材料】对话框，所绘制的墙体保温以该对话框中所选的图案填充，如图 3-6 左图所示。当按钮显示为 ⊗ 时，保温填充图案不可用，如图 3-6 右图所示，所绘墙体的保温仅以单线示意。

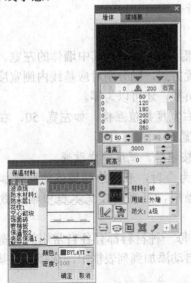
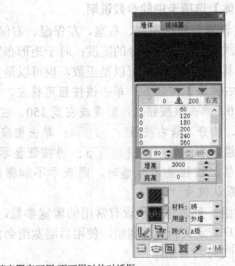

图3-6 保温填充图案可用/不可用时的对话框

(7) 【材料】：该下拉列表中包括【钢筋砼】【混凝土】【砖】【耐火砖】【石材】
【毛石】【填充墙】【空心砖】【加气块】【石膏板】10 种材质，系统按材质的密度预设
了不同材质之间的遮挡关系。

(8) 【用途】：该下拉列表中包括【内墙】【外墙】【分户】【卫生隔断】【虚墙】
【矮墙】6 种类型，其中【矮墙】具有不加粗、不填充、墙端不与其他墙融合的特性。

【练习3-2】： 绘制图 3-7 所示的弧墙。

1. 选择菜单命令【墙体】/【绘制墙体】，弹出对话框，设置【墙体】选项卡中的参数，
   如图 3-8 所示。

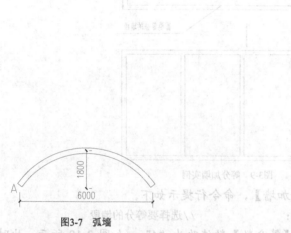

图3-7 弧墙

图3-8 【墙体】选项卡

2. 单击【弧墙】按钮，命令行提示如下。

   起点或 [参考点(R)]<退出>：   //单击弧墙起点 A
   弧墙终点或[直墙(L)/矩形画墙(R)]<取消>：6000//向右追踪并输入追踪距离，按 Enter 键
   点取弧上任意点或[半径(R)]<取消>：1800   //输入半径
   弧墙终点或[直墙(L)/矩形画墙(R)]<取消>：   //按 Enter 键结束

   结果如图 3-7 所示。

 绘制完一段弧墙后，系统自动切换到直墙状态，单击鼠标右键可退出命令。

3.1.3 等分加墙

【等分加墙】命令主要用于在已有的大房间中按等分的原则划分出多个小房间，将一段
墙在纵向等分，在垂直方向上加入新墙体，同时新墙体延伸到给定边界。该命令有 3 种相关
墙体参与操作过程，分别是参照墙体、边界墙体和生成的新墙体。

命令启动方法

- 菜单命令：【墙体】/【等分加墙】。
- 工具栏图标：⊞。
- 命令：TDivWall。

【练习3-3】：　　等分加墙实例。

　　打开素材文件"dwg\第 3 章\3-3.dwg"，如图 3-9 上图所示，选择下方的水平墙段，等分添加 3 段厚为 200 的内墙，结果如图 3-9 下图所示。

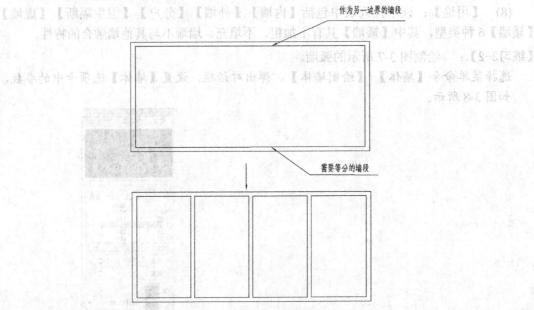

图3-9　等分加墙实例

1. 选择菜单命令【墙体】/【等分加墙】，命令行提示如下。

　　　　选择等分所参照的墙段<退出>：　　　　　　　　　//选择要等分的墙段

2. 弹出【等分加墙】对话框，将【等分数】数值改为"4"，如图 3-10 所示。此时命令行提示如下。

　　　　选择作为另一边界的墙段<退出>：　　　　　　//选择与要等分的墙段相对的墙段作为边界

　　结果如图 3-9 下图所示。

图3-10　【等分加墙】对话框

3.1.4　单线变墙

　　【单线变墙】命令有两个功能：一是将用直线（LINE）、弧线（ARC）命令绘制的单线转为墙体对象，生成墙体的基线与对应的单线重合；二是基于设计好的轴网创建墙体，然后进行编辑，创建墙体后仍保留轴线，智能判断并清除轴线的伸出部分，可以自动识别新旧两种多段线，便于生成椭圆墙。

命令启动方法

- 菜单命令：【墙体】/【单线变墙】。
- 工具栏图标：工。
- 命令：TSWall。

【练习3-4】： 单线变墙实例。

打开素材文件 "dwg\第 3 章\3-4.dwg"，如图 3-11 左图所示，创建厚 360 的外墙、厚 240 的内墙，结果如图 3-11 右图所示。

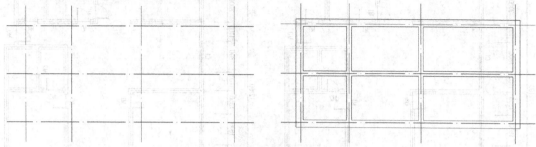

图3-11 单线变墙实例

1. 选择菜单命令【墙体】/【单线变墙】，弹出【单线变墙】对话框，参数设置如图 3-12 所示。

图3-12 【单线变墙】对话框

2. 命令行提示如下。

> 选择要变成墙体的直线、圆弧或多段线：　　　　//指定两个对角点，全选图形
> 选择要变成墙体的直线、圆弧或多段线：　　　　//按 Enter 键结束

结果如图 3-11 右图所示。

3.1.5 墙体造型

【墙体造型】命令用于根据指定多段线外框生成与墙关联的造型，常见的墙体造型是墙垛、壁炉、烟道等与墙砌筑在一起或平面图与墙连通的建筑构造，墙体造型的高度与其关联的墙高一致，可以通过双击来修改。墙体造型可以用于墙体端部（墙角或墙柱连接处），包括跨过两个墙体端部的情况。除了正常的外凸造型外，系统还提供了向内开洞的内凹造型（仅用于平面）。

命令启动方法

- 菜单命令：【墙体】/【墙体造型】。
- 工具栏图标：📖。
- 命令：TAddPatch。

【练习3-5】： 墙体造型实例。

打开素材文件 "dwg\第 3 章\3-5.dwg"，如图 3-13 左图所示，创建其外凸墙体造型，结果如图 3-13 右图所示。

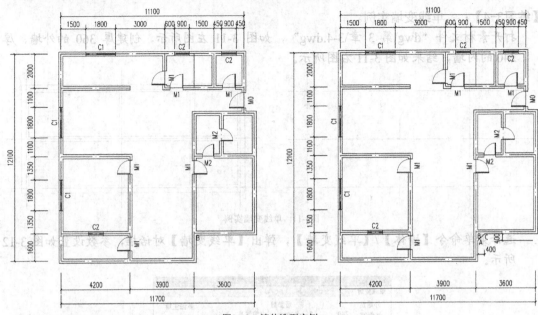

图3-13 墙体造型实例

选择菜单命令【墙体】/【墙体造型】，命令行提示如下。

选择[外凸造型(T)/内凹造型(A)]<外凸造型>： //按 Enter 键默认采用外凸造型

墙体造型轮廓起点或 [点取图中曲线(P)/点取参考点(R)]<退出>：

//确定造型轮廓线的第 1 点 A

直段下一点或[弧段(A)/回退(U)]<结束>： //确定造型轮廓线的第 2 点 B

直段下一点或[弧段(A)/回退(U)]<结束>： //确定造型轮廓线的第 3 点 C

直段下一点或[弧段(A)/回退(U)]<结束>： //按 Enter 键结束

结果如图 3-13 右图所示。

内凹的墙体造型可用于不规则断面门窗洞口的设计（目前仅用于二维），外凸造型可用于补齐墙体改变厚度后出现的缺口。

3.1.6 净距偏移

【净距偏移】命令的功能类似于 AutoCAD 中的偏移（OFFSET）命令，它也可用于室内设计中，以测绘净距建立墙体平面图的场合。该命令会自动处理墙端交接，但不处理由于多处净距偏移引起的墙体交叉。如果有墙体交叉，可以使用【修墙角】命令处理。

命令启动方法

- 菜单命令：【墙体】/【净距偏移】。
- 工具栏图标：⊩。
- 命令：TOffset。

【练习3-6】：净距偏移实例。

打开素材文件 "dwg\第 3 章\3-6.dwg"，如图 3-14 左图所示，应用【净距偏移】命令偏移后的结果如图 3-14 右图所示。

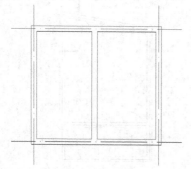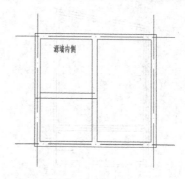

图3-14　净距偏移实例

选择菜单命令【墙体】/【净距偏移】，命令行提示如下。

输入偏移距离<4000>:2400	//输入两墙之间偏移的净距
请点取墙体一侧<退出>:	//选取源墙内侧
请点取墙体一侧<退出>:	//按 Enter 键结束

结果如图 3-14 右图所示。

3.2　编辑墙体

墙体对象支持 AutoCAD 的通用编辑命令，可使用偏移（OFFSET）、修剪（TRIM）、延伸（EXTEND）等命令进行修改，对墙体执行以上操作时均不必显示墙体基线。还可直接使用删除（ERASE）、移动（MOVE）和复制（COPY）命令进行多个墙段的编辑操作。

T20 天正建筑 V8.0 也有专门的编辑命令用于对墙体进行编辑，双击墙体即可进入对象编辑对话框进行参数编辑，拖动墙体的不同夹点可改变长度与位置。

3.2.1　倒墙角

【倒墙角】命令的功能与 AutoCAD 中的倒角（FILLET）命令相似，专门用于处理两段不平行墙体的端头交角，使两段墙体以指定的倒角半径进行连接，要注意以下几点。

(1) 当倒角半径不为 0 时，两段墙体的类型、总宽和左右宽必须相同，否则无法倒角。

(2) 当倒角半径为 0 时，自动延长两段墙体进行连接，此时两段墙体的厚度和材料可以不同。当参与倒角的两段墙体平行时，系统会自动以墙体间距为直径加圆弧墙连接。

(3) 同一位置不应反复进行倒角半径不为 0 的倒角操作，在再次倒角前应先把上次倒角时创建的圆弧墙删除。

命令启动方法

- 菜单命令：【墙体】/【倒墙角】。
- 工具栏图标： 。
- 命令：TFillet。

【练习3-7】：　倒墙角实例。

打开素材文件"dwg\第 3 章\3-7.dwg"，如图 3-15 左图所示，应用【倒墙角】命令连接两段墙体，结果如图 3-15 右图所示。

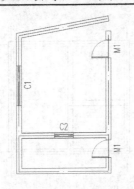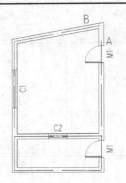

图3-15　倒墙角实例

选择菜单命令【墙体】/【倒墙角】，命令行提示如下。

选择第一段墙或[设圆角半径(R),当前=0]<退出>: 　　　//选择倒角的第一段墙体A

选择另一段墙<退出>: 　　　//选择倒角的第二段墙体B

结果如图 3-15 右图所示。

3.2.2　修墙角

【修墙角】命令可用于对属性完全相同的墙体的相交处进行清理。当用户使用 AutoCAD 的某些编辑命令或夹点对墙体进行操作后，墙体相交处有时会出现未按要求打断的情况，此时采用该命令框选墙角就可以轻松处理。该命令也可以用于更新墙体、墙体造型、柱子及维护各种自动裁剪关系，如柱子裁剪楼梯、凸窗一侧撞墙等。

命令启动方法

- 菜单命令：【墙体】/【修墙角】。
- 工具栏图标：╫。
- 命令：TFixWall。

【练习3-8】：　修墙角实例。

打开素材文件"dwg\第 3 章\3-8.dwg"，如图 3-16 左图所示，应用【修墙角】命令处理后的结果如图 3-16 右图所示。

图3-16　修墙角实例

选择菜单命令【墙体】/【修墙角】，命令行提示如下。

请框选需要处理的墙角、柱子或墙体造型．

请点取第一个角点或 [参考点(R)]<退出>: 　　　//选择需要处理的墙体交角A

点取另一个角点<退出>: 　　　//选择需要处理的墙体交角B

请点取第一个角点或 [参考点(R)]<退出>:   //选择需要处理的墙体交角 C

点取另一个角点<退出>:   //选择需要处理的墙体交角 D，如图 3-17 所示

结果如图 3-16 右图所示。

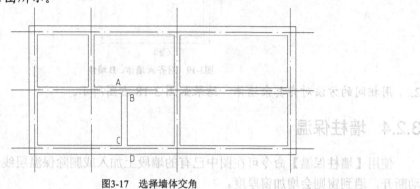

图3-17　选择墙体交角

3.2.3　基线对齐

【基线对齐】命令用于纠正以下两种情况的墙线错误。

(1) 由于基线不对齐或不精确对齐而导致墙体显示错误或搜索房间出错。

(2) 在由于短墙存在而造成墙体显示不正确的情况下，去除短墙并连接剩余墙体。

命令启动方法

- 菜单命令：【墙体】/【基线对齐】。
- 工具栏图标：⊥。
- 命令：TAdjWallBase。

【练习3-9】：　墙体基线对齐实例。

打开素材文件"dwg\第 3 章\3-9.dwg"，如图 3-18 左图所示，应用【基线对齐】命令将基线对齐后的结果如图 3-18 右图所示。

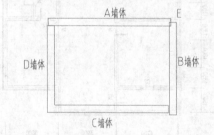

图3-18　墙体基线对齐实例

1. **选择菜单命令【墙体】/【基线对齐】，命令行提示如下。**

请点取墙基线的新端点或新连接点或 [参考点(R)]<退出>:   //选取端点 E

请选择墙体(注意：相连墙体的基线会自动联动！)<退出>:   //选择 A 墙体

请选择墙体(注意：相连墙体的基线会自动联动！)<退出>:   //选择 B 墙体后按 Enter 键

请点取墙基线的新端点或新连接点或 [参考点(R)]<退出>:   //按 Enter 键退出

结果如图 3-19 所示。

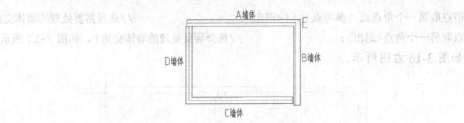

图3-19 对齐 A 墙体、B 墙体

2. 用相同的方法对齐其余墙体，结果如图 3-18 右图所示。

3.2.4 墙柱保温

使用【墙柱保温】命令可在图中已有的墙段上加入或删除保温层线，遇到门时该线会自动断开，遇到窗则会增加窗厚度。

命令启动方法

- 菜单命令：【墙体】/【墙柱保温】。
- 工具栏图标：。
- 命令：TAddInsulate。

【练习3-10】：墙柱保温实例。

打开素材文件"dwg\第 3 章\3-10.dwg"，如图 3-20 左图所示，应用【墙柱保温】命令后的结果如图 3-20 右图所示。

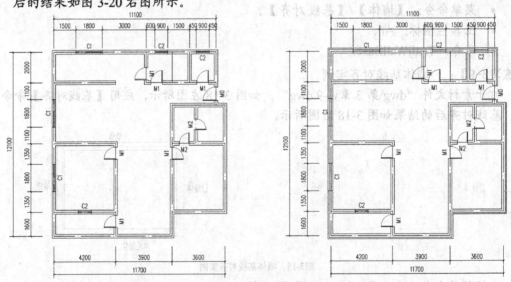

图3-20 墙柱保温实例

选择菜单命令【墙体】/【墙柱保温】，命令行提示如下。

指定墙、柱、墙体造型保温一侧或 [内保温(I)/外保温(E)/消保温层(D)/保温层厚(当前=80)
(T)]<退出>：   //选取墙做保温的一侧，每次处理一个墙段
指定墙、柱、墙体造型保温一侧或 [内保温(I)/外保温(E)/消保温层(D)/保温层厚(当前=80)
(T)]<退出>：   //按 Enter 键退出

结果如图 3-20 右图所示。

3.2.5 边线对齐

【边线对齐】命令用来对齐墙边，并维持基线不变，将边线偏移到给定的位置。换句话说，就是维持基线位置和总宽度不变，通过修改左、右宽度达到边线与给定位置对齐的目的。该命令通常用于使墙体与某些特定位置对齐，特别是和柱子的边线对齐。墙体与柱子的关系并非都是中线对中线，要把墙边与柱边对齐，无非两个途径：直接用基线对齐柱边绘制墙体，或者先不考虑对齐，而是快速地沿轴线绘制墙体，待绘制完毕后用该命令处理。后者可以把同一延长线上的多个墙段依次对齐，推荐使用这种方式。

命令启动方法

- 菜单命令：【墙体】/【边线对齐】。
- 工具栏图标：
- 命令：TAlignWall。

【练习3-11】：边线对齐实例。

打开素材文件"dwg\第 3 章\3-11.dwg"，如图 3-21 上图所示，应用【边线对齐】命令对齐墙边与柱边，结果如图 3-21 下图所示。

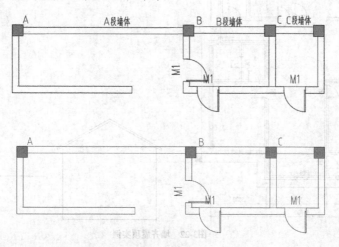

图3-21 边线对齐实例

选择菜单命令【墙体】/【边线对齐】，命令行提示如下。

请点取墙边应通过的点或 [参考点(R)]<退出>：	//选取墙体边线通过的一点 A
请点取一段墙<退出>：	//选中 A 段墙体
命令：	//按 Enter 键重复执行命令
请点取墙边应通过的点或 [参考点(R)]<退出>：	//选取墙体边线通过的一点 B
请点取一段墙<退出>：	//选中 B 段墙体
命令：	//按 Enter 键重复执行命令
请点取墙边应通过的点或 [参考点(R)]<退出>：	//选取墙体边线通过的一点 C
请点取一段墙<退出>：	//选中 C 段墙体

结果如图 3-21 下图所示。

3.2.6 墙齐屋顶

【墙齐屋顶】命令用来向上延伸墙体，使原来水平的屋顶成为与单坡和双坡屋顶一致的斜面。使用该命令之前，人字屋顶对象（单坡或双坡）要在平面图对应的位置上绘制完成，屋顶与山墙的竖向关系应经过合理调整。

命令启动方法

- 菜单命令：【墙体】/【墙齐屋顶】。
- 工具栏图标：🏠。
- 命令：TWallAlignroof。

【练习3-12】：墙齐屋顶实例。

打开素材文件"dwg\第 3 章\3-12.dwg"，如图 3-22 左图所示，应用【墙齐屋顶】命令后的结果如图 3-22 右图所示。

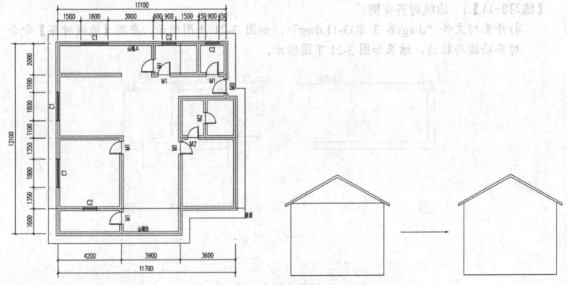

图3-22　墙齐屋顶实例

选择菜单命令【墙体】/【墙齐屋顶】，命令行提示如下。

```
请选择屋顶：              //在平面图上选择人字屋顶
请选择墙：                //选择一侧山墙 A
请选择墙：                //选择另一侧山墙 B
请选择墙：                //按 Enter 键结束选择
```

结果如图 3-22 右图所示。

> **要点提示** 此时虽然平面图没有任何变化，但是在轴测图和立面视口中可见山墙延伸到坡顶的效果。

3.2.7 编辑普通墙

双击墙体后会弹出【墙体】对话框，如图 3-23 所示，在该对话框中可以方便地进行墙高、墙宽、底高、用途的设置及保温层的添加。

图3-23 【墙体】对话框（1）

【练习3-13】： 打开素材文件"dwg\第 3 章\3-13.dwg"，将图中内隔墙改为左、右宽度都为 100 的墙体，结果如图 3-24 所示。

1. 双击需要编辑的内墙 A。

2. 弹出【墙体】对话框，将【左宽】和【右宽】文本框中的数值分别改为"100"和 "100"，如图 3-25 所示。

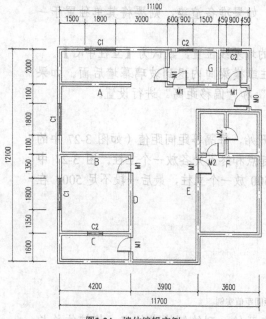

图3-24 墙体编辑实例

图3-25 【墙体】对话框（2）

3. 按 Enter 键结束，完成对选定墙体的修改。

4. 使用相同的方法完成对墙体 B、C、D、E、F 及 G 的修改。

3.2.8 编辑玻璃幕墙

墙体中除了普通墙体外，还有玻璃幕墙。【玻璃幕】对话框如图 3-26 所示，在该对话框中可以直接对玻璃幕墙的横梁、立柱参数进行设置，设置完后可以直接绘制出相应的幕墙，省去了对幕墙进行参数编辑的操作。

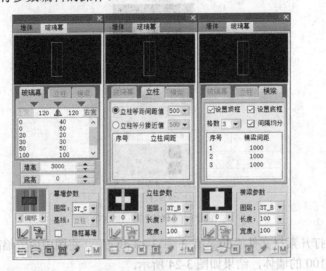

图3-26 【玻璃幕】对话框

【玻璃幕】对话框中的选项说明如下。

1. 【玻璃幕】选项卡

- 【图层】：确定放置玻璃幕墙的图层，如果准备渲染，则要将其单独置于一层中，以便赋予材质。
- 【基线】：可以选择下拉列表中预定义的墙基线位置，默认为【立柱中心】。
- 【隐框幕墙】：选择此复选项后，立柱或横梁向内退到玻璃幕墙后面。如果不选择此复选项，则分别按"对齐位置"和"偏移距离"进行设置。

2. 【立柱】选项卡

- 【立柱等距间距值】：从墙体绘制起点开始，每隔等距间距值（如图 3-27 中的500）放一个立柱，不足 500 则在绘制起点和终点处各放一个立柱。图 3-27 中绘制了一道长 2400 的玻璃幕墙，每隔 500 放一个立柱，最后一段不足 500，在终点处直接放一个立柱。

图3-27 立柱等距间距值实例

- 【立柱等分接近值】：从墙体绘制起点开始，到绘制终点结束。将墙体总长度除以等分接近值（如图 3-28 中的 500），将结果进位取整，得到的就是立柱间距的个数，再将墙体总长度除以立柱间距个数，得到具体的立柱间距值，并按照间距值绘制立柱。在图 3-28 中，玻璃幕墙的长度 1299 除以 500 后，得到 2.598，进位取整为 3，再用 1299 除以 3，得到立柱间距值为 433。

图3-28 立柱等分接近值实例

- 立柱列表框：列出所绘制玻璃幕墙各立柱间的距离，可手动修改。
- 玻璃偏移：定义幕墙玻璃与基线之间的偏移值，默认玻璃在基线上，偏移值为 0。
- 【图层】：确定放置立柱的图层，如果要进行渲染，则要将其单独置于一层中，以便赋予材质。
- 【长度】和【宽度】：立柱的截面尺寸，立柱的长度默认等于幕墙的总宽度（忽略玻璃厚）。

3. 【横梁】选项卡

- 【格数】：高度方向分格设计。默认的高度为创建墙体时的高度，可以输入新高度。如果均分，则系统自动算出分格距离；如果不均分，则先确定格数，再从序号 1 开始按顺序填写各个分格距离。
- 横梁列表框：列出所绘制玻璃幕墙横梁间的距离，可手动修改。
- 【图层】：确定放置横梁的图层，如果要进行渲染，则要将其单独置于一层中，以便赋予材质。
- 【长度】和【宽度】：横梁的截面尺寸。
- 横梁偏移：定义幕墙横梁与基线之间的偏移值，默认横梁在基线上，偏移值为 0。

3.3 墙体编辑命令

在创建墙体后，可以双击进行墙段的编辑，但遇到需对多个墙段进行编辑的情况时，使用下面的墙体编辑命令会更有效。

3.3.1 改墙厚

修改单段墙体的厚度使用【对象编辑】命令，该命令可按照墙体基线居中的规则批量修改多段墙体的厚度，但不适合修改偏心墙的厚度。

命令启动方法

- 菜单命令：【墙体】/【墙体工具】/【改墙厚】。
- 工具栏图标：╫。
- 命令：TWallThick。

执行该命令后，命令行提示如下。

选择墙体：　　　　　　　　//选择要修改的一段或多段墙体，按 Enter 键

新的墙宽<120>：　　　　　　//输入新墙宽值，选中的墙段会按给定墙宽进行
　　　　　　　　　　　　　　修改，系统自动对墙段和其他构件的连接处进行处理

【练习3-14】: 打开素材文件 "dwg\第 3 章\3-14.dwg", 如图 3-29 左图所示, 将图中的墙体 A 改为厚 240 的墙体。

1. 选择菜单命令【墙体】/【墙体工具】/【改墙厚】, 命令行提示如下。

  选择墙体: //选择墙体 A, 按 Enter 键

  新的墙宽<120>: 240   //输入新的墙宽值, 按 Enter 键

2. 选中的墙段会按给定墙宽自动修改, 系统自动对墙段和其他构件的连接处进行处理, 结果如图 3-29 右图所示。

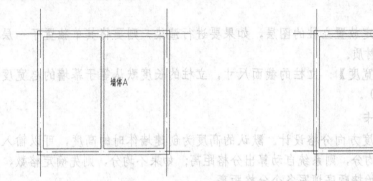
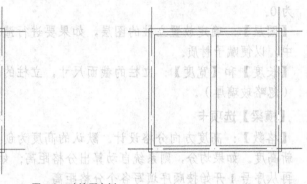

图3-29 改墙厚实例

3.3.2 改外墙厚

【改外墙厚】命令用于整体修改外墙厚度, 执行该命令前应先识别外墙, 否则无法进行处理。

命令启动方法

- 菜单命令: 【墙体】/【墙体工具】/【改外墙厚】。
- 工具栏图标: ┅╫┅。
- 命令: TExtThick。

执行该命令后, 命令行提示如下。

  请选择外墙: //框选所有墙体, 按 Enter 键只有外墙亮显

  内侧宽<120>:   //输入外墙基线到外墙内侧边线的距离

  外侧宽<120>:   //输入外墙基线到外墙外侧边线的距离

操作完毕后, 系统按新墙宽值修改外墙, 并自动对外墙与其他构件的连接处进行处理。

【练习3-15】: 打开素材文件 "dwg\第 3 章\3-15.dwg", 如图 3-30 左图所示, 将图中的外墙 A、B、C 的厚度改为 360。

1. 选择菜单命令【墙体】/【墙体工具】/【改外墙厚】, 命令行提示如下。

  请选择外墙: //框选外墙 A、B、C, 按 Enter 键

  内侧宽<120>: 180   //输入内侧宽

  外侧宽<120>: 180   //输入外侧宽

2. 系统按新墙宽值修改外墙, 并自动对外墙与其他构件的连接处进行处理, 结果如图 3-30 右图所示。

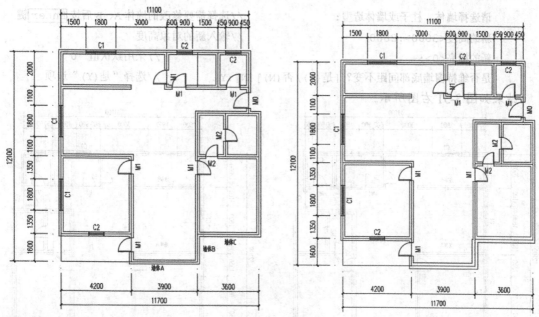

图3-30 改外墙厚实例

3.3.3 改高度

【改高度】命令可用于对选中的柱子、墙体及其造型的高度和底标高进行修改，它是调整这些构件竖向位置的主要方法。修改底标高时，门窗底标高可以和柱子、墙体联动修改。

命令启动方法

- 菜单命令：【墙体】/【墙体工具】/【改高度】。
- 工具栏图标：⌁。
- 命令：TChHeight。

执行该命令后，命令行提示如下。

请选择墙体、柱子或墙体造型：　　　　　//选择需要修改的建筑对象后按 Enter 键

新的高度<3000>：　　　　　　　　　　//输入新的对象高度

新的标高<0>：　　　　　　　　　　　　//输入新的对象底标高（相对于本层楼面的标高）

是否维持窗墙底部间距不变？(是(Y)/否(N))[N]：

　　　　　　　　　　　　　　　　　　　//输入"Y"或"N"，确定门窗底标高是否同时修改

操作完毕后，选中的柱子、墙体及其造型的高度和底标高会按给定值修改。如果墙底标高不变，"是否维持窗墙底部间距不变？"选项以"Y"或"N"响应都行，但如果墙底标高改变了，就会影响窗台的高度。比如底标高原来是 0，新的底标高是 - 300，以"Y"响应时，各窗的窗台相对墙底标高而言高度维持不变，但从立面图看窗台随墙下降了 300。如果以"N"响应，则窗台高度相对于底标高间距就改变了，而从立面图看窗台却没有下降。

【练习3-16】：打开素材文件"dwg\第 3 章\3-16.dwg"，如图 3-31 左图所示，将图中的两端墙体 A、B 的高度改为 2800。

选择菜单命令【墙体】/【墙体工具】/【改高度】，命令行提示如下。

请选择墙体、柱子或墙体造型：　　　　　　　//选择需要修改的墙体A、B后按 Enter 键

新的高度<3000>:2800　　　　　　　　　　//输入新的对象高度

新的标高<0>:　　　　　　　　　　　　　　　　　　//采用默认值"0"

是否维持窗墙底部间距不变？[是(Y)/否(N)][N]:Y　　//选择"是(Y)"选项

结果如图 3-31 右图所示。

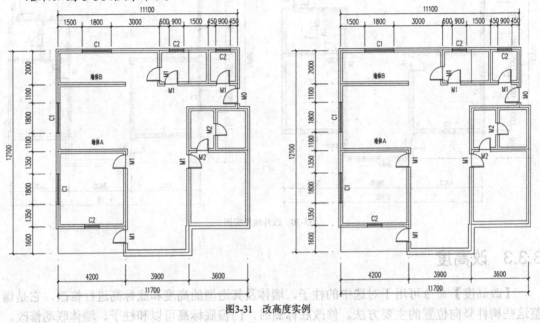

图3-31　改高度实例

3.3.4　改外墙高

【改外墙高】命令与【改高度】命令类似，不过它仅对外墙有效。执行该命令前，用户应已进行过内外墙的识别操作。

命令启动方法

- 菜单命令：【墙体】/【墙体工具】/【改外墙高】。
- 工具栏图标：⫿⫿。
- 命令：TChEWallHeight。

该命令通常用在无地下室的首层平面，把外墙从室内标高延伸到室外标高。

【练习3-17】：　打开素材文件"dwg\第 3 章\3-17.dwg"，如图 3-32 左图所示，将图中外墙体 A、B、C 的高度改为 3300。

选择菜单命令【墙体】/【墙体工具】/【改外墙高】，命令行提示如下。

请选择外墙：　　　　　　　　　　　//框选外墙A、B、C后按 Enter 键

新的高度<3000>:3300　　　　　　　　//输入新的对象高度

新的标高<0>:　　　　　　　　　　　　//采用默认值"0"

是否维持窗墙底部间距不变？(是(Y)/否(N))[N]:Y　//选择"是(Y)"选项

结果如图 3-32 右图所示。

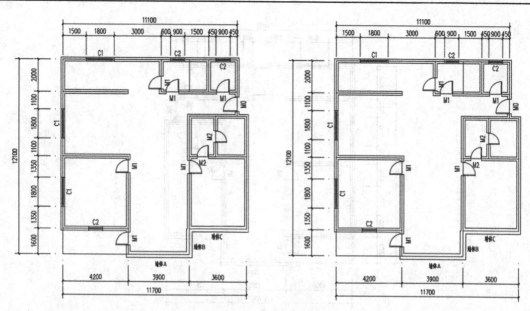

图3-32 改外墙高实例

3.4 墙体立面命令

墙体立面命令不是在立面施工图上执行的命令，而是在绘制平面图时，为立面或三维建模做准备而编制的几个墙体立面设计命令。

3.4.1 墙面 UCS

为了构造异形洞口或异形墙立面，必须在墙体立面上定位和绘制图元，需要把 UCS（用户坐标系）设置到墙面上，【墙面 UCS】命令临时定义一个基于所选墙面（分侧）的 UCS，在指定视口中将墙体转为立面显示。

命令启动方法

- 菜单命令：【墙体】/【墙体立面】/【墙面 UCS】。
- 工具栏图标：🗒。
- 命令：TUcsWall。

执行该命令后，命令行提示如下。

请点取墙体一侧<退出>：   //选取墙体的外皮

系统自动把当前视图置为平行于坐标系的视图。

【练习3-18】：打开素材文件"dwg\第 3 章\3-18.dwg"，如图 3-33 上图所示，通过【墙面 UCS】命令将其转为立面显示。

1. 选择菜单命令【墙体】/【墙体立面】/【墙面 UCS】，命令行提示如下。

请点取墙体一侧<退出>：   //选取墙体 A 的一侧，按 Enter 键

2. 将当前视图置为平行于坐标系的视图，并转为立面显示，结果如图 3-33 下图所示。

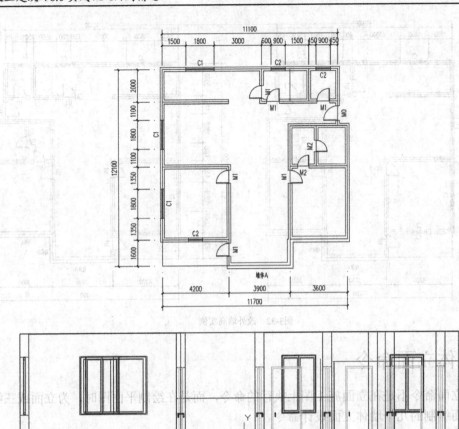

图3-33　墙面 UCS 实例

3.4.2 异形立面

【异形立面】命令可通过对矩形立面墙体进行适当剪裁，构造不规则立面形状的特殊墙体，如创建双坡山墙或单坡山墙与坡屋顶底面相交。

命令启动方法

- 菜单命令：【墙体】/【墙体立面】/【异形立面】。
- 工具栏图标：▨。
- 命令：TShapeWall。

【异形立面】命令的要点如下。

(1) 异形立面的剪裁边界线用墙面上绘制的多段线表示，如果构造后想保留矩形墙体的下部，则多段线从墙体的一边入、一边出即可。如果构造后想保留左部或右部，则让墙体顶端的多段线端头指向保留部分即可。

(2) 墙体变为异形立面墙体后，拖动夹点等编辑功能将失效。异形立面墙体生成后如果接续墙端继续画新墙，则异形立面墙体能够保持原状。如果新墙与异形立面墙体有交角，则异形立面墙体恢复为原来的形状。

(3) 执行该命令前，应先用【墙面 UCS】命令临时定义一个基于所选墙面的 UCS，以便在墙体立面上绘制异形立面墙体的边界线。为便于操作，可将屏幕设置为多视口配置，在立面视口中用多段线（Pline）命令绘制异形立面墙体的剪裁边界线，其中多段线的首段和末段不能是弧段。

【练习3-19】：打开素材文件"dwg\第 3 章\3-19.dwg"，如图 3-34 上图所示，通过使用【异形立面】命令得到图 3-34 下图所示的结果。

1.　选择菜单命令【墙体】/【墙体立面】/【异形立面】后，命令行提示如下。

　　　　选择定制墙立面的形状的不闭合多段线<退出>：　　　//在立面视口中选取边界线

　　　　选择墙体：　　　　　　　　　　　　　//选择要改为异形立面的墙体A、B，按 Enter 键

2.　选中的墙体随即根据边界线变为不规则立面形状或更新为新的立面形状，结果如图 3-34 下图所示。

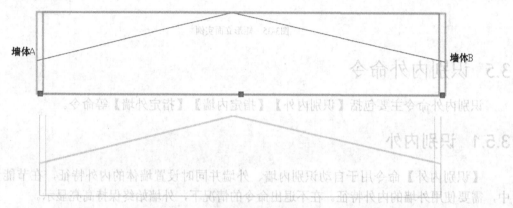

图3-34　异形立面实例

> **要点提示**　命令执行结束后作为边界线的多段线仍保留以备再用。

3.4.3　矩形立面

　　【矩形立面】命令是【异形立面】命令的逆命令，可将异形立面墙体恢复为标准的矩形立面墙体。

命令启动方法

- 菜单命令：【墙体】/【墙体立面】/【矩形立面】。
- 工具栏图标：回。
- 命令：TDelWallShape。

执行该命令后，命令行提示如下。

　　　　选择墙体：　　　　　　　　　　　　　　//选择要恢复的异形立面墙体，可多选

系统把所选中的异形立面墙体恢复为标准的矩形立面墙体。

【练习3-20】：打开素材文件"dwg\第 3 章\3-20.dwg"，如图 3-35 上图所示，通过使用【矩形立面】命令完成标准矩形立面墙体的恢复，结果如图 3-35 下图所示。

　　　　选择菜单命令【墙体】/【墙体立面】/【矩形立面】后，命令行提示如下。

　　　　选择墙体：　　　　　　　　　　　//选择要恢复的异形立面墙体A，按 Enter 键

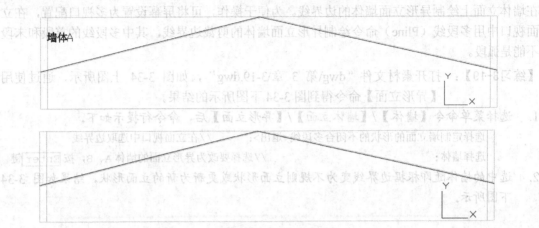

图3-35　矩形立面实例

3.5　识别内外命令

识别内外命令主要包括【识别内外】【指定内墙】【指定外墙】等命令。

3.5.1　识别内外

【识别内外】命令用于自动识别内墙、外墙并同时设置墙体的内外特征，在节能设计中，需要使用外墙的内外特征。在不退出命令的情况下，外墙始终保持高亮显示。

命令启动方法

- 菜单命令：【墙体】/【识别内外】/【识别内外】。
- 工具栏图标：　。
- 命令：TMarkWall。

执行该命令后，命令行提示如下。

　　　　请选择一栋建筑物的所有墙体（或门窗）：　　　　　　　　　　　　//选择构成建筑物的墙体

按 Enter 键后，系统会自动判断所选墙体的内墙、外墙特性，并用红色虚线高亮显示外墙的外边线，用重画（Redraw）命令可消除高亮显示的虚线。如果存在天井或庭院，那么外墙的包线是多个封闭区域，要结合【指定外墙】命令进行处理。

【练习3-21】：打开素材文件"dwg\第 3 章\3-21.dwg"，如图 3-36 所示，进行墙体内外识别练习。

选择菜单命令【墙体】/【识别内外】/【识别内外】后，命令行提示如下。

　　　　请选择一栋建筑物的所有墙体（或门窗）：　　　　　　//选择构成建筑物的墙体或墙上的门窗
　　　　请选择一栋建筑物的所有墙体（或门窗）：
　　　　　　　　　　　　　　　　　　　　　　　//该行反复提示，单击鼠标右键结束选择，外墙高亮显示
　　　　点击绘图区任意位置或右键回车退出亮显：　　　　　　//单击绘图区任意位置，结束命令

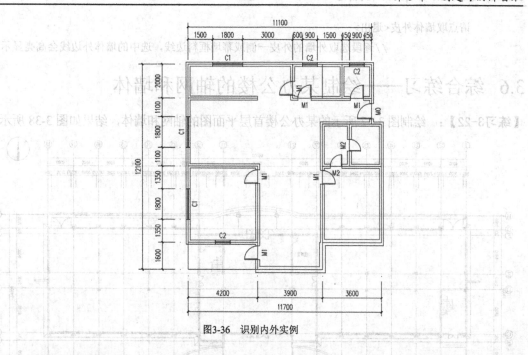

图3-36 识别内外实例

3.5.2 指定内墙

【指定内墙】命令是用手动选择的方式将选中的墙体置为内墙，内墙在组合生成三维模型时不参与建模，可以减少三维渲染模型的大小与内存开销。

命令启动方法

- 菜单命令：【墙体】/【识别内外】/【指定内墙】。
- 工具栏图标：🔲。
- 命令：TMarkIntWall。

执行该命令后，命令行提示如下。

```
选择墙体：                    //选择属于内墙的墙体
选择墙体：                    //按 Enter 键结束墙体选择
```

3.5.3 指定外墙

用【指定外墙】命令可将选中的普通墙体置为外墙，除了把墙体指定为外墙之外，还能指定墙体的内外特性用于节能计算，也可以把选中的玻璃幕墙两侧翻转，调整幕墙本身的内外朝向，适用于设置了隐框（或框料尺寸不对称）的幕墙。在做节能设计时必须先执行【识别内外】命令，如果识别不成功，则需要使用该命令指定。

命令启动方法

- 菜单命令：【墙体】/【识别内外】/【指定外墙】。
- 工具栏图标：🔲。
- 命令：TMarkExtWall。

执行该命令后，命令行提示如下。

请点取墙体外皮<退出>：

　　　　　　//逐段选取外墙的外皮一侧或幕墙框料边线，选中的墙体外边线会高亮显示

3.6　综合练习——绘制某办公楼的轴网和墙体

【练习3-22】：　绘制图3-37所示的某办公楼首层平面图的轴网和墙体，结果如图3-38所示。

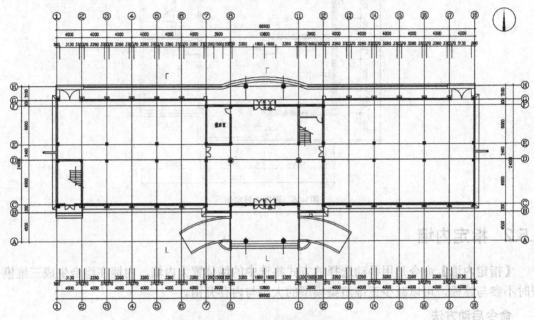

图3-37　某办公楼首层平面图

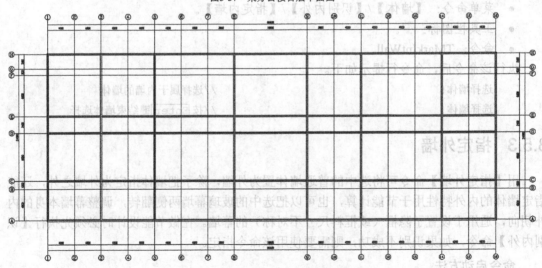

图3-38　轴网和墙体绘制结果

1.　绘制轴网，其尺寸如下。

　　　　下开间：6×4000、3900、10800、3900、6×4000。

　　　　左进深：4500、1200、6900、2400、6000、900、2100。

　　　　结果如图3-39所示。

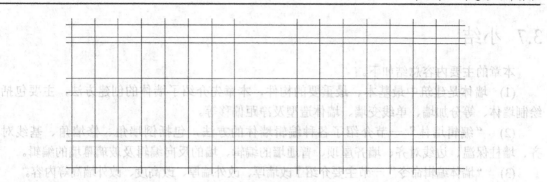

图3-39　绘制轴网

2. 标注轴网，结果如图 3-40 所示。

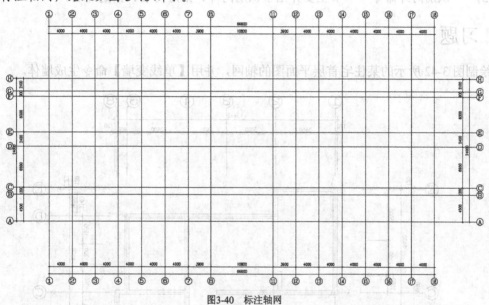

图3-40　标注轴网

3. 完成厚 240 墙体的布置，参数设置如图 3-41 所示，最终结果如图 3-38 所示。

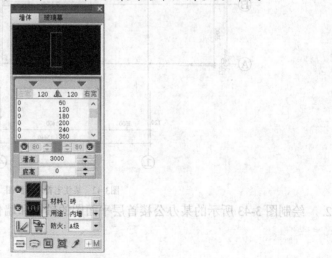

图3-41　【墙体】对话框

3.7 小结

本章的主要内容总结如下。

(1) 墙体是建筑中最基本、最重要的构件，本章先介绍了墙体的创建方法，主要包括绘制墙体、等分加墙、单线变墙、墙体造型及净距偏移等。

(2) "编辑墙体"一节介绍了各种编辑墙体的方法，包括倒墙角、修墙角、基线对齐、墙柱保温、边线对齐、墙齐屋顶、普通墙的编辑、墙的反向编辑及玻璃幕墙的编辑。

(3) "墙体编辑命令"一节主要介绍了改墙厚、改外墙厚、改高度、改外墙高等内容。

(4) "墙体立面命令"一节介绍了墙面 UCS、异形立面及矩形立面。

(5) "识别内外命令"一节主要介绍了识别内外、指定内墙、指定外墙。

3.8 习题

1. 绘制图 3-42 所示的某住宅首层平面图的轴网，并用【单线变墙】命令生成墙体。

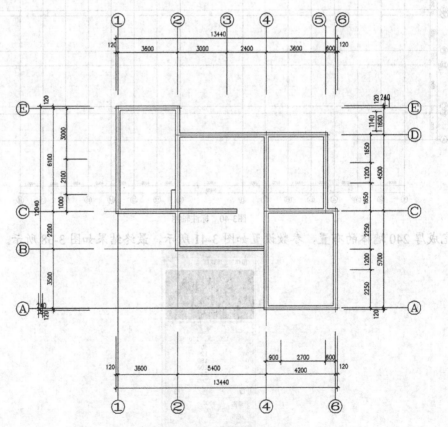

图3-42 某住宅首层平面图

2. 绘制图 3-43 所示的某办公楼首层平面图的轴网和墙体。

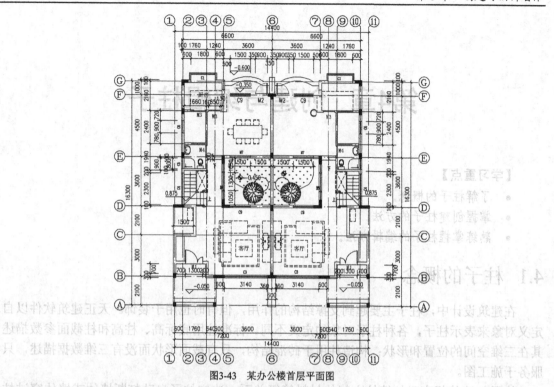

图3-43 某办公楼首层平面图

3. 绘制图 3-44 所示的某别墅首层平面图的轴网和墙体。

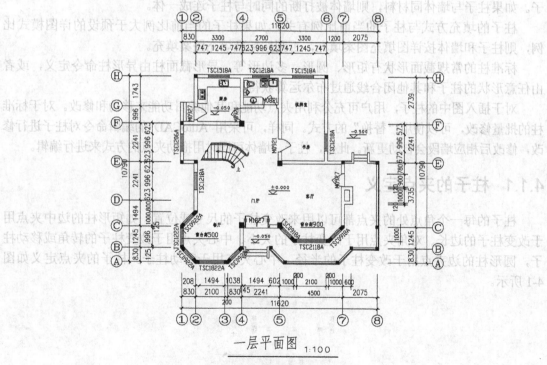

一层平面图 1:100

图3-44 某别墅首层平面图

第4章　创建与编辑柱子

【学习重点】

- 了解柱子的概念。
- 掌握创建柱子的方法。
- 熟练掌握柱子的编辑方法。

4.1　柱子的概念

在建筑设计中，柱子主要起到支撑结构的作用，但有时也用于装饰。天正建筑软件以自定义对象来表示柱子，各种柱子对象的定义不同。标准柱用底标高、柱高和柱截面参数描述其在三维空间的位置和形状；构造柱用于砖混结构，只有截面形状而没有三维数据描述，只服务于施工图。

柱子与墙体相交时按墙柱之间的材料等级关系，决定柱子自动打断墙体或墙体穿过柱子。如果柱子与墙体同材料，则墙体被打断的同时与柱子连成一体。

柱子的填充方式与柱子的当前比例有关，如果柱子的当前比例大于预设的详图模式比例，则柱子和墙体按详图填充图案填充，否则按标准填充图案填充。

标准柱的常规截面形状有矩形、圆形、多边形等，异形截面柱由异形柱命令定义，或者由任意形状的柱子和其他闭合线通过布尔运算获得。

对于插入图中的柱子，用户可充分利用夹点功能和其他编辑功能来移动和修改。对于标准柱的批量修改，可以使用"替换"的方式。同样，可采用 AutoCAD 的编辑命令对柱子进行修改，修改后相应墙段会自动更新。此外，柱子、墙体可同时用拖动夹点的方式来进行编辑。

4.1.1　柱子的夹点定义

柱子的每一个角点处的夹点都可以用来改变柱子的尺寸或位置，如矩形柱的边中夹点用于改变柱子的边长、对角夹点用于改变柱子的大小、中心夹点用于改变柱子的转角或移动柱子，圆形柱的边夹点用于改变柱子的半径、中心夹点用于移动柱子。柱子的夹点定义如图4-1 所示。

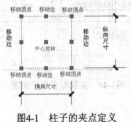

图4-1　柱子的夹点定义

4.1.2　柱子与墙体的连接方式

柱子和墙体的材料决定了柱子与墙体的连接方式，图 4-2 所示是不同材料墙体和柱子的连接关系示意图。选择菜单命令【设置】/【天正选项】，打开【天正选项】对话框，在【加粗填充】选项卡中可以设定比例来控制标准填充模式与详图填充模式的切换。

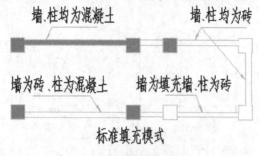

图4-2　柱子和墙体的连接方式

4.2　创建柱子

柱子在工程结构中主要用于承受压力，有的情况下也同时承受弯矩的竖向杆件，用以支撑梁、桁架、楼板等，因此柱子的创建具有重要的工程意义。

天正建筑软件中柱子的分类如表 4-1 所示。

表 4-1　　　　　　　　　　　　　　　　柱子的分类

分类方式	种类
功能	标准柱、角柱、构造柱
材料	砖柱、石材柱、钢筋混凝土柱、金属柱
形状	矩形柱、圆形柱、正三角形柱、正五边形柱、正六边形柱、正八边形柱、正十二边形柱及异形柱

4.2.1　标准柱

在轴线的交点处或任何位置可插入矩形柱、圆形柱或正多边形柱，正多边形柱包括常用的正三角形柱、正五边形柱、正六边形柱、正八边形柱及正十二边形柱，也可插入异形柱。也能通过【墙柱保温】命令为柱子添加保温层。插入柱子的基准方向总是沿着当前坐标系的方向，如果当前坐标系是 UCS，则柱子的基准方向自动沿着 UCS 的 x 轴方向，不必另行设置。

1. **命令启动方法**

- 菜单命令：【轴网柱子】/【标准柱】。
- 工具栏图标：中。
- 命令：TGColumn。

【练习4-1】：　打开素材文件"dwg\第 4 章\4-1.dwg"，如图 4-3 上图所示，对其进行柱子布置，结果如图 4-3 下图所示。

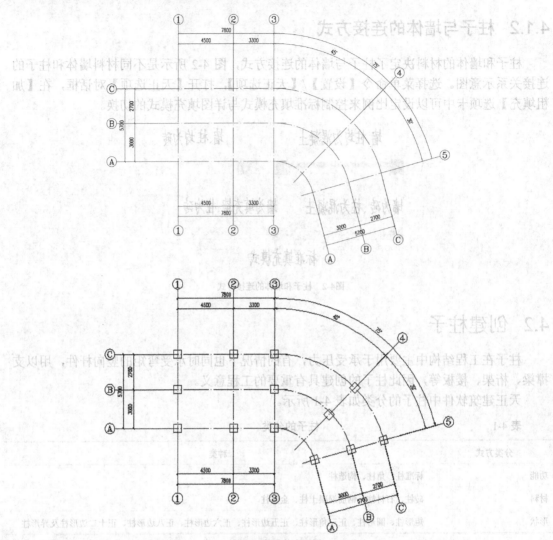

图4-3　标准柱布置图

1.　**选择菜单命令【轴网柱子】/【标准柱】，弹出【标准柱】对话框，参数设置如图 4-4 所示。**

图4-4　【标准柱】对话框

第 4 章

2. 单击 + 按钮，命令行提示如下。

> 点取位置或 [转 90 度(A)/左右翻(S)/上下翻(D)/对齐(F)/改转角(R)/改基点(T)/参考点
> (G)]<退出>：   //在需要的位置选择点
> 点取位置或 [转 90 度(A)/左右翻(S)/上下翻(D)/对齐(F)/改转角(R)/改基点(T)/参考点
> (G)]<退出>：   //按 Enter 键结束

结果如图 4-3 下图所示。

创建标准柱的步骤如下。

(1) 设置柱子的参数，包括截面类型、截面尺寸和材料，或者从构件库选取以前入库的柱子。

(2) 单击【标准柱】对话框中的工具栏图标 ⊕ 品 뙤 ⩗ 鵬 ✐ ，选择柱子的定位方式。

(3) 根据不同的定位方式输入相应的命令。

(4) 重复步骤（1）~（3）或按 Enter 键结束标准柱的创建。

以下是具体的交互过程：选择菜单命令后，显示对话框，选择不同的形状后会显示对应的输入参数，如图 4-5 所示。

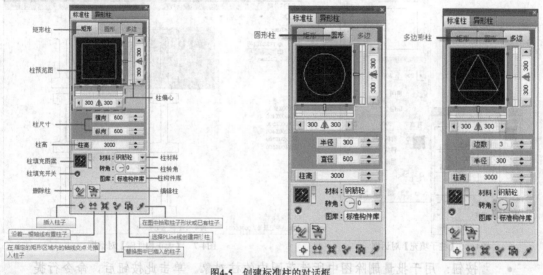

图4-5 创建标准柱的对话框

2. 【标准柱】对话框中的选项说明

- 柱尺寸：其中的参数因柱子的形状而略有差异，可以单击尺寸按钮，到图中拾取已有柱对象的尺寸或尺寸线值。以矩形柱为例，单击 横向 按钮后，命令行提示如下。

> 请选择参考柱或尺寸线<退出>：   //如果选择参考柱，则将该柱的横向尺寸提取到当前对话
>   框中显示；如果选择尺寸线，则将尺寸线的值提取到当前对话框中显示

- 柱高 ：默认获取当前层高。可以单击此按钮，到图中拾取已有柱对象的柱高值或尺寸线值。单击此按钮后，命令行提示如下。

> 请选择参考柱或尺寸线<退出>：   //如果选择参考柱，则将该柱的柱高值提取到当前对话框
>   中显示；如果选择尺寸线，则将尺寸线的值提取到当前对话框中显示

- 柱偏心：设置插入柱子的位置，可以直接输入偏移尺寸，也可以拖动红色指

针改变偏移尺寸，还可以单击左右两侧的小三角形来改变偏移尺寸。

- 柱填充开关及柱填充图案：当开关开启时 ◯，柱填充图案可用，单击右侧的下拉按钮 ↓，弹出【柱子填充】对话框，如图 4-6 所示，利用该对话框选择填充图案。所绘制的柱子以【柱子填充】对话框中所选的图案进行填充。当开关关闭时 ✕，柱填充图案不可用。
- 【转角】：旋转角度在矩形轴网中以 x 轴为基准线；在弧形、圆形轴网中以环向弧线为基准线，以逆时针为正、顺时针为负自动设置。
- 【材料】：在其下拉列表中选择材料，柱子与墙体之间的连接方式以两者的材料决定。下拉列表中有【砖】【耐火砖】【石材】【毛石】【混凝土】【钢筋砼】【金属】等材料，默认为【钢筋砼】。
- 【图库】：单击 标准构件库 按钮，打开【天正构件库】对话框，如图 4-7 所示，可从构件库中取得预定义柱子的尺寸和样式。

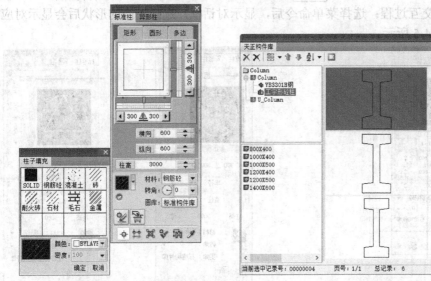

图4-6　【柱子填充】对话框　　　　　　　　图4-7　【天正构件库】对话框

- ✂按钮：用于批量删除图中所选范围内的柱对象。单击此按钮后，命令行提示如下。

　　请选择需要删除的柱子：　　　　　　　　//选择柱子后按 Enter 键，被选中的柱对象会被删除

- 🛒按钮：用于筛选图中所选范围内当前类型的柱对象（如在【多边】选项卡中，就只能选中所选范围内所有的多边形柱，而不能选中矩形柱或圆形柱），并将柱信息提取到【标准柱】对话框中显示，以便统一进行修改。单击此按钮后，命令行提示如下。

　　请选择需要修改的柱：　　　//支持点选和框选，选择柱对象后，其信息会显示到【标准柱】对话
　　　　　　　　　　　　　　　　框中，可以直接在对话框中进行批量修改

4.2.2　角柱

可以使用【角柱】命令在墙角插入形状与墙体一致的角柱，该命令可以改变各分肢长度及各分肢的宽度，宽度默认居中，高度为当前层高。生成的角柱与标准柱类似，每一边都有

可调整长度和宽度的夹点，可以方便地按要求进行修改。

1. **命令启动方法**
- 菜单命令：【轴网柱子】/【角柱】。
- 工具栏图标：▮。
- 命令：TCornColu。

【练习4-2】：　打开素材文件"dwg\第 4 章\4-2.dwg"，如图 4-8 上图所示，布置角柱，结果如图 4-8 下图所示。

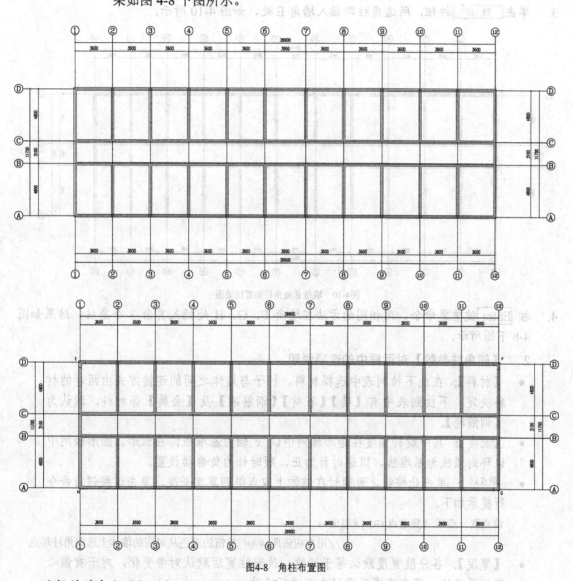

图4-8　角柱布置图

1. 选择菜单命令【轴网柱子】/【角柱】，命令行提示如下。

　　　　请选取墙角或 [参考点(R)] <退出>：　　　　　　　　　//选择墙角 E

2. 弹出【转角柱参数】对话框，参数设置如图 4-9 所示。

图4-9 【转角柱参数】对话框

3. 单击 确 定 按钮，所选角柱即插入墙角 E 处，如图 4-10 所示。

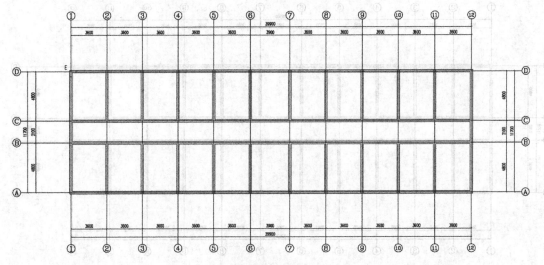

图4-10 墙角 E 处角柱布置结果图

4. 按 Enter 键重复命令，用相同的方法在墙角 F、G、H 处插入其余 3 个角柱，结果如图 4-8 下图所示。

2. 【转角柱参数】对话框中的选项说明

- 【材料】：在此下拉列表中选择材料，柱子与墙体之间的连接方式由两者的材料决定。下拉列表中有【砖】【石材】【钢筋砼】及【金属】等材料，默认为【钢筋砼】。
- 【长度】：其中旋转角度在矩形轴网中以 x 轴为基准线；在弧形、圆形轴网中以环向弧线为基准线，以逆时针为正，顺时针为负自动设置。
- 取点A< ：单击此按钮，可通过在墙体上取点得到真实长度，单击该按钮后命令行提示如下。

  请点取一点或 [参考点(R)]<退出>：

  //用户应依照 取点A< 按钮的颜色从对应的墙体上选取角柱端点
- 【宽度】：各分股宽度默认等于墙宽，改变柱宽后默认对中变化，对于有偏心变化要求的，可在完成后通过夹点进行修改。

4.2.3 构造柱

【构造柱】命令用于在墙角交点处或墙体内插入构造柱，以所选择的墙角形状为基准，输入构造柱的具体尺寸，指出对齐方向，默认为钢筋混凝土材质，仅生成二维对象。

1. **命令启动方法**
- 菜单命令：【轴网柱子】/【构造柱】。
- 工具栏图标： 。
- 命令：TFortiColu。

【练习4-3】： 打开素材文件"dwg\第 4 章\4-3.dwg"，如图 4-11 上图所示，布置构造柱，结果如图 4-11 下图所示。

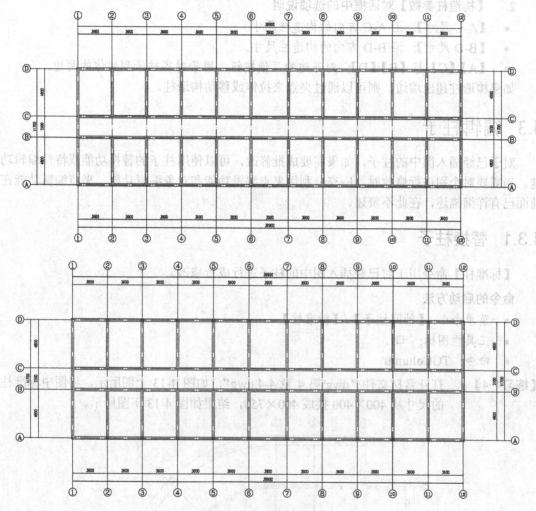

图4-11 构造柱布置图

1. 选择菜单命令【轴网柱子】/【构造柱】，命令行提示如下。

    请选取墙角或 [参考点(R)]<退出>：

    //选择要布置构造柱的墙或墙中位置，或者输入"R"定位

2. 弹出【构造柱参数】对话框，参数设置如图 4-12 所示。

3. 单击 确定 按钮，结果如图 4-11 下图所示。如果要修改长度与宽度，可通过拖动夹点的方式来实现。

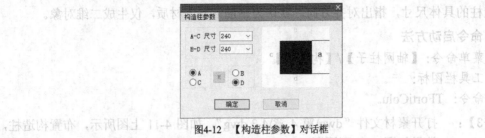

图4-12 【构造柱参数】对话框

2. 【构造柱参数】对话框中的选项说明

- **【A-C尺寸】**：沿A-C方向的构造柱尺寸。
- **【B-D尺寸】**：沿B-D方向的构造柱尺寸。
- **【A】【C】与【B】【D】**：对齐边的互锁按钮，用于对齐柱子到墙体的两边。

如果构造柱超出墙边，则可以通过夹点来拉伸或移动构造柱。

4.3 编辑柱子

对于已经插入图中的柱子，如果需要成批修改，可以使用柱子的替换功能或特性编辑功能。当需要对个别进行修改时，应充分利用夹点编辑功能和对象编辑功能，夹点编辑功能在前面已有详细描述，在此不赘述。

4.3.1 替换柱子

【标准柱】命令用于对已经插入图中的柱子进行成批修改。

命令的启动方法

- 菜单命令：【轴网柱子】/【标准柱】。
- 工具栏图标：⊕。
- 命令：TGColumn。

【练习4-4】： 打开素材文件"dwg\第4章\4-4.dwg"，如图4-13上图所示，将图中标准柱的尺寸从400×400换成400×750，结果如图4-13下图所示。

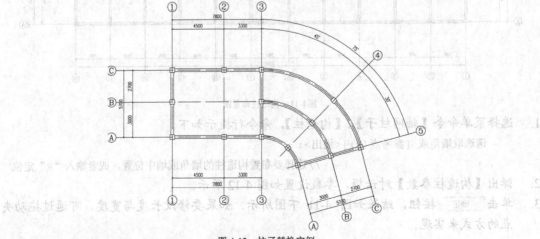

图4-13 柱子替换实例

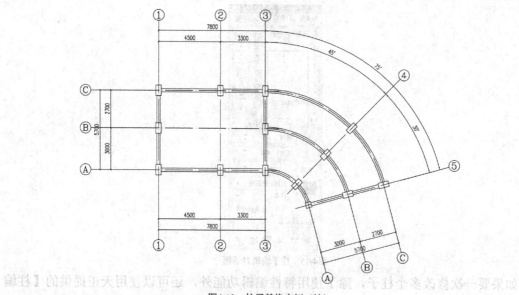

图4-13　柱子替换实例（续）

1. 选择菜单命令【轴网柱子】/【标准柱】，弹出【标准柱】对话框，参数设置如图 4-14 所示。

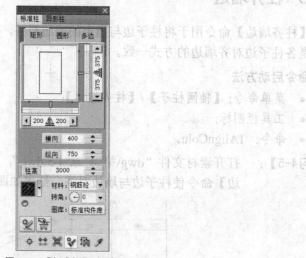

图4-14　【标准柱】对话框

2. 单击【标准柱】对话框底部的 按钮，命令行提示如下。

　　　选择被替换的柱子：　　　　　　　　//框选图中要被替换的柱子或选择要被替换的个别柱子

　　结果如图 4-13 下图所示。

4.3.2　修改柱子

　　如果要修改单个柱子，则双击该柱子，打开柱子编辑对话框，该对话框与【标准柱】对话框相同，如图 4-15 所示。用户可在该对话框中对柱子进行修改，修改参数后即可更新所选的柱子。

图4-15　柱子编辑对话框

如果要一次修改多个柱子，除了使用特性编辑功能外，还可以使用天正提供的【柱编辑】工具 。

4.3.3　柱齐墙边

【柱齐墙边】命令用于将柱子边与指定的墙边对齐，可一次选多个柱子完成对齐操作，条件是各柱子边对齐墙边的方式一致。

命令启动方法

- 菜单命令：【轴网柱子】/【柱齐墙边】。
- 工具栏图标： 。
- 命令：TAlignColu。

【练习4-5】：　打开素材文件"dwg\第 4 章\4-5.dwg"，如图 4-16 上图所示，用【柱齐墙边】命令使柱子边与墙边对齐，结果如图 4-16 下图所示。

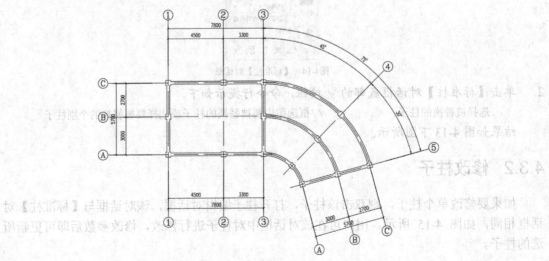

图 4-16　柱齐墙边练习

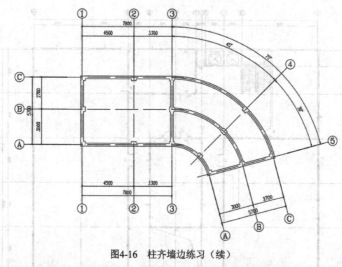

图4-16 柱齐墙边练习（续）

1. 选择菜单命令【轴网柱子】/【柱齐墙边】，命令行提示如下。

请点取墙边<退出>： //选取作为柱子对齐基准的墙边 D，如图 4-17 所示

选择对齐方式相同的多个柱子<退出>： //依次选择轴线 1 上的所有柱子

选择对齐方式相同的多个柱子<退出>： //按 Enter 键

请点取柱边<退出>： //选取这些柱子的左侧边

结果如图 4-17 所示。

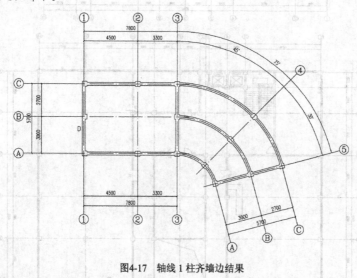

图4-17 轴线 1 柱齐墙边结果

2. 根据命令行提示对齐其余柱子，结果如图 4-16 下图所示。

4.4 综合练习——某办公楼平面柱子布置

【练习4-6】： 打开素材文件"dwg\第 4 章\综合练习.dwg"，如图 4-18 上图所示，综合运用创建和编辑柱子的方法完成某办公楼平面的柱子布置，结果如图 4-18 下图所示。

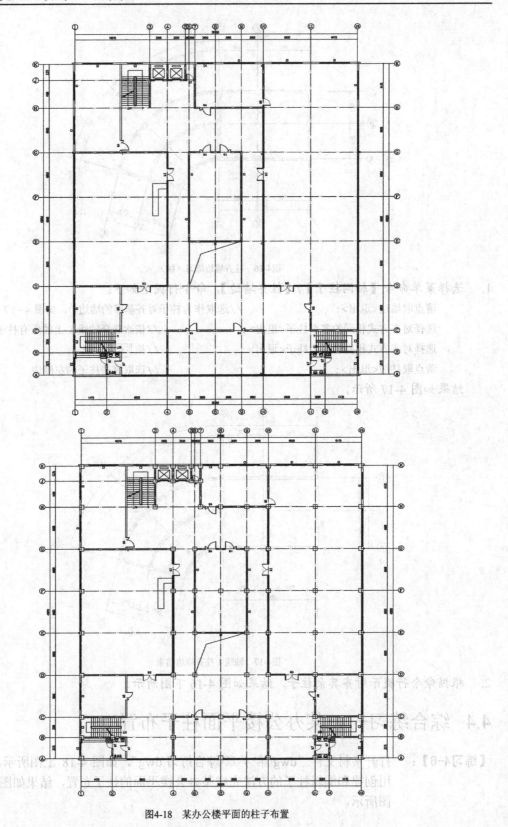

图4-18 某办公楼平面的柱子布置

1. 选择菜单命令【轴网柱子】/【标准柱】，弹出【标准柱】对话框，参数设置如图 4-19 所示。

2. 在【标准柱】对话框中单击 ⊞ 按钮，此时命令行提示如下。

　　　　请选择一轴线<退出>：　　　　　　　　//依次选择轴线A～K完成柱子的布置

结果如图 4-20 所示。

图4-19 【标准柱】对话框

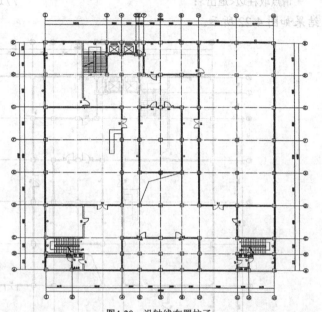

图4-20 沿轴线布置柱子

3. 依次删掉轴线 A 与 6、9，轴线 B 与 6、9，轴线 C 与 6、9，轴线 D 与 8，轴线 E 与 8，轴线 K 与 9 相交处的柱子，结果如图 4-21 所示。

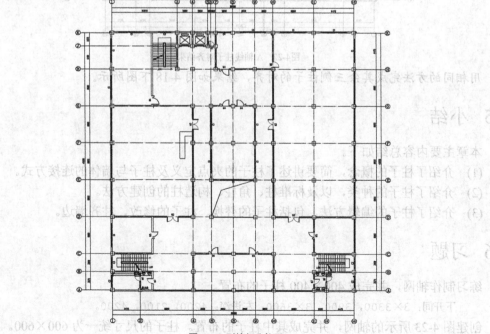

图4-21 删掉部分柱子

4. 选择菜单命令【轴网柱子】/【柱齐墙边】，命令行提示如下。

请点取墙边<退出>:　　　　　　　　　　　//选取作为柱子对齐基准的底侧墙边

选择对齐方式相同的多个柱子<退出>:　　　//依次选择轴线 A 上的所有柱子

选择对齐方式相同的多个柱子<退出>:　　　//按 Enter 键结束选择

请点取柱边<退出>:　　　　　　　　　　　//选取这些柱子的底边

结果如图 4-22 所示。

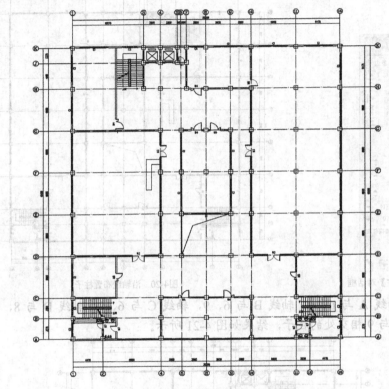

图4-22　A轴线柱子对齐结果

5. 用相同的方法完成其余三侧柱子的对齐，结果如图 4-18 下图所示。

4.5　小结

本章主要内容总结如下。

(1) 介绍了柱子的概念，简要讲述了柱子的夹点定义及柱子与墙体的连接方式。

(2) 介绍了柱子的种类，以及标准柱、角柱、构造柱的创建方法。

(3) 介绍了柱子的编辑方法，包括柱子的替换、柱子的修改、柱齐墙边。

4.6　习题

1. 练习制作轴网，并完成 400×400 柱子的布置。

下开间：3×3300，3900，3×3600。左进深：4200，2100，4200。

2. 创建图 4-23 所示的轴网，并完成其中柱子的布置。柱子的尺寸统一为 600×600。

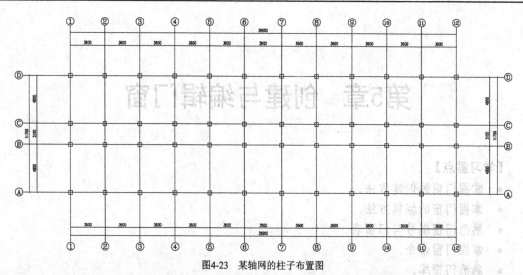

图4-23　某轴网的柱子布置图

3. 图 4-24 所示为某别墅首层平面图，练习绘制其中的轴网及布置墙体、柱子。室内布置及门窗的创建先不用考虑。

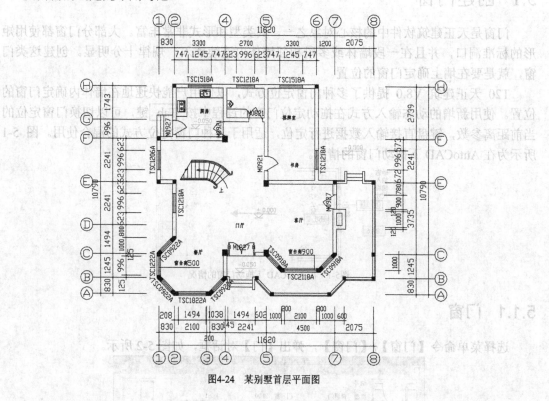

图4-24　某别墅首层平面图

第5章 创建与编辑门窗

【学习重点】

- 掌握门窗的创建方法。
- 掌握门窗的编辑方法。
- 熟悉门窗编号与门窗表。
- 掌握门窗命令。
- 熟悉门窗库。

5.1 创建门窗

门窗是天正建筑软件中的核心对象之一，其类型和形式非常丰富。大部分门窗都使用矩形的标准洞口，并且在一段墙体或多段相邻墙体内连续插入，规律十分明显。创建这类门窗，就是要在墙上确定门窗的位置。

T20 天正建筑 V8.0 提供了多种门窗定位方式，以便用户能快速地在墙体内确定门窗的位置。使用新增的动态输入方式在拖动定位门窗的过程中按 Tab 键，可以切换门窗定位的当前距离参数，键盘直接输入数据进行定位，适用于各种门窗定位方式的混合使用。图 5-1 所示为在 AutoCAD 下拖动门窗的情况。

图5-1 在 AutoCAD 下拖动门窗的情况

5.1.1 门窗

选择菜单命令【门窗】/【门窗】，弹出【门】对话框，如图 5-2 所示。

图5-2 【门】对话框

【门】对话框下方为工具栏，分隔条左边是定位模式图标、右边是门窗类型图标。天正建筑 V8.0 的门窗界面是无模式对话框，单击工具栏图标选择门窗类型及定位模式后，即可按命令行提示插入门窗。

> **要点提示** 在弧墙上插入普通门窗时，如果门窗的宽度大、弧墙的曲率半径小，插入会失败，这时可改用弧窗类型。

T20 天正建筑 V8.0 的构件库可以保存已经设置参数的门窗对象，在【门】对话框下方的工具栏中单击最右边的图标可以打开【天正构件库】对话框，从库中选择入库的门窗，其高度和宽度为构件库保存的参数，窗台和门槛高度为当前值不变。

命令启动方法

- 菜单命令：【门窗】/【门窗】。
- 工具栏图标： ⌂ 。
- 命令：TOpening。

自由插入指可在墙段的任意位置插入，这种方式操作速度快但不易准确定位，通常用在方案设计阶段。以墙中线为分界内外移动鼠标指针，可控制内外开启方向，按 Shift 键可控制左右开启方向，单击墙体后，门窗的位置和开启方向就完全确定了。

【练习5-1】： 普通门练习。

1. 打开素材文件"dwg\第 5 章\5-1.dwg"，如图 5-3 左图所示，插入普通门，结果如图 5-3 右图所示。

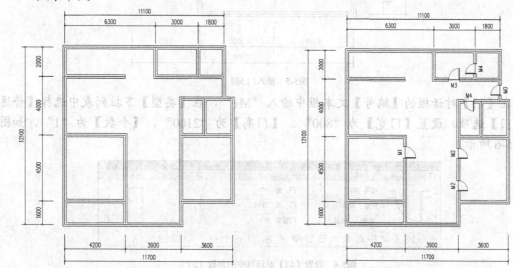

图5-3 普通门练习

2. 选择菜单命令【门窗】/【门窗】，弹出【门】对话框，在【编号】文本框中输入 "M0"，在【类型】下拉列表中选择【普通门】选项，设置【门宽】为"700"、【门高】为"2100"、【个数】为"1"，如图 5-4 所示。

图5-4 设置【门】对话框中的参数（1）

3. 单击【门】对话框下方工具栏中的 按钮，命令行提示如下。

点取门窗插入位置(Shift-左右开)<退出>：　　//选取要插入门 M0 的墙体 A，按 Enter 键

结果如图 5-5 所示。

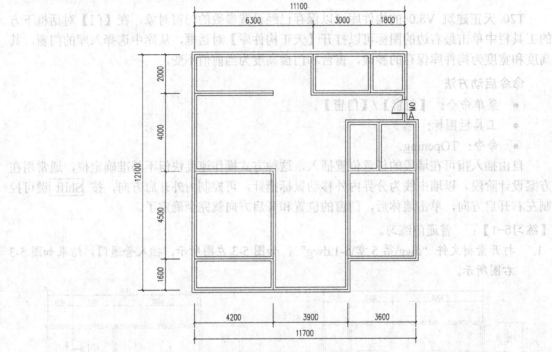

图5-5　插入门 M0

4. 在【门】对话框的【编号】文本框中输入"M1"，在【类型】下拉列表中选择【普通门】选项，设置【门宽】为"800"、【门高】为"2100"、【个数】为"1"，如图5-6 所示。

图5-6　设置【门】对话框中的参数（2）

单击【门】对话框下方工具栏中的 按钮，命令行提示如下。

点取墙体<退出>：　　　　　　　　　　　　　　//选取要插入门 M1 的墙体 B

输入从基点到门窗侧边的距离或 [取间距 1200 (L)]<退出>：800

　　　　　　　　　　　　　　//输入起点到第一个门窗边的距离

输入从基点到门窗侧边的距离或 [左右翻转 (S)/内外翻转 (D)/取间距 800 (L)]<退出>：

　　　　　　　　　　　　　　//按 Enter 键结束

结果如图 5-7 所示。

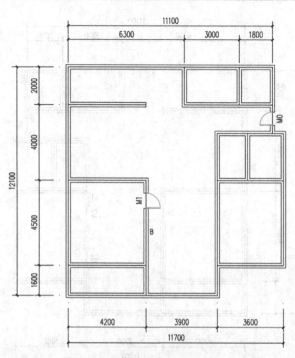

图5-7　插入门 M1

 按顺序插入是指以距离选取位置较近的墙边端点或基线端点为起点，按给定距离插入选定的门窗。此后顺着前进方向连续插入，插入过程中可以改变门窗的类型和参数。在弧墙上按顺序插入时，门窗按照墙基线弧长进行定位。

5. 选择菜单命令【门窗】/【门窗】，弹出【门】对话框，在【编号】文本框中输入 "M2"，在【类型】下拉列表中选择【普通门】选项，设置【门宽】为 "700"、【门高】为 "2000"、【个数】为 "1"，如图 5-8 所示。

图5-8　设置【门】对话框中的参数（3）

单击【门】对话框下方工具栏中的 按钮，命令行提示如下。

点取门窗大致的位置和开向(Shift-左右开)或[多墙插入(Q)]<退出>:
　　　　　　　　　　　　　　　　　　　　　　//选取插入门 M2 的墙体 C 上的任意一点

指定参考轴线[S]/门窗或门窗组个数(1~6)<2>:S　　　　//输入 "S"

第一根轴线：　　　　　　　　　　　　　　　　//选择第一根轴线 S1

第二根轴线：　　　　　　　　　　　　　　　　//选择第二根轴线 S2

门窗或门窗组个数(1~6)<2>：2　　　　　　　　//输入门窗组个数 "2"

点取门窗大致的位置和开向(Shift-左右开)或[多墙插入(Q)]<退出>：　　//按 Enter 键

结果如图 5-9 所示。

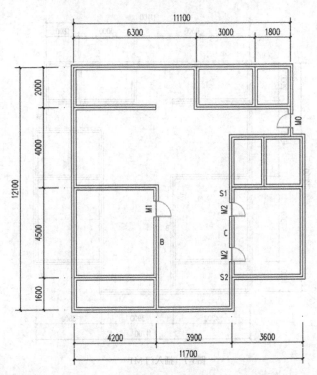

图5-9 插入门 M2

将一个或多个门窗插入两根轴线间的墙段等分线中间，如果墙段内没有轴线，则按墙段基线等分插入。

6. 选择菜单命令【门窗】/【门窗】，弹出【门】对话框，在【编号】文本框中输入 "M3"，在【类型】下拉列表中选择【普通门】选项，设置【门宽】为 "800"、【门高】为 "2000"、【个数】为 "1"，如图 5-10 所示。

图5-10 设置【门】对话框中的参数（4）

单击【门】对话框下方工具栏中的 按钮，命令行提示如下。

　　点取门窗大致的位置和开向(Shift－左右开)或[多墙插入(Q)]<退出>：

　　　　　　　　　　　　　　　　　　　　//选取插入门 M3 的墙体 D 上的任意一点

　　门窗\门窗组个数(1~3)<1>:1　　　　　　　//输入插入门窗的个数 "1"

　　点取门窗大致的位置和开向(Shift－左右开)或[多墙插入(Q)<退出>：　　//按 Enter 键

结果如图 5-11 所示。

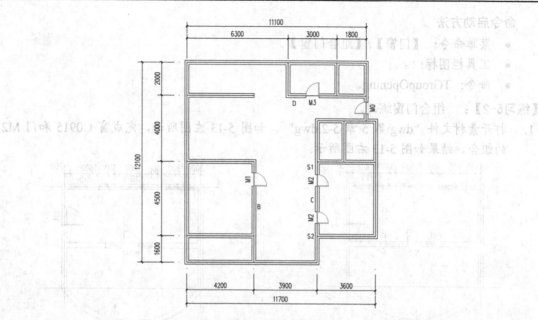

图5-11　插入门 M3

要点提示　与轴线等分插入相似，多墙插入命令在一个墙段上按墙体较短的一侧边线插入若干个门窗，按墙段等分使各门窗之间墙垛的长度相等。

7. 选择菜单命令【门窗】/【门窗】，弹出【门】对话框，在【编号】文本框中输入"M4"，在【类型】下拉列表中选择【普通门】选项，设置【门宽】为"700"、【门高】为"2000"、【门槛高】为"0"、【距离】为"300"、【个数】为"1"，如图5-12 所示。

图5-12　设置【门】对话框中的参数（5）

单击【门】对话框下方工具栏中的 按钮，命令行提示如下。

  点取门窗大致的位置和开向(Shift—左右开)<退出>:　//选取墙体 E

  点取门窗大致的位置和开向(Shift—左右开)<退出>:　//选取墙体 F

  点取门窗大致的位置和开向(Shift—左右开)<退出>:　//按 Enter 键

结果如图 5-3 右图所示。

5.1.2　组合门窗

使用【组合门窗】命令时不会直接插入一个组合门窗，而是把已经插入的两个以上的普通门和（或）窗组合为一个对象，作为单个门窗对象统计。组合门窗的优点是各个成员的平面、立面都可以由用户单独控制。

命令启动方法

- 菜单命令：【门窗】/【组合门窗】。
- 工具栏图标：🗖。
- 命令：TGroupOpening。

【练习5-2】： 组合门窗练习。

1. 打开素材文件"dwg\第 5 章\5-2.dwg"，如图 5-13 左图所示，完成窗 C0915 和门 M2 的组合，结果如图 5-13 右图所示。

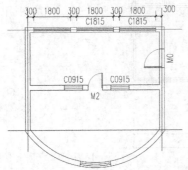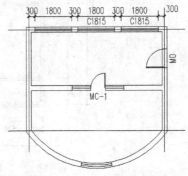

图5-13 组合门窗练习

2. 选择菜单命令【门窗】/【组合门窗】，命令行提示如下。

选择需要组合的门窗和编号文字：	//选择要组合的第 1 个门窗，左边窗 C0915
选择需要组合的门窗和编号文字：	//选择要组合的第 2 个门窗，右边窗 C0915
选择需要组合的门窗和编号文字：	//选择要组合的第 3 个门窗，门 M2
选择需要组合的门窗和编号文字：	//按 Enter 键结束选择
输入编号：MC-1	//输入组合门窗编号

【组合门窗】命令用于绘制比较复杂的门联窗与子母门，简单情况下可直接绘制，不必使用此命令。

> **要点提示** 【组合门窗】命令不会自动对各子门窗的高度进行对齐。要修改组合门窗，需临时将其分解为子门窗，修改后再重新进行组合。

5.1.3 带形窗

【带形窗】命令可用于创建沿墙连续的、窗台高与窗高等同的带形窗对象，按一个门窗编号进行统计，带形窗转角可以被柱子、墙体造型遮挡。

命令启动方法

- 菜单命令：【门窗】/【带形窗】。
- 工具栏图标：🗐。
- 命令：TBanWin。

【练习5-3】： 带形窗练习。

1. 打开素材文件"dwg\第 5 章\5-3.dwg"，如图 5-14 左图所示，插入带形窗 DC13315，结果如图 5-14 右图所示。

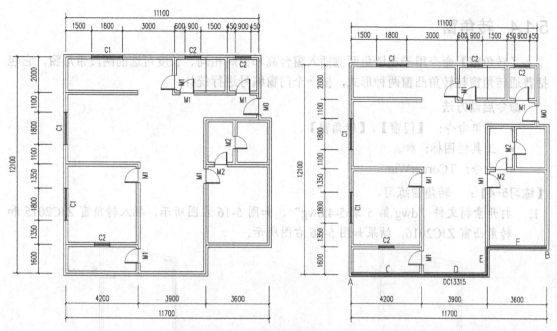

图5-14 带形窗练习

2. 选择菜单命令【门窗】/【带形窗】，弹出【带形窗】对话框，参数设置如图 5-15 所示。

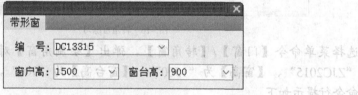

图5-15 【带形窗】对话框

3. 命令行提示如下。

起始点或 [参考点(R)]<退出>：	//单击 A 点
终止点或 [参考点(R)]<退出>：	//单击 B 点
选择带形窗经过的墙：	//选择墙体 C
选择带形窗经过的墙：	//选择墙体 D
选择带形窗经过的墙：	//选择墙体 E
选择带形窗经过的墙：	//选择墙体 F
选择带形窗经过的墙：	//按 Enter 键

结果如图 5-14 右图所示。

注意以下事项。

(1) 如果带形窗经过的路径上存在相交的内墙，则应把它们的材料级别设置得比带形窗所在墙低，这样才能正确地表示窗墙相交。

(2) 带形窗本身不能被拉伸（Stretch）命令拉伸，否则会消失。

(3) 玻璃分格的三维效果要使用【窗棂展开】与【窗棂映射】命令处理。

(4) 带形窗暂时还不能设置为洞口。

5.1.4 转角窗

【转角窗】命令用于在墙角两侧插入窗台高和窗高相同、长度可选的两段带形窗，它包括普通转角窗与转角凸窗两种形式，按一个门窗编号进行统计。

命令启动方法
- 菜单命令：【门窗】/【转角窗】。
- 工具栏图标：▥。
- 命令：TCornerWin。

【练习5-4】： 转角窗练习。

1. 打开素材文件"dwg\第 5 章\5-4.dwg"，如图 5-16 左图所示，插入转角窗 ZJC2015 和转角凸窗 ZJC2016，结果如图 5-16 右图所示。

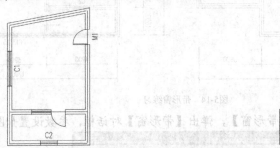

图5-16 转角窗练习

2. 选择菜单命令【门窗】/【转角窗】，弹出【绘制角窗】对话框，设置【编号】为"ZJC2015"、【窗高】为"1500"、【窗台高】为"900"，如图 5-17 所示。

3. 命令行提示如下。

> 请选取墙内角<退出>： //选取转角窗所在的墙内角 A，如图 5-18 所示，窗长从内角算起
> 转角距离 1<1000>:1200 //当前墙段变虚，输入从内角计算的窗长
> 转角距离 2<1000>:1200 //另一墙段变虚，输入从内角计算的窗长

结果如图 5-18 所示。

图5-17 设置转角窗 ZJC2015 的参数

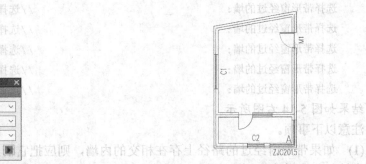

图5-18 插入转角窗 ZJC2015

4. 重新设置【绘制角窗】对话框中的参数，设置【编号】为"ZJC2016"、【窗高】为"1500"、【窗台高】为"600"，然后选择【凸窗】复选项，如图 5-19 所示。

5. 命令行提示如下。

> 请选取墙内角<退出>： //选取转角凸窗所在的墙内角 B，如图 5-20 所示，窗长从内角算起

转角距离 1<1200>:1200 　　　　　　　//当前墙段变虚，输入从内角计算的窗长

转角距离 2<1200>:1200 　　　　　　　//另一墙段变虚，输入从内角计算的窗长

结果如图 5-20 所示。

图5-19　设置转角凸窗 ZJC2016 的参数

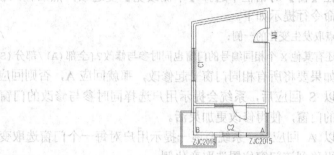

图5-20　插入转角凸窗 ZJC2016

5.2　编辑门窗

最简单的门窗编辑方法是选择门窗，激活门窗夹点，拖动夹点进行编辑，这种方法不必使用任何命令。批量翻转门窗可使用专门的门窗翻转命令。

5.2.1　门窗的夹点编辑

普通门、普通窗都有若干个预设好的夹点，拖动夹点时门窗对象会按预设的行为做出动作。熟练操纵夹点进行编辑是用户应该掌握的高效编辑手段。夹点编辑的缺点是一次只能对一个对象进行操作，而不能一次更新多个对象，为此系统提供了各种门窗编辑命令。门窗对象提供的夹点功能如图 5-21 和图 5-22 所示，其中部分夹点可通过 Ctrl 键来切换功能。

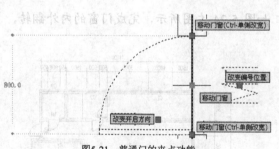

图5-21　普通门的夹点功能

图5-22　普通窗的夹点功能

5.2.2　对象编辑与特性编辑

双击门窗对象进入对象编辑对话框，或者用鼠标右键单击门窗对象，从弹出的快捷菜单中选择【对象编辑】或【通用编辑】/【对象特性】命令，虽然两个操作都可以用于修改门窗参数，但是相对而言，打开相应对象编辑对话框，以【窗】对话框（见图 5-23）为例来说明，其参数比较直观，而且可以替换门窗的

图5-23　【窗】对话框

外观样式。门窗对象编辑对话框与门窗插入对话框类似，只是没有了用于插入或替换门窗的一排图标，并增加了【单侧改宽】复选项。

在【窗】对话框中选择【单侧改宽】复选项，然后输入新宽度值，单击 确定 按钮，此时命令行提示如下。

点取发生变化的一侧：　　　　　　　　　　　　　　　　//在改变宽度的一侧选择点

还有其他 X 个相同编号的门窗也同时参与修改？[全部(A)/部分(S)/否(N)]<N>：

如果要将所有相同门窗一起修改，那就回应 A，否则回应 S 或者 N。

以 S 回应后，系统会提示用户选择同时参与修改的门窗，这时可选取其他多个要参与修改的门窗，使得修改更加灵活。

以 A 回应后，系统会逐一提示用户对每一个门窗选取变化侧，此时应根据拖引线的指示，平移到该门窗位置选取变化侧。

> **要点提示**　如果希望新门窗的宽度是对称变化的，就不要选择【单侧改宽】复选项。

5.2.3 内外翻转

选择需要内外翻转的门窗，统一以墙中垂线为轴线进行翻转。【内外翻转】命令适用于一次处理多个门窗的情况，处理后门窗的方向总是与原来的相反。

命令启动方法

- 菜单命令：【门窗】/【内外翻转】。
- 工具栏图标： ⇦。
- 命令：TMirWinIO。

【练习5-5】：　内外翻转练习。

1. 打开素材文件"dwg\第 5 章\5-5.dwg"，如图 5-24 左图所示，完成门窗的内外翻转，结果如图 5-24 右图所示。

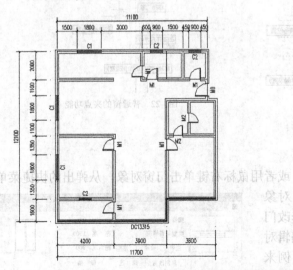
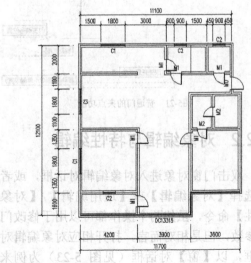

图5-24　内外翻转练习

2. 选择菜单命令【门窗】/【内外翻转】，命令行提示如下。

　　选择待翻转的门窗：　　　　　　　　　　//选择各个要翻转的门窗
　　选择待翻转的门窗：　　　　　　　　　　//按 Enter 键结束

结果如图 5-24 右图所示。

5.2.4　左右翻转

选择需要左右翻转的门窗，统一以门窗中垂线为轴线进行翻转。【左右翻转】命令适用于一次处理多个门窗的情况，处理后门窗的方向总是与原来的相反。

命令启动方法

- 菜单命令：【门窗】/【左右翻转】。
- 工具栏图标菜单：⚏。
- 命令：TMirWinLR。

【练习5-6】：　左右翻转练习。

1. 打开素材文件"dwg\第 5 章\5-6.dwg"，如图 5-25 左图所示，完成门窗的左右翻转，结果如图 5-25 右图所示。

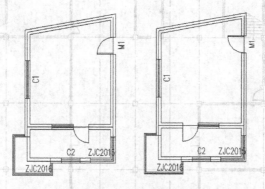

图5-25　左右翻转练习

2. 选择菜单命令【门窗】/【左右翻转】，命令行提示如下。

　　选择待翻转的门窗：　　　　　　　　　　//选择各个要翻转的门窗
　　选择待翻转的门窗：　　　　　　　　　　//按 Enter 键结束

结果如图 5-25 右图所示。

5.3　门窗编号与门窗表

T20 天正建筑 V8.0 有关门窗的编号可以在绘制门窗时直接在门窗参数对话框中输入，也可以绘制完后通过【对象编辑】和【门窗编号】命令输入。利用【门窗编号】命令，按 S 键可以一次性对所有选中的门窗按照各自的门窗类型和洞口尺寸进行编号。

5.3.1　门窗编号

【门窗编号】命令可以用于生成或修改门窗编号。普通门窗可以根据门洞尺寸编号，可以删除（隐去）已经编号的门窗；转角窗和带形窗则按默认规则编号。T20 天正建筑 V8.0 有自动编号功能，可以不需要样板门窗，按 S 键直接按照洞口尺寸自动编号。

如果改编号的范围内的门窗还没有编号，会出现选择要修改编号的样板门窗的提示，【门窗编号】命令每执行一次只能对同一种门窗进行编号，因此只能选择一个门窗作为样板，多选后会要求逐个确认，将与这个门窗参数相同的编为同一个号。如果以前这些门窗有过编号，那么即使删除编号，也会提供默认的门窗编号。

命令启动方法

- 菜单命令：【门窗】/【门窗编号】。
- 工具栏图标： 。
- 命令：TChWinLab。

【练习5-7】： 门窗编号练习。

1. 打开素材文件"dwg\第 5 章\5-7.dwg"，如图 5-26 上图所示，利用【门窗编号】命令为门窗编号，结果如图 5-26 下图所示。

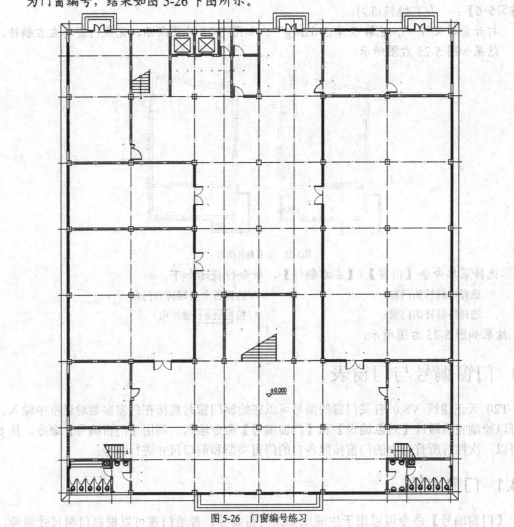

图 5-26 门窗编号练习

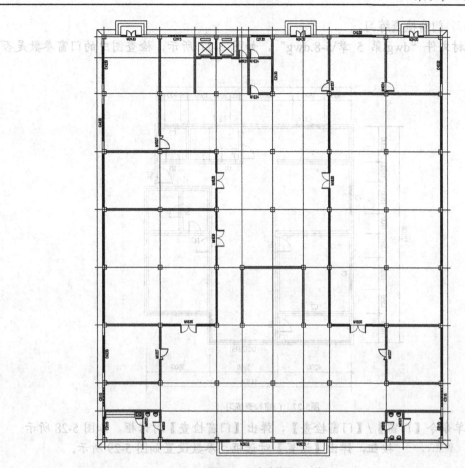

图5-26　门窗编号练习（续）

2. 选择菜单命令【门窗】/【门窗编号】，命令行提示如下。

请选择需要改编号的门窗的范围<退出>：　　　　　　　　　　//选择门窗编号范围

请选择需要改编号的门窗的范围：　　　　　　　　　　　　　//按 Enter 键结束选择

请选择需要修改编号的样板门窗或[自动编号(S)]:S　　　　　//输入"S"进行自动编号

结果如图 5-26 下图所示。

> 转角窗的默认编号规则为 ZJC1、ZJC2……带形窗为 DC1、DC2……用户可根据具体情况自行修改。

5.3.2　门窗检查

【门窗检查】命令用于显示门窗参数电子表格，以便用户检查当前图中已插入的门窗的参数是否合理。

命令启动方法

- 菜单命令：【门窗】/【门窗检查】。
- 工具栏图标： 。
- 命令：TValidOp。

【练习5-8】： 门窗检查练习。

1. 打开素材文件"dwg\第 5 章\5-8.dwg"，如图 5-27 所示，检查图中的门窗参数是否合理。

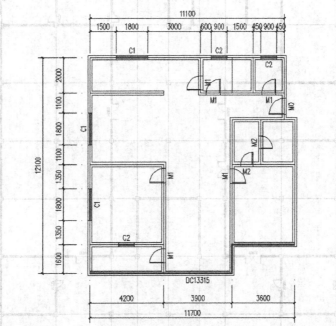

图5-27 门窗检查练习

2. 选择菜单命令【门窗】/【门窗检查】，弹出【门窗检查】对话框，如图 5-28 所示。

3. 单击 设置... 按钮，弹出【设置】对话框，参数设置如图 5-29 所示。

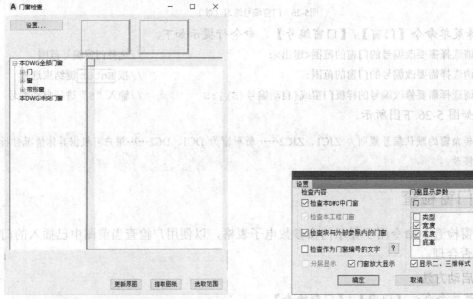

图5-28 【门窗检查】对话框　　　　　　　图5-29 【设置】对话框

4. 单击 确定 按钮完成本 DWG 中门的检查，检查结果如图 5-30 所示。

5. 用相同的方法检查其余各窗，门窗检查最终结果如图 5-31 所示。

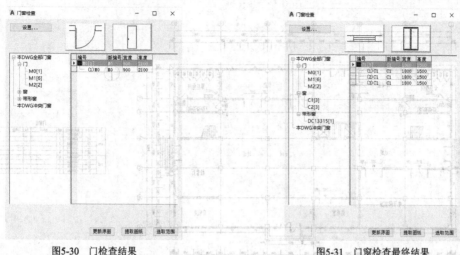

图5-30　门检查结果　　　　　　　　图5-31　门窗检查最终结果

5.3.3　门窗表

【门窗表】命令用于检查图中使用的门窗参数，检查后生成传统样式的门窗表或符合国标《建筑工程设计文件编制深度规定》样式的门窗表。

命令启动方法

- 菜单命令：【门窗】/【门窗表】。
- 工具栏图标：▦。
- 命令：TStatOp。

【练习5-9】：　门窗表练习。

1. 打开素材文件"dwg\第 5 章\5-9.dwg"，如图 5-32 所示，完成门窗表，结果如图 5-33 所示。

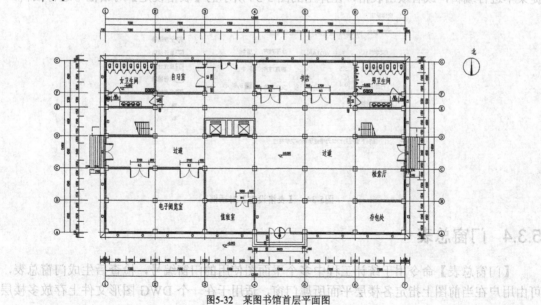

图5-32　某图书馆首层平面图

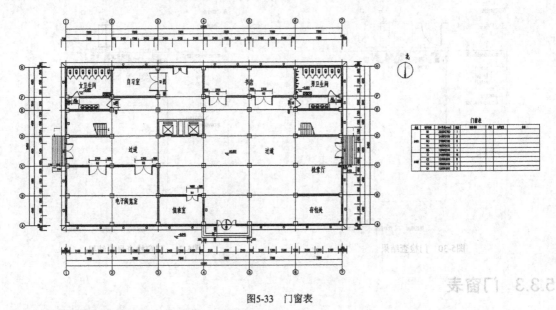

图5-33 门窗表

2. 选择菜单命令【门窗】/【门窗表】，命令行提示如下。

请选择门窗或[设置(S)]<退出>:指定对角点; //在图形的左上角单击指定一点
请选择门窗: //框选整个图形，按 Enter 键
请点取门窗表位置(左上角点)<退出>: //在图中合适的位置单击

结果如图 5-33 所示。

> **要点提示** 系统首先对门窗编号进行检查并报告有冲突的门窗编号，然后生成门窗表。

如果对生成的表格的宽度、高度及标题不满意，可以通过单击鼠标右键，利用弹出的快捷菜单进行编辑，或者双击表格，在弹出的图 5-34 所示的【表格设定】对话框中进行编辑。

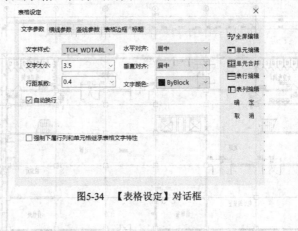

图5-34 【表格设定】对话框

5.3.4 门窗总表

【门窗总表】命令用于统计工程中多个平面图使用的门窗编号，检查后生成门窗总表，可由用户在当前图上指定各楼层平面所属门窗，适用于在一个 DWG 图形文件上存放多楼层平面图的情况。

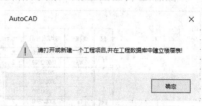

命令启动方法

- 菜单命令：【门窗】/【门窗总表】。
- 工具栏图标： ▦ 。
- 命令：TPrjOP。

执行该命令后，在当前工程图打开的情况下，对话框内已经读入了当前工程的各平面图层的门窗数据，可通过鼠标右键单击选中的行与列，利用弹出的快捷菜单中进行表格编辑。

执行该命令后，如果当前工程图没有建立或没有打开，会提示用户新建工程，如图 5-35 所示。

图5-35　新建工程提示对话框

新建工程的步骤将在 8.1 节中介绍。门窗总表的内容与门窗表的基本相同，用户可以对门窗总表的内容进行修改，修改完后单击 确　定 按钮，弹出图 5-36 所示的【工程管理】面板，在面板上方打开工程管理菜单，如图 5-37 所示，此菜单用于选择工程管理命令，选择【打开工程】命令，弹出【打开】对话框，如图 5-38 所示。

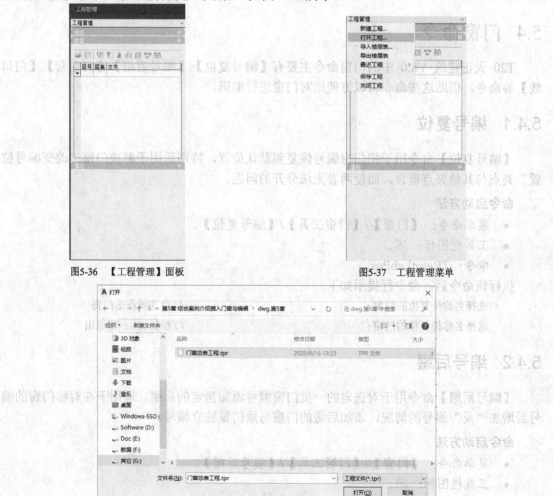

图5-36　【工程管理】面板　　　　　　图5-37　工程管理菜单

图5-38　【打开】对话框

在【打开】对话框中浏览素材文件 "dwg\第 5 章\门窗总表工程"，然后单击 打开(O) 按钮，打开该工程文件。执行【门窗总表】命令，命令行提示如下。

请点取门窗表位置(左上角点)或[设置(S)]<退出>：

任意选取在图上插入的表格位置，即可获得图 5-39 所示的门窗表。

门窗表

类型	设计编号	洞口尺寸(mm)	数量					图集选用			备注
			1	2	3	4	合计	图集名称	页次	选用型号	
普通门	M1	1000X2100	25	25	25		75				
	M3	1800X2700	2	2	2		6				
普通窗	C1	1800X1500	37	37	37		111				
	C2	3000X1500	2	2	2		6				
	C3	2400X1800	11	11	11		33				
	C4	3000X1800	2	2	2		6				
	C5	3000X1800	1	1	1		3				
	C6	1800X1500	22	22	22		66				
	C7	900X1500	1	1	1		3				

图5-39 门窗表

【门窗总表】命令同样有检查门窗并报告错误的功能，输出时按照国标门窗表的要求，数量为 0 的在表格中以空格表示。

5.4 门窗命令

T20 天正建筑 V8.0 中的门窗命令主要有【编号复位】【编号后缀】【门窗套】【门口线】等命令，借助这些命令可以方便地对门窗进行编辑。

5.4.1 编号复位

【编号复位】命令用于把门窗编号恢复到默认位置，特别适用于解决门窗 "改变编号位置" 夹点与其他夹点重合，而使两者无法分开的问题。

命令启动方法

- 菜单命令：【门窗】/【门窗工具】/【编号复位】。
- 工具栏图标：🔾。
- 命令：TResetLabPos。

执行该命令后，命令行提示如下。

选择名称待复位的门窗：　　　　　　　　　　　　　　//点选或框选门窗
选择名称待复位的门窗：　　　　　　　　　　　　　　//按 Enter 键退出

5.4.2 编号后缀

【编号后缀】命令用于对选定的一批门窗编号添加指定的后缀，适用于在对称门窗的编号后增加 "反" 缀号的情况，添加后缀的门窗与原门窗独立编号。

命令启动方法

- 菜单命令：【门窗】/【门窗工具】/【编号后缀】。
- 工具栏图标：🔾。
- 命令：TLabelFix。

执行该命令后，命令行提示如下。

选择需要加编号后缀的门窗：	//点选或框选门窗
选择需要加编号后缀的门窗：	//继续选择或按 Enter 键退出选择
请输入需要加的门窗编号后缀<反>：	//输入新编号后缀或增加"反"后缀

5.4.3 门窗套

【门窗套】命令用于在门窗两侧加墙垛，三维显示为四周加全门窗套。

命令启动方法

- 菜单命令：【门窗】/【门窗工具】/【门窗套】。
- 工具栏图标：
- 命令：TOpSlot。

【练习5-10】： 门窗套练习。

1. 打开素材文件"dwg\第 5 章\5-10.dwg"，如图 5-40 左图所示，完成门窗套的添加，结果如图 5-40 右图所示。

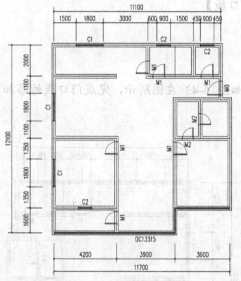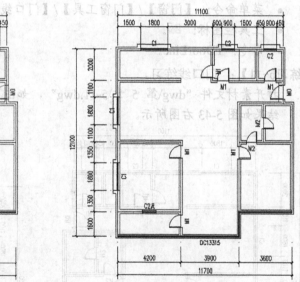

图5-40　门窗套练习

2. 选择菜单命令【门窗】/【门窗工具】/【门窗套】，弹出【门窗套】对话框，参数设置如图 5-41 所示。

图5-41　【门窗套】对话框

3. 命令行提示如下。

请选择外墙上的门窗：	//选择要加门窗套的门窗
请选择外墙上的门窗：	//按 Enter 键结束选择
点取窗套所在的一侧：	//单击门窗套生成侧

结果如图 5-40 右图所示。

【门窗套】对话框中有【消门窗套】单选项，其命令行交互与加门窗套类似，这里不赘述。

门窗套是门窗对象的附属特性，用户可通过特性栏设置门窗套的有无和参数。门窗套在加粗墙线和填充图案时与墙一致，如图 5-42 所示。室内设计的门窗套线是附加装饰物，由专门的【加装饰套】命令完成。

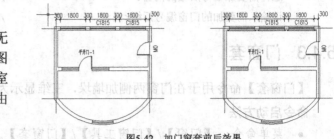

图5-42　加门窗套前后效果

5.4.4　门口线

【门口线】命令用于在平面图上指定的一个门或多个门的某一侧添加门口线，门口线用于表示门槛或门两侧地面标高不同。门口线是门的对象属性之一，会自动随门移动。

命令启动方法

- 菜单命令：【门窗】/【门窗工具】/【门口线】。
- 工具栏图标：📐。
- 命令：TDoorLine。

【练习5-11】：门口线练习。

1. 打开素材文件"dwg\第 5 章\5-11.dwg"，如图 5-43 左图所示，完成门口线的添加，结果如图 5-43 右图所示。

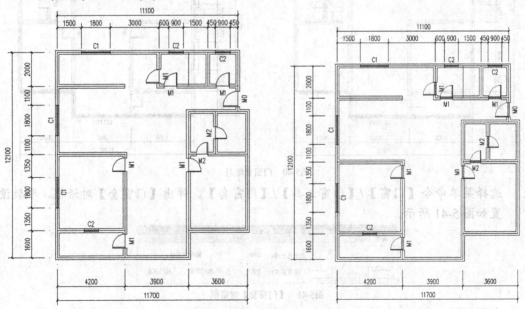

图5-43　门口线练习

2. 选择菜单命令【门窗】/【门窗工具】/【门口线】，命令行提示如下。

请选择要加减门口线的门窗或 [高级模式(Q)] <退出>：

//选择要加门口线的门，找到 15 个

请选择要加减门口线的门窗或 [高级模式 (Q)] <退出>：　//按 Enter 键结束选择

请点取门口线所在的一侧<退出>：　　　　　　　//选择墙体一侧，按 Enter 键

结果如图 5-43 右图所示。

> **要点提示**　表示门槛时，门口两侧都要加门口线，这时需要重复执行【门口线】命令。对已有门口线的一侧执行【门口线】命令，可清除门口线。

5.5　门窗库

门窗库利用已有门窗为原型进行非标准门窗图块的制作和门窗库的管理。

5.5.1　平面门窗图块的概念

从第 1 个版本开始，天正建筑的平面门窗图块的定义就与普通的图块不同，有以下特点。

* 门窗图块基点与门窗洞的中心对齐。
* 门窗图块是 1×1 的单位图块，用在门窗对象上时按实际尺寸放大。
* 门窗对象用宽度作为图块 x 方向的缩放比例，按不同用途选择宽度或墙厚作为图块 y 方向的缩放比例。

是使用门窗宽度还是使用墙厚作为图块 y 方向的缩放比例与门窗图块的入库类型有关。窗和推拉门、密闭门的 y 方向和墙厚有关，用墙厚作为图块 y 方向的缩放比例。平开门的 y 方向与墙厚无关，用门窗宽度作为图块 y 方向的缩放比例。

为方便门窗的制作，系统提供了【门窗原型】命令和【门窗入库】命令，在二维门窗入库时，系统会自动把门窗原型转化为单位门窗图块。

> **要点提示**　用户制作平面门窗时，应按同一类型门窗进行制作，例如应以原有的推拉门为原型制作新的推拉门，不能跨类型制作。

5.5.2　门窗原型

根据当前视图状态构建制作门窗的环境，轴测视图构建的是三维门窗环境，其余视图构建的是平面门窗环境，在其中把用户指定的门窗分解为基本对象，并将其作为新门窗改绘的样板。

命令启动方法

* 菜单命令：【门窗】/【门窗工具】/【门窗原型】。
* 工具栏图标： 。
* 命令：TOpTem。

执行该命令后，命令行提示如下。

选择图中的门窗：　//选择图上打算作为门窗图块样板的门窗（不要选择加门窗套的门窗）

若选择的视图是二维视图，则进入二维门窗原型；若选择的视图是三维视图，则进入三维门窗原型。图 5-44 所示为二维门的原型。

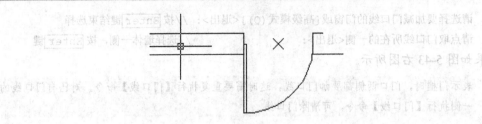

图5-44　二维门的原型

- 二维门窗原型：在图 5-44 中，选中的门被水平地放置在一个墙洞中，有一个用红色"×"表示的基点，门的尺寸与样式完全与用户所选择的一致，但此时门不再是图块，而是由直线、弧线、圆、多段线等容易编辑的图元组成，用户用上述图元可在墙洞之间绘制想要的门窗。

- 三维门窗原型：系统将询问用户是否按照三维图块的原始尺寸构造原型。如果按照原始尺寸构造原型，就能够维持该三维图块的原始模样，否则门窗原型的尺寸采用插入后的尺寸，并且门窗图块全部分解为 3DFACE。对于非矩形立面的门窗，需要在 _TCH_BOUNDARY 图层上用闭合多线描述出立面边界。

用户可以在单独的临时文档窗口中放置门窗原型，直到使用【门窗入库】命令或放弃制作门窗。在此期间，用户无法切换到其他文档。如果要放弃入库，只需关闭门窗原型的文档窗口即可。

5.5.3　门窗入库

【门窗入库】命令用于将在门窗制作环境中制作好的平面门窗或三维门窗加入用户门窗库中，新加入的图块处于未命名状态，应打开图库管理系统，从二维门窗库或三维门窗库中找到该图块，并及时对图块命名。系统能自动识别当前用户的门窗原型环境，将平面门入库到 U_DORLIB2D 中、平面窗入库到 U_WINLIB2D 中、三维门窗入库到 U_WDLIB3D 中，如此类推。

命令启动方法

- 菜单命令：【门窗】/【门窗工具】/【门窗入库】。
- 工具栏图标：🔲。
- 命令：TWin2Lib。

执行该命令后没有交互提示，系统会把当前临时文档窗口关闭，显示新门窗入库后的门窗图库。

用户入库的门窗图块被临时命名为"新名字"，可双击该图块进行重命名，拖动该图块到合适的门窗类别中。

5.6　综合练习——绘制某图书馆首层的门窗

【练习5-12】：　打开素材文件"dwg\第 5 章\5-12.dwg"，如图 5-45 上图所示，绘制此图书馆首层的门窗，结果如图 5-45 下图所示。其中各门窗尺寸如图 5-46 所示。

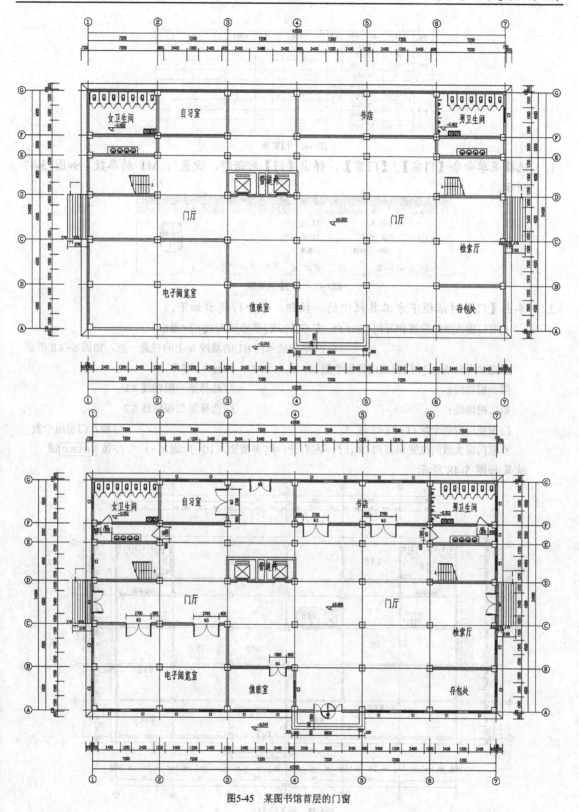

图5-45　某图书馆首层的门窗

门窗表

类型	设计编号	洞口尺寸(mm)	数量	图集名称	页次	选用型号	备注
普通门	M1	3000X2700	1				
	M2	2400X2100	3				
	M3	2700X2100	5				
	M4	1800X2100	1				
	M5	1200X2100	4				
普通窗	C1	2400X1800	16				
	C2	1500X1800	8				
	C3	1800X1800	1				
	C4	1200X1800	2				

图5-46 门窗表

1. 选择菜单命令【门窗】/【门窗】，弹出【门】对话框，设置门 M1 的参数，如图 5-47 所示。

图5-47 【门】对话框

2. 单击【门】对话框下方工具栏中的 按钮，命令行提示如下。

点取门窗大致的位置和开向(Shift-左右开)或[多墙插入(Q)]<退出>：
　　　　　　　　　　　//单击插入门 M1 的墙段 A 上的任意一点，如图 5-48 所示

指定参考轴线[S]/门窗或门窗组个数(1~2)<1>:S　　//输入"S"

第一根轴线：　　　　　　　　　　　//选择第一根轴线 S1

第二根轴线：　　　　　　　　　　　//选择第二根轴线 S2

门窗或门窗组个数(1~2)<1>:1　　　　　　　//输入门窗组个数

点取门窗大致的位置和开向(Shift-左右开)或[多墙插入(Q)]<退出>：　　//按 Enter 键

结果如图 5-48 所示。

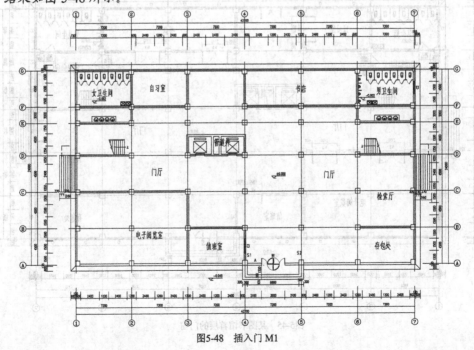

图5-48 插入门 M1

3. 采用相同的方法插入其余的门，结果如图 5-49 所示。

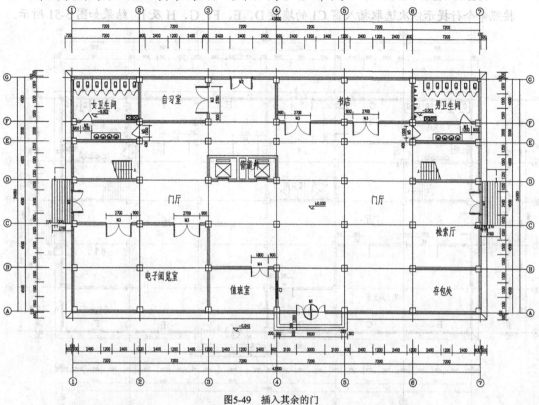

图5-49 插入其余的门

4. 单击【门】对话框下方工具栏中的 按钮，切换到【窗】对话框，设置窗 C1 的参数，如图 5-50 所示。

图5-50 【窗】对话框

5. 单击【窗】对话框下方工具栏中的 按钮，命令行提示如下。

点取门窗大致的位置和开向(Shift-左右开)或[多墙插入(Q)]<退出>：
                //单击插入窗 C1 的墙段 B 上的任意一点，如图 5-51 所示

指定参考轴线[S]/门窗或门窗组个数(1~2)<1>：S   //输入"S"
第一根轴线：   //选择墙段 B 一侧的轴线 1
第二根轴线：   //选择墙段 B 另一侧的轴线 2
点取门窗大致的位置和开向(Shift-左右开)或[多墙插入(Q)]<退出>：
                //单击插入窗 C1 的墙段 C 上的任意一点
指定参考轴线[S]/门窗或门窗组个数(1~6)<2>：S   //输入"S"
第一根轴线：   //选择墙段 C 一侧的轴线 2
第二根轴线：   //选择墙段 C 另一侧的轴线 3

门窗或门窗组个数(1~2)<1>：1   //输入门窗组个数

按照命令行提示依次选取插入窗 C1 的墙段 D、E、F、G、H 及 I，结果如图 5-51 所示。

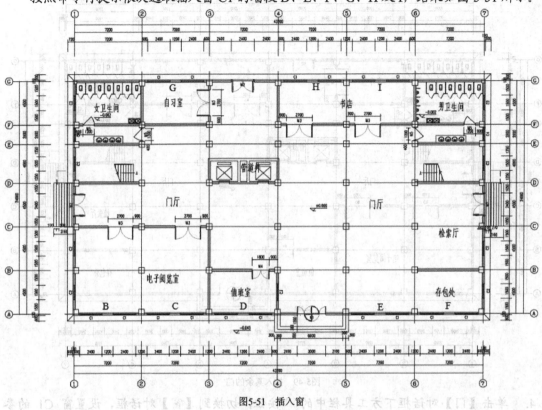

图5-51 插入窗

6. 采用相同的方法插入其余的窗，最终结果如图 5-45 下图所示。

5.7 小结

本章主要内容总结如下。

(1) 介绍了门窗的创建，包括门窗、组合门窗、带形窗及转角窗的创建。

(2) 介绍了门窗的编辑，包括门窗的夹点编辑、对象编辑与特性编辑、内外翻转及左右翻转。

(3) 介绍了门窗编号与门窗表，包括门窗编号、门窗检查、门窗表及门窗总表。

(4) 介绍了门窗命令，包括编号复位、编号后缀、门窗套及门口线。

(5) 介绍了平面门窗图块的概念、门窗原型及门窗入库。

5.8 习题

1. 打开素材文件 "dwg\第 5 章\练习 1.dwg"，利用各种方式插入门窗，结果如图 5-52 所示。其中，门窗尺寸由读者根据门窗的特点和适用场合自行设置。

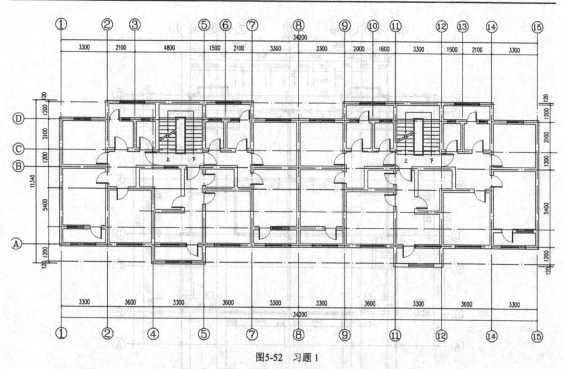

图5-52　习题1

2.　打开素材文件"dwg\第 5 章\练习 2.dwg"，对已有门窗进行左右翻转操作，结果如图 5-53 所示。

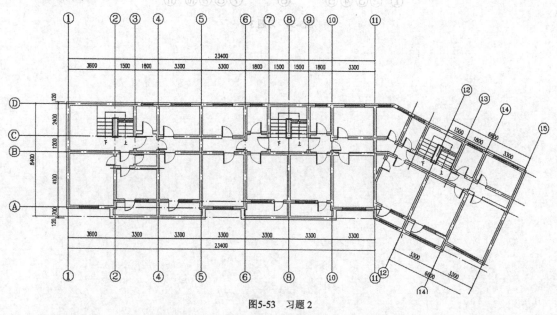

图5-53　习题2

3.　绘制图 5-54 所示的某别墅首层平面图，并对门窗进行编辑、替换，对门窗编号，对门窗进行检查，制作门窗表等。

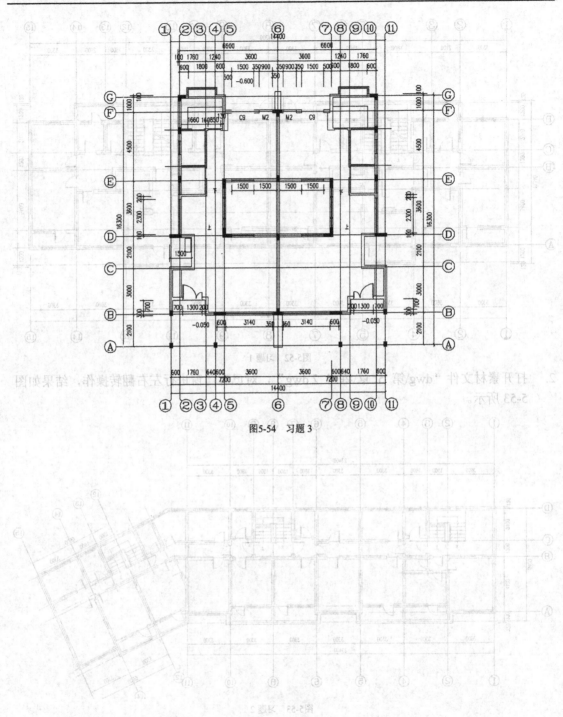

图5-54 习题3

第6章 楼梯及室内外设施

【学习重点】

- 熟练掌握各种楼梯的创建方法。
- 掌握楼梯扶手与栏杆的创建方法。
- 熟悉其他设施的创建方法。

6.1 创建楼梯

T20 天正建筑 V8.0 提供了由自定义对象建立的基本梯段对象，包括直线梯段、圆弧梯段与任意梯段，由梯段组成了常用的双跑楼梯、多跑楼梯，考虑了楼梯对象在二维视图与三维视图下的不同可视特性，双跑楼梯具有将梯段改为坡道、将标准平台改为圆弧休息平台等灵活的可变特性，各种楼梯与柱子在平面相交时，楼梯可以被柱子自动剪裁。双跑楼梯的上下行方向标识符号可以随对象自动绘制，剖切位置可以预先按踏步数或标高定义。

6.1.1 直线梯段

执行【直线梯段】命令后，在弹出的【直线梯段】对话框中输入梯段参数便可绘制直线梯段。直线梯段可以单独使用，也可以用于组合复杂楼梯与坡道。

命令启动方法

- 菜单命令：【楼梯其他】/【直线梯段】。
- 工具栏图标：▤。
- 命令：TLStair。

【练习6-1】： 打开素材文件"dwg\第 6 章\6-1.dwg"，如图 6-1 上图所示，完成外直线梯段 M2 的绘制，结果如图 6-1 下图所示。

选择菜单命令【楼梯其他】/【直线梯段】，弹出【直线梯段】对话框，参数设置如图 6-2 所示，此时命令行提示如下。

  点取位置或 [转 90 度(A)/左右翻(S)/上下翻(D)/对齐(F)/改转角(R)/改基点(T)]<退出>：A

                //输入"A"，选取图中要求绘制直线梯段的位置 M2

  点取位置或 [转 90 度(A)/左右翻(S)/上下翻(D)/对齐(F)/改转角(R)/改基点(T)]<退出>：

                          //按 Enter 键结束

结果如图 6-1 下图所示。

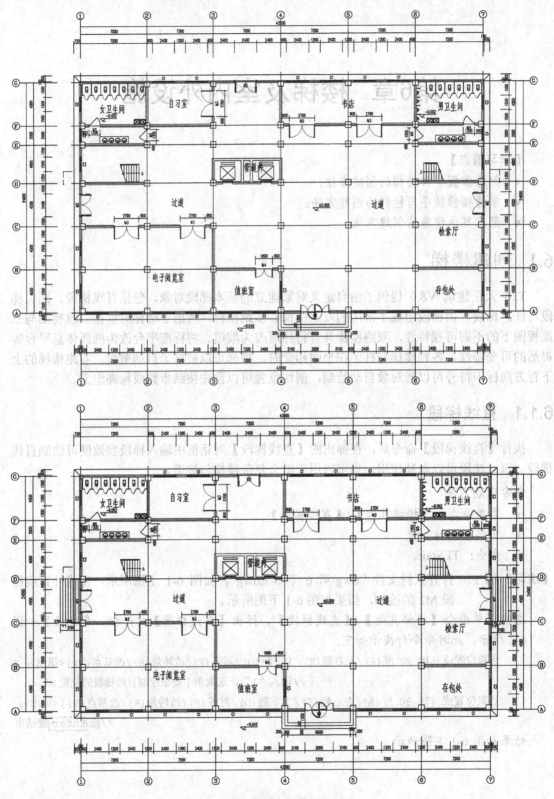

图6-1　绘制直线梯段

图6-2 【直线梯段】对话框

【直线梯段】对话框中的选项说明如下。

- 【梯段高度】：直线梯段的总高度始终等于踏步高度的总和。如果梯段高度改变，那么系统会自动按当前踏步高度调整踏步数，最后根据新的踏步数重新计算踏步高度。

- 梯段宽< ：用于设置梯段宽度，单击此按钮，可在图中选取两点获得梯段宽。

- 【梯段长度】：直线梯段的踏步宽度×（踏步数目－1）＝平面投影的梯段长度。

- 【踏步高度】：输入一个大概的踏步高度设计初始值，由梯段高度推算出最接近初始值的设计值。由于踏步数目是整数，梯段高度是一个给定的整数，因此踏步高度并非总是整数。用户给定一个大概的目标值后，系统会进行计算确定踏步高度的精确值。

- 【踏步宽度】：用于设置梯段的每一个踏步板的宽度。

- 【踏步数目】：可通过直接输入数值或步进调整，由梯段高度和踏步高度推算取整获得。修改踏步高度，可改变踏步数目，与梯段高度一起推算踏步高度。

- 【需要 3D】/【需要 2D】：用来控制梯段的三维视图和二维视图。某些梯段只需要二维视图，某些梯段则只需要三维视图。

- 【作为坡道】：选择此复选项，踏步作防滑条间距，梯段按坡道生成。此时，【加防滑条】和【落地】复选项可用。

6.1.2 圆弧梯段

【圆弧梯段】命令用于创建单段弧线形梯段，弧线形梯段适合用于创建单独的圆弧楼梯，也可与直线梯段组合成复杂楼梯和坡道，如大堂的螺旋楼梯与入口的坡道。

命令启动方法

- 菜单命令：【楼梯其他】/【圆弧梯段】。
- 工具栏图标：⬙。
- 命令：TAStair。

【练习6-2】： 打开素材文件"dwg\第 6 章\6-2.dwg"，如图 6-3 左图所示，完成圆弧梯段的绘制，结果如图 6-3 右图所示。

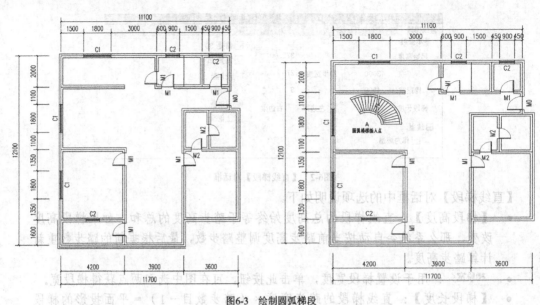

图6-3 绘制圆弧梯段

1. 选择菜单命令【楼梯其他】/【圆弧梯段】，弹出【圆弧楼梯】对话框，参数设置如图6-4 所示。

图6-4 【圆弧梯段】对话框

2. 命令行提示如下。

点取位置或 [转 90 度(A)/左右翻(S)/上下翻(D)/对齐(F)/改转角(R)/改基点(T)]<退
出>: //选取 A
点

结果如图 6-3 右图所示。

6.1.3 任意梯段

【任意梯段】命令以用户给定的直线、圆弧作为楼梯的边线，创建形状多变的梯段。

命令启动方法

- 菜单命令：【楼梯其他】/【任意梯段】。
- 工具栏图标： 。
- 命令：TCStair。

【练习6-3】： 打开素材文件"dwg\第 6 章\6-3.dwg"，如图 6-5 左图所示，完成任意梯段
的绘制，结果如图 6-5 右图所示。

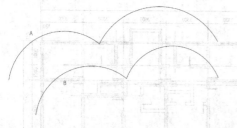

图6-5 绘制任意梯段

1. 选择菜单命令【楼梯其他】/【任意梯段】，命令行提示如下。

　　请点取梯段左侧边线(LINE/ARC)：　　　　　　　//选取弧线 A

　　请点取梯段右侧边线(LINE/ARC)：　　　　　　　//选取弧线 B

2. 弹出【任意梯段】对话框，参数设置如图 6-6 所示。

3. 单击 确定 按钮，即可绘制出以弧线 A、B 为边线的梯段，结果如图 6-7 所示。

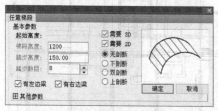

图6-6 【任意梯段】对话框

图6-7 绘制的梯段

4. 用相同的方法创建另一梯段，最终结果如图 6-5 右图所示。

　　【任意梯段】对话框中除了两个边线为直线或弧线外，其余参数与【直线梯段】对话框中的相同，这里不赘述。

6.1.4 双跑楼梯

　　双跑楼梯是由两个直线梯段、一个休息平台、一个或两个扶手、一组或两组栏杆构成的自定义对象，是最常见的楼梯形式，具有二维视图和三维视图。双跑楼梯可分解为基本构件，即直线梯段、平台、扶手和栏杆等。楼梯方向线在天正建筑中属于楼梯对象的一部分，方便随着剖切位置的改变自动更新位置和形式。T20 天正建筑 V8.0 增加了设置扶手的伸出长度、扶手在平台是否连接、梯段之间的位置可任意调整、在特性栏中修改楼梯方向线的文字等新功能。

　　双跑楼梯对象包括常见的构件组合形式变化，如是否设置两侧扶手、中间扶手在平台是否连接、设置扶手伸出长度、有无梯段边梁（尺寸需要在特性栏中调整）、休息平台是半圆形还是矩形、有效的疏散半径等，以尽量满足建筑设计的个性化要求。

命令启动方法

- 菜单命令：【楼梯其他】/【双跑楼梯】。
- 工具栏图标：🎹。
- 命令：TRStair。

【练习6-4】：　打开素材文件"dwg\第 6 章\6-4.dwg"，如图 6-8 上图所示，完成双跑楼梯的绘制，结果如图 6-8 下图所示。

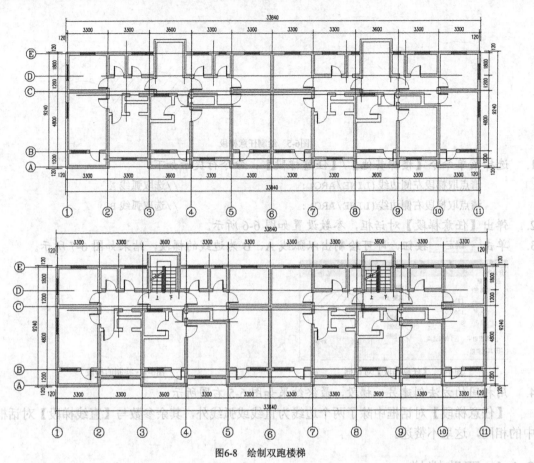

图6-8 绘制双跑楼梯

1. 选择菜单命令【楼梯其他】/【双跑楼梯】，弹出【双跑楼梯】对话框，参数设置如图6-9所示。

2. 命令行提示如下。

点取位置或 [转 90 度(A)/左右翻(S)/上下翻(D)/对齐(F)/改转角(R)/改基点(T)]<退出>：
//选取图中要绘制双跑楼梯的位置，按 Enter 键

结果如图 6-8 下图所示。

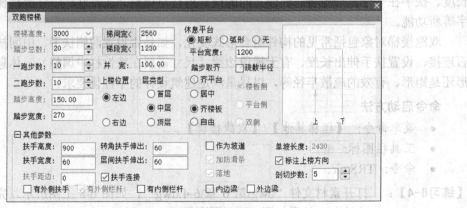

图6-9 【双跑楼梯】对话框

【双跑楼段】对话框中的选项介绍如下。

- 【楼梯高度】：设置双跑楼梯的总高度，默认为当前楼层高度。相邻楼层高度不等时应按实际情况调整。
- 【踏步总数】：默认值为 "20"，是双跑楼梯的关键参数。
- 【一跑步数】：以踏步总数推算一跑步数与二跑步数，踏步总数为奇数时先增加一跑步数。
- 【二跑步数】：二跑步数默认与一跑步数相同，两者都允许用户修改。
- 【踏步高度】：用户可先输入大概的初始值，由楼梯高度与踏步总数推算出最接近初始值的设计值，推算出的踏步高度有均分的舍入误差。
- 梯间宽< ：用于设置双跑楼梯的总宽度。单击该按钮，可从平面图中直接量取楼梯间净宽来作为双跑楼梯总宽度。
- 【井宽】：默认值为 "100"，修改【梯间宽】值时，【井宽】值不变，但【梯段宽】和【井宽】两个数值互相关联。
- 【层类型】：在平面图中楼层分为【首层】【中层】【顶层】3 种类型，首层只给出一跑的下剖断、中间层的一跑是双剖断、顶层的一跑无剖断。
- 【休息平台】：有【矩形】【弧形】【无】3 种形式。
- 【平台宽度】：按建筑设计规范，休息平台的宽度应大于梯段宽度，在选择弧形休息平台时应修改宽度值，最小值不能为 "0"。
- 【踏步取齐】：当一跑步数与二跑步数不等时，两梯段的长度不一样，因此有对齐两梯段的需求，由设计人员选择对齐方式。
- 【扶手高度】/【扶手宽度】：如果没有特别要求，可以默认使用高度为 900 和宽度为 60 的扶手断面尺寸，这样既能保证楼梯的稳定性，又能满足人们日常使用的需要。当然，具体的扶手高度和宽度还需要根据实际情况进行调整，比如楼梯的高度、宽度、人流量等因素都需要考虑到。
- 【扶手距边】：在 1∶100 的图上一般取 0，在 1∶50 的详图上应标以实际值。
- 【有外侧扶手】：在外侧添加扶手，但不会生成外侧栏杆。在绘制室外楼梯时需要单独添加栏杆。
- 【有内侧栏杆】：选择此复选项，自动生成默认的矩形截面竖栏杆。
- 【作为坡道】：选择此复选项，梯段按坡道生成。

 选择【作为坡道】复选项前，要求楼梯的两跑步数必须相等，否则坡长不能准确定义。

6.1.5 多跑楼梯

【多跑楼梯】命令用于创建由梯段开始且以梯段结束、梯段和休息平台交替布置、各梯段方向自由的多跑楼梯，要点是先在【多跑楼梯】对话框中确定"基线在左"或"基线在右"。在绘制梯段的过程中，实时显示当前梯段步数、已绘制步数及总步数，便于在设计中决定梯段的起止位置，也便于绘制休息平台间走向左右改变的 Z 形楼梯。

命令启动方法

- 菜单命令：【楼梯其他】/【多跑楼梯】。

- 工具栏图标: 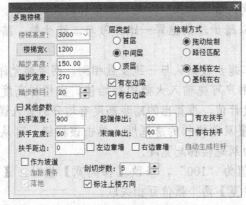。

  工具栏图标: 🔲。
- 命令: TMultiStair。

执行命令后,弹出【多跑楼梯】对话框,如图 6-10 所示。

图6-10 【多跑楼梯】对话框

【多跑楼段】对话框中的选项介绍如下。

- 【拖动绘制】: 暂时进入图形中量取楼梯间净宽作为多跑楼梯总宽。
- 【路径匹配】: 楼梯按已有多段线路径为基线绘制,不进行拖动绘制。
- 【基线在左】: 拖动绘制时是以基线为标准的,这时楼梯画在基线右边。
- 【基线在右】: 拖动绘制时是以基线为标准的,这时楼梯画在基线左边。
- 【左边靠墙】: 按上楼方向,左边不画出边线。
- 【右边靠墙】: 按上楼方向,右边不画出边线。

多跑楼梯由给定的基线生成,基线就是多跑楼梯左侧或右侧的边界线。基线可以事先绘制好,也可以交互确定,分别对应【多跑楼梯】对话框中的【路径匹配】和【拖动绘制】单选项,但不要求基线与实际边界线完全等长。按照基线给定的路径,当步数达到给定的数目(即高度达到给定的数值)时结束绘制。多跑楼梯的休息平台是自动确定的,休息平台的宽度与梯段宽度相同,休息平台的形状由基线决定。基线的顶点数目为偶数,即梯段数目的两倍。

T20 天正建筑 V8.0 的楼梯对象还有双分平行、双分转角、双分三跑、交叉楼梯、剪刀楼梯、三角楼梯及矩形转角等,其创建方法与上述楼梯的创建方法大同小异,这里不赘述。

6.2 楼梯扶手与栏杆

扶手作为与梯段配合的构件,与梯段和台阶有着关联。放置在梯段上的扶手可以遮挡梯段,也可以被梯段的剖切线切断,通过【连接扶手】命令可以把不同分段的扶手连接起来。

6.2.1 添加扶手

【添加扶手】命令以梯段或沿上楼方向的多段线路径为基线生成楼梯扶手,可自动识别梯段和台阶,但不能识别组合后的多跑楼梯和双跑楼梯。

命令启动方法

- 菜单命令: 【楼梯其他】/【添加扶手】。

- 工具栏图标：目。
- 命令：THandRail。

【练习6-5】：　打开素材文件"dwg\第 6 章\6-5.dwg"，如图 6-11 左图所示，完成楼梯扶手的添加，结果如图 6-11 右图所示。

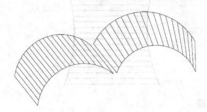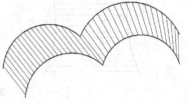

图6-11　楼梯扶手的添加

1. 选择菜单命令【楼梯其他】/【添加扶手】，命令行提示如下。

```
请选择梯段或作为路径的曲线(线/弧/圆/多段线)：    //选择梯段 A，如图 6-12 所示
是否为该对象?[是(Y)/否(N)]<Y>：              //按 Enter 键选择"是(Y)"选项
扶手宽度<60>：                             //按 Enter 键接受默认值 60
扶手顶面高度<900>：                          //按 Enter 键接受默认值 900
扶手距边<0>：                              //按 Enter 键接受默认值 0
```

结果如图 6-12 所示。

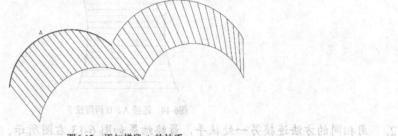

图6-12　添加梯段 A 的扶手

2. 使用同样的方法添加其余梯段的扶手，结果如图 6-11 右图所示。

6.2.2　连接扶手

　　【连接扶手】命令用于把未连接的扶手彼此连接起来，如果准备连接的两段扶手的样式不同，那么连接后的样式以第一段为准。连接要求是：前一段扶手的末端连接下一段扶手的始端，梯段的扶手以上行方向为正向。需要从低到高顺序选择扶手的连接时，接头之间应留出空隙，不能相接和重叠。

　　命令启动方法
- 菜单命令：【楼梯其他】/【连接扶手】。
- 工具栏图标：鼎。
- 命令：TLinkHand。

【练习6-6】：　打开素材文件"dwg\第 6 章\6-6.dwg"，如图 6-13 左图所示，完成楼梯扶手的连接，结果如图 6-13 右图所示。

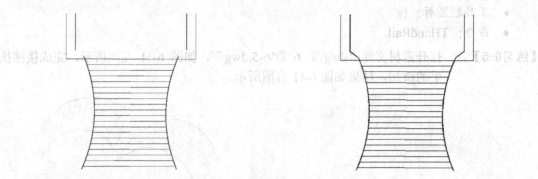

图6-13　楼梯扶手的连接

1. 选择菜单命令【楼梯其他】/【连接扶手】，命令行提示如下。

　　　　选择待连接的扶手(注意与顶点顺序一致)：　　　　　　//选择第一段扶手 A，如图 6-14 所示
　　　　选择待连接的扶手(注意与顶点顺序一致)：　　　　　　//选择第二段扶手 B，按 Enter 键

结果如图 6-14 所示。

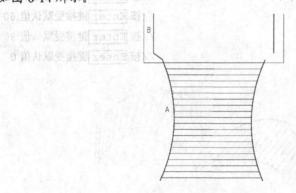

图6-14　连接 A、B 两段扶手

2. 用相同的方法连接另一处扶手，最终结果如图 6-13 右图所示。

6.2.3　创建楼梯栏杆

在 T20 天正建筑 V8.0 中，【双跑楼梯】对话框有自动添加竖栏杆的设置，此时可先按 6.2.1 小节的方法添加扶手，然后选择菜单命令【三维建模】/【造型对象】/【路径排列】来绘制栏杆。

由于栏杆在施工平面图中不必表示（它主要用于三维建模和立剖面图），所以平面图中没有显示栏杆时，要注意选择视图类型。

楼梯栏杆的创建步骤如下。

(1) 选择菜单命令【三维建模】/【造型对象】/【栏杆库】，打开【天正图库管理系统】对话框，如图 6-15 所示，在该对话框中选择栏杆的造型。天正建筑的栏杆库提供了一些现成的栏杆单元，用户如果觉得不能完全满足自身需要，那么可以通过【路径曲面】命令和一些三维操作命令来建立新的栏杆单元。

(2) 在平面图中插入合适的栏杆单元，也可以用其他方法创建。

(3) 使用菜单命令【三维建模】/【造型对象】/【路径排列】来创建楼梯栏杆。

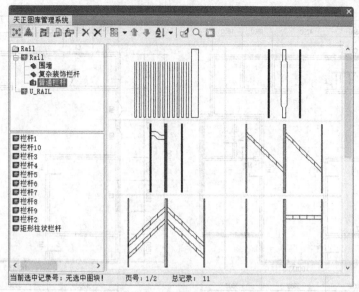

图6-15 【天正图库管理系统】对话框

6.3 创建其他设施

其他设施的创建主要包括电梯、自动扶梯、阳台、台阶、坡道及散水的创建。

6.3.1 电梯

使用【电梯】命令创建的电梯图形包括轿厢、平衡块和电梯门，其中轿厢和平衡块是二维线对象，电梯门是门窗对象。绘制条件是每一个电梯周围已经由墙体创建了封闭房间作为电梯井。如果要求电梯井贯通多个电梯，需要临时加虚墙分隔。

命令启动方法

* 菜单命令：【楼梯其他】/【电梯】。
* 工具栏图标：⊠。
* 命令：TElevator。

【练习6-7】： 打开素材文件"dwg\第 6 章\6-7.dwg"，如图 6-16 左图所示，完成电梯的绘制，结果如图 6-16 右图所示。

1. 选择菜单命令【楼梯其他】/【电梯】，弹出【电梯参数】对话框，参数设置如图 6-17 所示。
2. 命令行提示如下。

        请给出电梯间的一个角点或 [参考点(R)]<退出>：   //选取第一角点 A，如图 6-18 所示
        再给出上一角点的对角点：   //选取第二角点 B
        请点取开电梯门的墙线<退出>：   //选取开门墙线 C
        请点取平衡块的所在的一侧<退出>：   //选取平衡块所在侧 D

结果如图 6-18 所示。

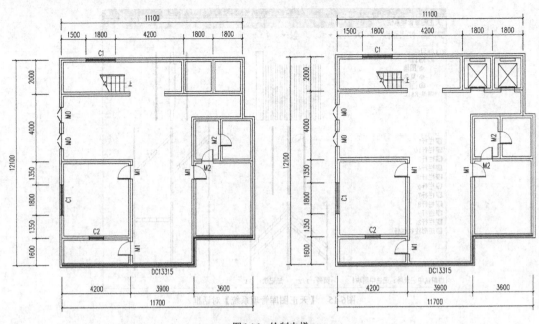

图6-16 绘制电梯

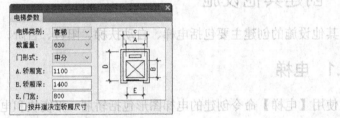

图6-17 【电梯参数】对话框

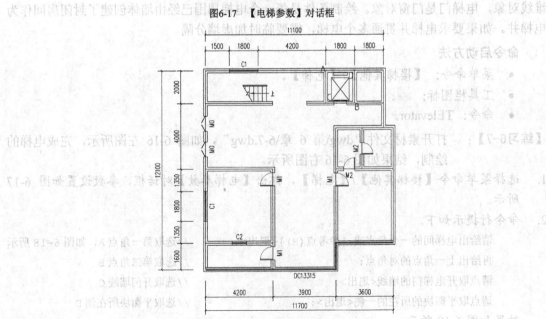

图6-18 插入电梯

3. 用相同的方法创建相邻的另一个电梯，最终结果如图 6-16 右图所示。

6.3.2　自动扶梯

执行【自动扶梯】命令，在【自动扶梯】对话框中设置参数，可绘制单台自动扶梯、双台自动扶梯或自动人行步道（坡道）。该命令只能用于创建二维图形，对三维图形和立剖面的生成不起作用。

命令启动方法

- 菜单命令：【楼梯其他】/【自动扶梯】。
- 工具栏图标：✎。
- 命令：tdrawautostair。

【练习6-8】：　打开素材文件"dwg\第 6 章\6-8.dwg"，如图 6-19 左图所示，完成自动扶梯的绘制，结果如图 6-19 右图所示。

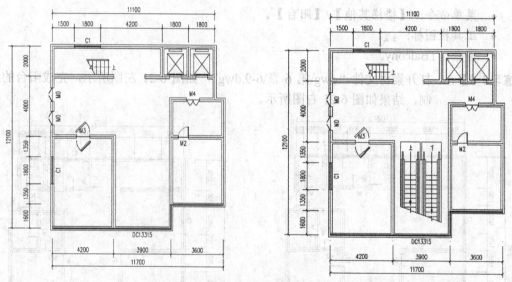

图6-19　绘制自动扶梯

1. 选择菜单命令【楼梯其他】/【自动扶梯】，弹出【自动扶梯】对话框，参数设置如图 6-20 所示。

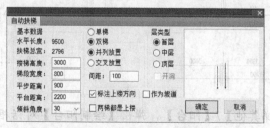

图6-20　【自动扶梯】对话框

2. 单击 确定 按钮，命令行提示如下。

　　　　点取位置或 [转 90 度(A)/左右翻(S)/上下翻(D)/对齐(F)/改转角(R)/改基点(T)]<退出>：D

　　　　　　　　　　　　　　　　　　　　　//输入"D"，选取自动扶梯的插入点

结果如图 6-19 右图所示。

【自动扶梯】对话框中的选项介绍如下。

- 【楼梯高度】：用于设置自动扶梯的高度。
- 【梯段宽度】：用于设置扶梯梯段的宽度，宽度随型号的不同而不同。
- 【倾斜角度】：用于设置自动扶梯的倾斜角度，下拉列表中有【30】和【35】两个选项供选择。
- 【单梯】/【双梯】：用户可选择绘制单台或双台连排的自动扶梯。

6.3.3 阳台

使用【阳台】命令时可以用几种预定义的样式来绘制阳台，用户也可以选择预先绘制好的路径生成阳台，或者以任意绘制方式创建阳台。一层的阳台可以自动遮挡散水，阳台可以被柱子局部遮挡。

命令启动方法

- 菜单命令：【楼梯其他】/【阳台】。
- 工具栏图标：。
- 命令：TBalcony。

【练习6-9】： 打开素材文件"dwg\第 6 章\6-9.dwg"，如图 6-21 左图所示，完成阳台的绘制，结果如图 6-21 右图所示。

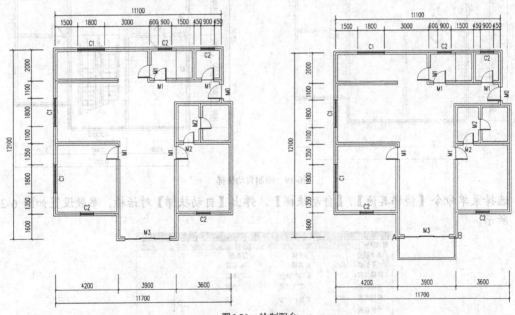

图6-21 绘制阳台

1. 选择菜单命令【楼梯其他】/【阳台】，弹出【绘制阳台】对话框，参数设置如图 6-22 所示。

图6-22 【绘制阳台】对话框

2. 在【绘制阳台】对话框下方的工具栏中单击 ▭ 按钮，命令行提示如下。

> 阳台起点<退出>：   //单击A点
> 阳台终点或 [翻转到另一侧(F)]<取消>：   //单击B点

结果如图 6-21 右图所示。

【绘制阳台】对话框下方的工具栏中有凹阳台、矩形三面阳台、阴角阳台、沿墙偏移绘制、任意绘制及选择已有路径生成 6 种阳台绘制方式，选择【阳台梁高】复选项后，输入阳台梁高度即可创建梁式阳台。

6.3.4 台阶

【台阶】命令可直接用于绘制矩形单面台阶、矩形三面台阶、矩形阴角台阶、沿墙偏移等预定义样式的台阶，或者把预先绘制好的多段线转成台阶、直接绘制平台创建台阶。若平台不能由该命令创建，则应下降一个踏步高以绘制下一级台阶作为平台。直台阶两侧需要单独补充直线作为二维边界，台阶可以自动遮挡之前绘制的散水。

命令启动方法

- 菜单命令：【楼梯其他】/【台阶】。
- 工具栏图标：▤。
- 命令：TStep。

【练习6-10】：打开素材文件 "dwg\第 6 章\6-10.dwg"，如图 6-23 左图所示，完成台阶的绘制，结果如图 6-23 右图所示。

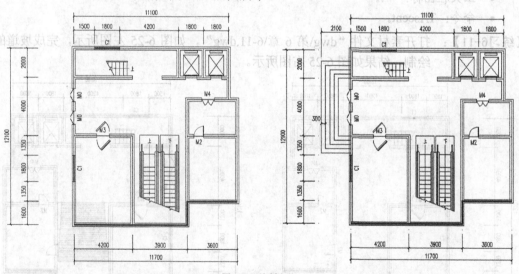

图6-23　绘制台阶

1. 选择菜单命令【楼梯其他】/【台阶】，弹出【台阶】对话框，参数设置如图 6-24 所示。
2. 单击 ▭ 按钮，命令行提示如下。

> 指定第一点或<退出>：   //在起始边墙体相接处单击
> 第二点或 [翻转到另一侧(F)]<取消>：   //在结束边墙体相接处单击
> 指定第一点<退出>：   //按 Enter 键结束

结果如图 6-23 右图所示。

【台阶】对话框下方的工具栏中有绘制方式、台阶类型、基面定义 3 个区域，利用这些按钮可组合成满足工程需要的各种台阶类型，具体介绍如下。

图6-24 【台阶】对话框

- 绘制方式包括矩形单面台阶、矩形三面台阶、矩形阴角台阶、圆弧台阶、沿墙偏移绘制、选择已有路径绘制和任意绘制 7 种。
- 台阶类型分为普通台阶和下沉式台阶两种，前者用于门口高于地坪的情况，后者用于门口低于地坪的情况。
- 基面定义有平台面和外轮廓面两种，后者多用于下沉式台阶。

> **要点提示** 双击台阶即可打开【台阶】对话框，在该对话框中修改台阶的有关数据，然后单击 ▭ 确定 按钮可更新台阶。

6.3.5 坡道

【坡道】命令可用于通过参数构造单跑的入口坡道，多跑坡道、曲边坡道与圆弧坡道由各楼梯创建命令对应对话框中的【作为坡道】复选项创建。

命令启动方法

- 菜单命令：【楼梯其他】/【坡道】。
- 工具栏图标：🛝。
- 命令：TAscent。

【练习6-11】： 打开素材文件"dwg\第 6 章\6-11.dwg"，如图 6-25 左图所示，完成坡道的绘制，结果如图 6-25 右图所示。

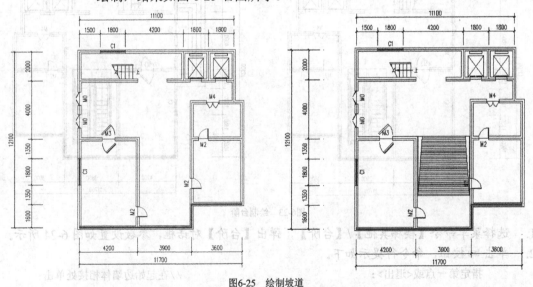

图6-25 绘制坡道

1. 选择菜单命令【楼梯其他】/【坡道】，弹出【坡道】对话框，参数设置如图 6-26 所示。

图6-26 【坡道】对话框

2. 命令行提示如下。

点取位置或 [转90度(A)/左右翻(S)/上下翻(D)/对齐(F)/改转角(R)/改基点(T)]<退出>：

//选取放置位置

结果如图 6-25 右图所示。

6.3.6 散水

【散水】命令可用于通过自动搜索外墙线来绘制散水，散水对象会自动被凸窗、柱子等对象裁剪。通过对象编辑来添加和删除顶点，可以满足绕壁柱、绕落地阳台等各种变化的需求。

命令启动方法

- 菜单命令：【楼梯其他】/【散水】。
- 工具栏图标：🖰。
- 命令：TOutlna。

【练习6-12】： 打开素材文件"dwg\第 6 章\6-12.dwg"，如图 6-27 左图所示，完成散水的绘制，结果如图 6-27 右图所示。

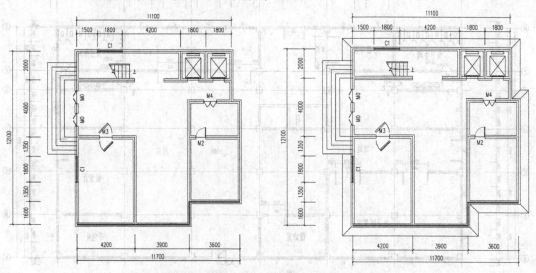

图6-27 绘制散水

1. 选择菜单命令【楼梯其他】/【散水】，弹出【散水】对话框，参数设置如图 6-28 所示。

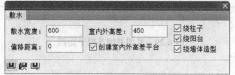

图6-28 【散水】对话框

133

2. 命令行提示如下。

请选择构成一完整建筑物的所有墙体(或门窗、阳台)<退出>：

//全选墙体后生成散水与勒脚、室内地面，按 Enter 键结束操作

结果如图 6-27 右图所示。

【散水】对话框中的选项介绍如下。

- 【散水宽度】：用于设置新的散水宽度，默认为"600"。
- 【偏移距离】：用于设置本工程外墙勒脚相对于外墙皮的偏移值。
- 【室内外高差】：用于设置本工程范围使用的室内外高差，默认为"450"。
- 【创建室内外高差平台】：选择该复选项后，在各房间中按零标高创建室内地面。

6.4 综合练习——绘制某图书馆首层平面图中的楼梯、电梯、台阶、散水

【练习6-13】：打开素材文件"dwg\第 6 章\6-13.dwg"，如图 6-29 上图所示，综合运用本章知识完成此图书馆首层平面图中楼梯、电梯、台阶、散水的绘制，结果如图 6-29 下图所示。

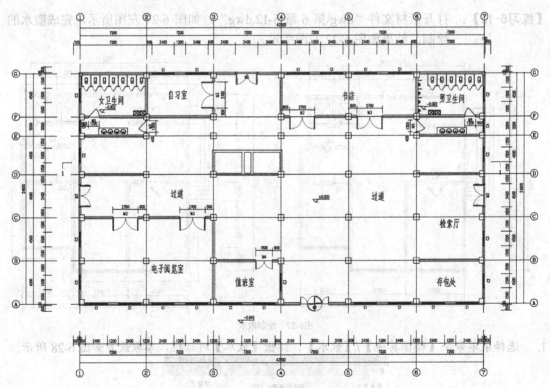

图 6-29　某图书馆首层平面图

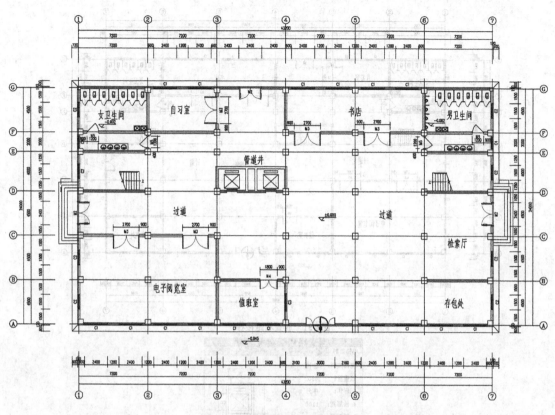

图6-29 某图书馆首层平面图（续）

1. 选择菜单命令【楼梯其他】/【双跑楼梯】，打开【双跑楼梯】对话框，参数设置如图 6-30
   所示。

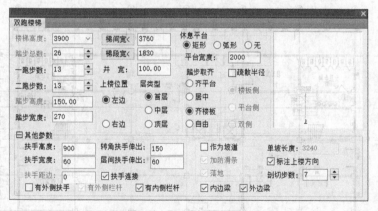

图6-30 【双跑楼梯】对话框

2. 根据命令行提示设置转角和翻转方向后，在图中适当的位置放置双跑楼梯，结果如图
   6-31 所示。

3. 选择菜单命令【楼梯其他】/【电梯】，打开【电梯参数】对话框，参数设置如图 6-32
   所示。

4. 根据命令行提示在图中适当的位置放置电梯，结果如图 6-33 所示。

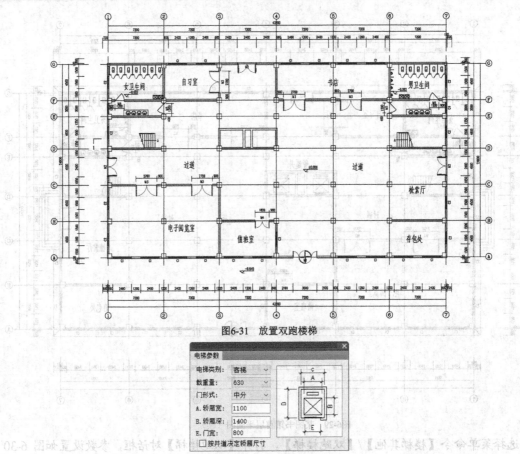

图6-31 放置双跑楼梯

图6-32 【电梯参数】对话框

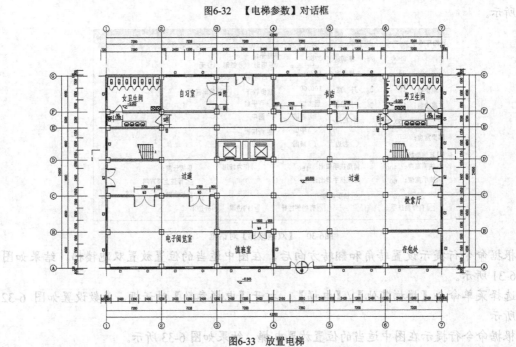

图6-33 放置电梯

5. 选择菜单命令【楼梯其他】/【台阶】，打开【台阶】对话框，参数设置如图 6-34 所示。

图6-34 【台阶】对话框

6. 根据命令行提示在图中适当的位置放置台阶，结果如图 6-35 所示。

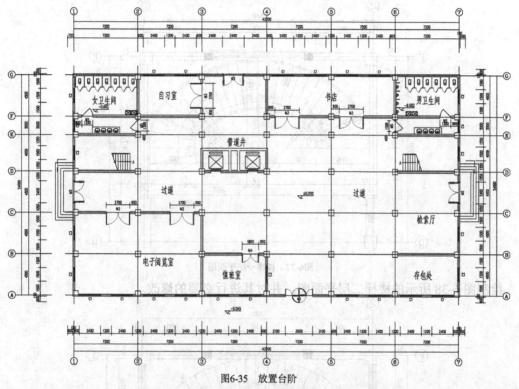

图6-35 放置台阶

7. 选择菜单命令【楼梯其他】/【散水】，打开【散水】对话框，参数设置如图 6-36 所示。

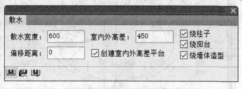

图6-36 【散水】对话框

8. 根据命令行提示选择外墙体，完成散水的绘制，最终结果如图 6-29 下图所示。

6.5 小结

本章主要内容总结如下。

(1) 介绍了各种楼梯的创建方法，包括直线梯段、圆弧梯段、任意梯段、双跑楼梯及多跑楼梯等。

(2) 介绍了楼梯的附属构件扶手与栏杆的创建方法，包括添加扶手、连接扶手及创建楼梯栏杆等。

  (3) 介绍了其他设施的创建方法，包括电梯、自动扶梯、阳台、台阶、坡道及散水等。

  (4) 本章重点是双跑楼梯，读者应熟练掌握它的创建方法。

6.6 习题

1. 绘制图 6-37 所示的楼梯一层平面图，并对其进行必要的修改。

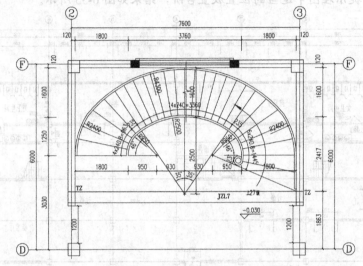

图6-37 楼梯一层平面图

2. 绘制图 6-38 所示的楼梯二层平面图，并对其进行必要的修改。

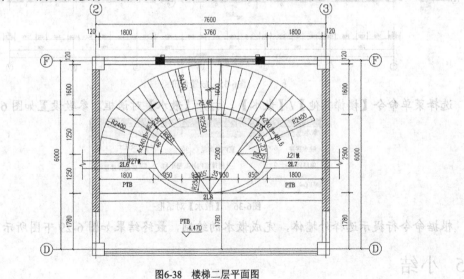

图6-38 楼梯二层平面图

第7章 尺寸与符号标注

【学习重点】

- 掌握尺寸标注的创建方法。
- 熟练尺寸标注的编辑方法。
- 掌握符号标注。
- 掌握坐标与标高标注。

7.1 尺寸标注

尺寸标注是设计图纸的重要组成部分，图纸中的尺寸标注在国家颁布的建筑制图标准中有严格的规定，直接使用 AutoCAD 提供的尺寸标注功能创建的尺寸标注不符合建筑制图的要求，而且编辑时尤其不便。为此天正建筑软件提供了自定义的尺寸标注系统，它完全取代了 AutoCAD 的尺寸标注功能，分解后退化为 AutoCAD 的尺寸标注。

天正尺寸标注主要包括门窗标注、墙厚标注、内门标注、两点标注、快速标注、逐点标注、半径标注、直径标注、角度标注、外包尺寸及弧长标注等。

7.1.1 门窗标注

【门窗标注】命令适用于标注建筑平面图的门窗尺寸，有以下两种使用方式。

(1) 在平面图中参照轴网标注的第一、二道尺寸线，自动标注直墙和圆弧墙上的门窗尺寸，生成第三道尺寸线。

(2) 当没有轴网标注的第一、二道尺寸线时，在用户选定的位置标注出门窗尺寸。

命令启动方法

- 菜单命令：【尺寸标注】/【门窗标注】。
- 工具栏图标：▦。
- 命令：TDim3。

【练习7-1】： 打开素材文件"dwg\第 7 章\7-1.dwg"，如图 7-1 左图所示，完成房间的门窗标注，结果如图 7-1 右图所示。

1. 选择菜单命令【尺寸标注】/【门窗标注】，命令行提示如下。

        请用线选第一、二道尺寸线及墙体：

        起点<退出)：   //单击起点 A，如图 7-2 所示

        终点<退出>：   //单击终点 B

        选择其他墙体：   //添加被内墙断开的其他要标注的墙体，按 Enter 键结束

    结果如图 7-2 所示。

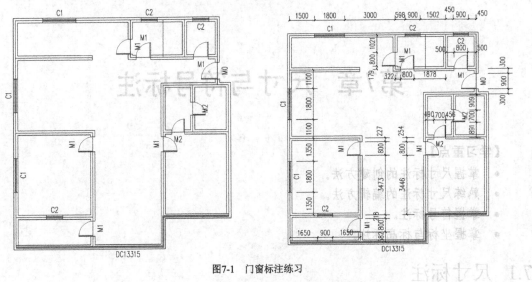

图7-1　门窗标注练习

图7-2　标注窗 C1

2.　使用相同的方法标注其余尺寸，结果如图 7-1 右图所示。

7.1.2　门窗标注的联动

　　利用【门窗标注】命令创建的尺寸标注与门窗宽度具有联动的特性，当发生门窗移动、夹点改宽、对象编辑、特性编辑和格式刷特性匹配的情况，门窗宽度发生线性变化时，线性的尺寸标注将随门窗的改变联动更新。门窗的联动范围取决于尺寸标注的联动范围设定，即只有由起始尺寸线、终止尺寸线及尺寸线、尺寸关联夹点所围合的范围内的门窗才会联动，避免发生误操作。

　　门窗尺寸标注对象的起始点、中点和结束点另一侧共提供了 3 个尺寸关联夹点，其位置可以通过鼠标拖动的方式进行改变。任何一个或多个尺寸标注都可以在特性表中设置是否启用联动。

要点提示 目前带形窗与转角窗（转角凸窗）、弧窗还不支持门窗标注的联动。通过镜像、复制操作创建的新门窗，不会自动增加新的尺寸标注。

7.1.3 墙厚标注

【墙厚标注】命令用于在图中一次性标注两点连线经过的一段至多段墙体对象的墙厚尺寸，标注时可识别墙体的方向，标注出与墙体正交的墙厚尺寸。若墙体内有轴线存在，则标注以轴线划分的左右墙宽；若没有轴线存在，则标注墙体的总宽。

命令启动方法

- 菜单命令：【尺寸标注】/【墙厚标注】。
- 工具栏图标： 。
- 命令：TDimWall。

执行命令后，命令行提示如下。

直线第一点<退出>：　　　　　　　　　　//在标注尺寸线处单击起始点
直线第二点<退出>：　　　　　　　　　　//在标注尺寸线处单击结束点

【练习7-2】：　打开素材文件"dwg\第 7 章\7-2.dwg"，如图 7-3 左图所示，标注墙厚，结果如图 7-3 右图所示。

选择菜单命令【尺寸标注】/【墙厚标注】，命令行提示如下。

直线第一点<退出>：　　　　　　　　　　//单击起始点 P1
直线第二点<退出>：　　　　　　　　　　//单击结束点 P2

结果如图 7-3 右图所示。

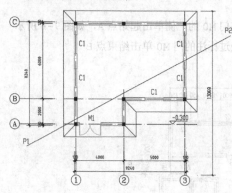 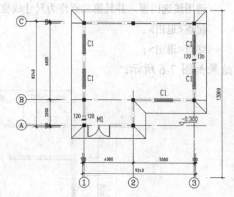

图7-3　墙厚标注实例

7.1.4 内门标注

【内门标注】命令用于标注室内门窗尺寸及定位尺寸线，其中定位尺寸线与邻近的正交轴线或墙角（墙垛）相关。

命令启动方法

- 菜单命令：【尺寸标注】/【内门标注】。
- 工具栏图标： 。
- 命令：TDimInDoor。

【练习7-3】： 打开素材文件 "dwg\第 7 章\7-3.dwg"，如图 7-4 左图所示，完成内门标注，结果如图 7-4 右图所示。

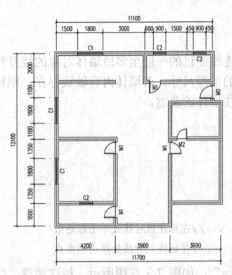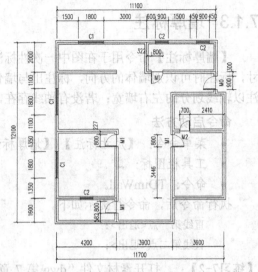

图7-4 内门标注实例

1. 选择菜单命令【尺寸标注】/【内门标注】，弹出【内门标注】对话框，如图 7-5 所示，选择【轴线定位】单选项。

图7-5 【内门标注】对话框

2. 命令行提示如下。

请用线选门窗，并且第二点作为尺寸线位置！

起点<退出>：   //在门 M0 的一侧单击起始点 A，如图 7-6 所示

终点<退出>：   //经过标注的门 M0 单击结束点 B

结果如图 7-6 所示。

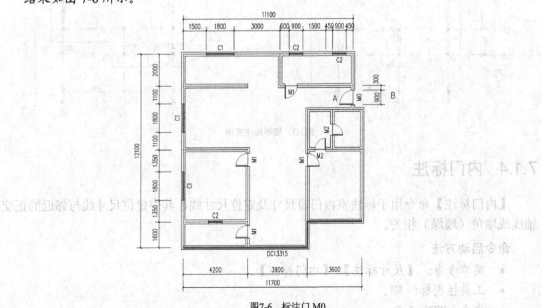

图7-6 标注门 M0

3. 使用相同的方法标注其余内门，最终结果如图 7-4 右图所示。

7.1.5 两点标注

使用【两点标注】命令可为两点连线附近有关系的轴线、墙线、门窗及柱子等构件标注尺寸，并可标注各墙中点或添加其他标注点，按 U 键可撤销上一个标注点。

命令启动方法

- 菜单命令：【尺寸标注】/【两点标注】。
- 工具栏图标：⊬。
- 命令：TDimTP。

【练习7-4】： 打开素材文件 "dwg\第 7 章\7-4.dwg"，如图 7-7 上图所示，完成房间的标注，结果如图 7-7 下图所示。

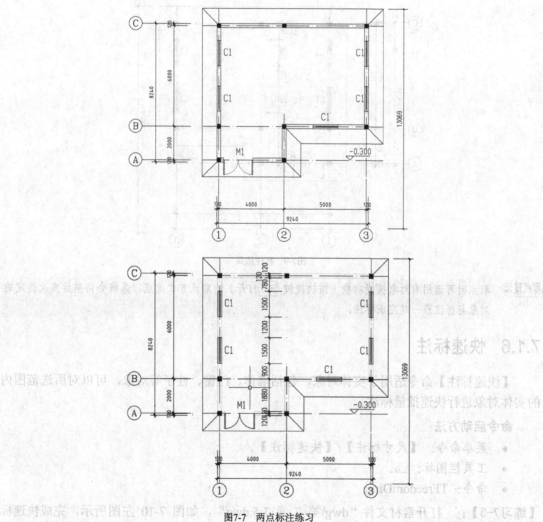

图7-7 两点标注练习

1. 选择菜单命令【尺寸标注】/【两点标注】，弹出【两点标注】对话框，参数设置如图 7-8 所示。

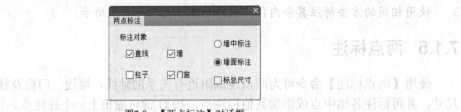

图7-8 【两点标注】对话框

2. 命令行提示如下。

请选择起点<退出>：　　　　　　　　　　//在标注尺寸线一端单击起始点 A，如图 7-9 所示

请选择终点<退出>：　　　　　　　　　　//在标注尺寸线另一端单击结束点 B

请点取标注位置：　　　　　　　　　　　　//选取合适的标注位置

请点取其他需要增加或删除尺寸的直线、墙、门窗：//按 Enter 键结束

结果如图 7-9 所示。

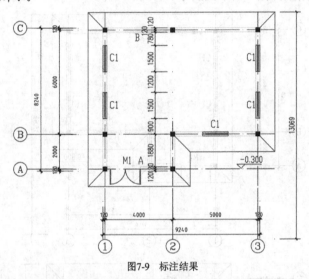

图7-9 标注结果

> **要点提示** 取点时可选用有对象捕捉功能（按快捷键 F3 打开）的取点方式定点，系统会将前后多次选定的对象与标注点一起完成标注。

7.1.6 快速标注

　　【快速标注】命令适用于实体对象，包括墙体、门窗、柱子等对象，可以对所选范围内的实体对象进行快速批量标注。

命令启动方法

- 菜单命令：【尺寸标注】/【快速标注】。
- 工具栏图标：□。
- 命令：TFreedomDim。

【练习7-5】：　打开素材文件"dwg\第 7 章\7-5.dwg"，如图 7-10 左图所示，完成快速标注，结果如图 7-10 右图所示。

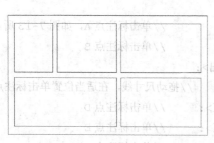
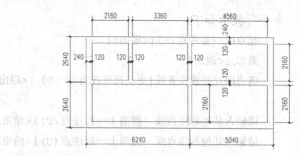

图7-10 快速标注练习

选择菜单命令【尺寸标注】/【快速标注】，命令行提示如下。

　　请选择需要尺寸标注的墙[带柱子(Y)]<退出>：　　　　　　//选择需要快速标注的对象
　　请选择需要尺寸标注的墙[带柱子(Y)]<退出>：　　　　　//继续选择，按 Enter 键结束
　　结果如图 7-10 右图所示。

7.1.7　逐点标注

【逐点标注】命令是一个通用的灵活标注命令，对选择的一串给定点沿指定方向和选定的位置标注尺寸，特别适用于没有指定对象特征、需要取点定位标注的情况，以及其他标注命令难以完成的尺寸标注。

命令启动方法

* 菜单命令：【尺寸标注】/【逐点标注】。
* 工具栏图标：⊞。
* 命令：TDimMP。

【练习7-6】：　打开素材文件"dwg\第 7 章\7-6.dwg"，如图 7-11 左图所示，完成逐点标注，结果如图 7-11 右图所示。

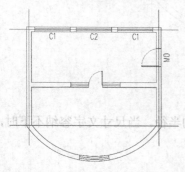
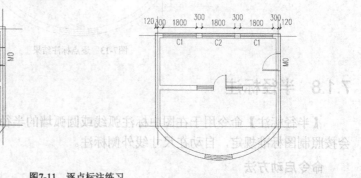

图7-11　逐点标注练习

1.　选择菜单命令【尺寸标注】/【逐点标注】，弹出【逐点标注】对话框，参数设置如图7-12 所示。

图7-12　【逐点标注】对话框

2. 命令行提示如下。

起点或 [参考点(R)]<退出>： //单击标注点 A，如图 7-13 所示
第二点<退出>： //单击标注点 B
请点取尺寸线位置或[更正尺寸线方向（D）]<退出>：
//拖动尺寸线，在适当位置单击标注点 C
请输入其他标注点或 [撤消上一标注点(U)]<结束>： //单击标注点 D
请输入其他标注点或 [撤消上一标注点(U)]<结束>： //单击标注点 E
请输入其他标注点或 [撤消上一标注点(U)]<结束>： //单击标注点 F
请输入其他标注点或 [撤消上一标注点(U)]<结束>： //单击标注点 G
请输入其他标注点或 [撤消上一标注点(U)]<结束>： //单击标注点 H
请输入其他标注点或 [撤消上一标注点(U)]<结束>： //单击标注点 K
请输入其他标注点或 [撤消上一标注点(U)]<结束>： //单击标注点 M
请输入其他标注点或 [撤消上一标注点(U)]<结束>： //单击标注点 N
请输入其他标注点或 [撤消上一标注点(U)]<结束>： //按 Enter 键结束

结果如图 7-13 所示。

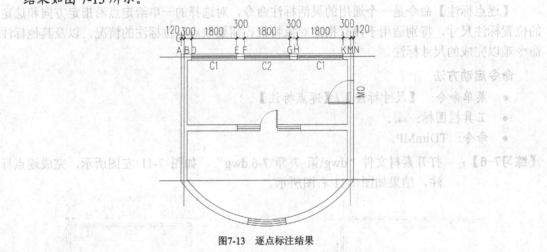

图7-13 逐点标注结果

7.1.8 半径标注

【半径标注】命令用于在图中标注弧线或圆弧墙的半径。当尺寸文字容纳不下时，系统会按照制图标准规定，自动在尺寸线外侧标注。

命令启动方法

- 菜单命令：【尺寸标注】/【半径标注】。
- 工具栏图标：☉。
- 命令：TDimRad。

【练习7-7】： 打开素材文件"dwg\第 7 章\7-7.dwg"，如图 7-14 上图所示，完成半径标注，结果如图 7-14 下图所示。

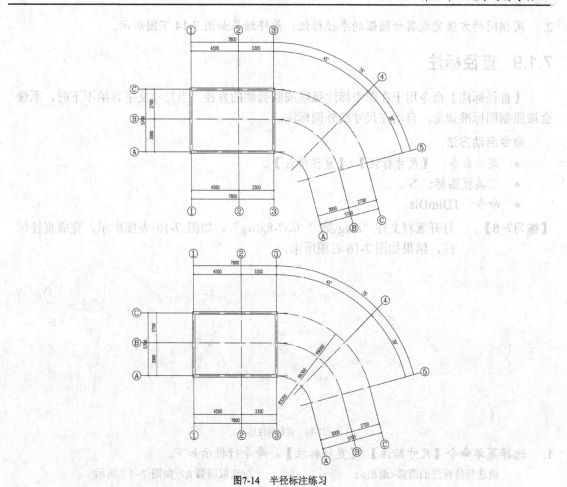

图7-14 半径标注练习

1. 选择菜单命令【尺寸标注】/【半径标注】，命令行提示如下。

请选择待标注的圆弧<退出>：   //选取圆弧 E，如图 7-15 所示

结果如图 7-15 所示。

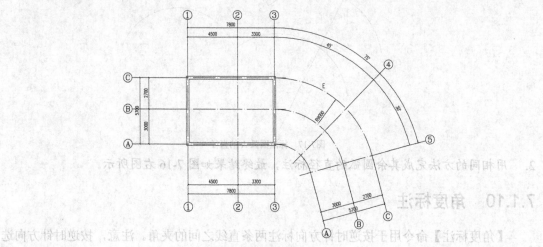

图7-15 标注圆弧 E 的半径

2. 用相同的方法完成其余圆弧的半径标注，最终结果如图 7-14 下图所示。

7.1.9 直径标注

【直径标注】命令用于在图中标注弧线或圆弧墙的直径。当尺寸文字容纳不下时，系统会按照制图标准规定，自动在尺寸线外侧标注。

命令启动方法

- 菜单命令：【尺寸标注】/【直径标注】。
- 工具栏图标：🚫。
- 命令：TDimDia。

【练习7-8】： 打开素材文件"dwg\第 7 章\7-8.dwg"，如图 7-16 左图所示，完成直径标注，结果如图 7-16 右图所示。

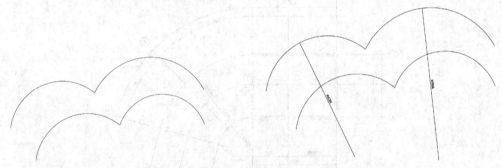

图7-16 直径标注练习

1. 选择菜单命令【尺寸标注】/【直径标注】，命令行提示如下。

请选择待标注的圆弧<退出>： //选取圆弧 A，如图 7-17 所示

结果如图 7-17 所示。

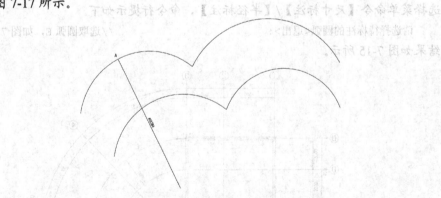

图7-17 标注圆弧 A 的直径

2. 用相同的方法完成其余圆弧的直径标注，最终结果如图 7-16 右图所示。

7.1.10 角度标注

【角度标注】命令用于按逆时针方向标注两条直线之间的夹角。注意，按逆时针方向选择要标注角度的直线。

命令启动方法

- 菜单命令：【尺寸标注】/【角度标注】。
- 工具栏图标：△。
- 命令：TDimAng。

【练习7-9】： 打开素材文件"dwg\第 7 章\7-9.dwg"，如图 7-18 左图所示，完成角度标注，结果如图 7-18 右图所示。

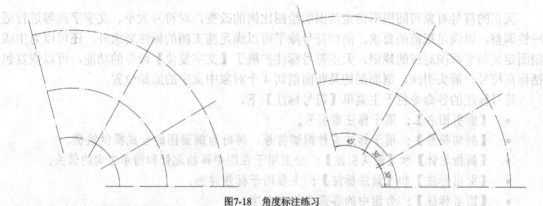

图7-18 角度标注练习

1. 选择菜单命令【尺寸标注】/【角度标注】，命令行提示如下。

请选择第一条直线<退出>： //选取第一条直线 A，如图 7-19 所示
请选择第二条直线<退出>： //选取第二条直线 B
请确定尺寸线位置<退出>： //在图中适当的位置选取一点

结果如图 7-19 所示。

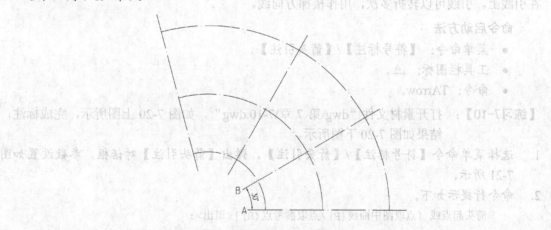

图7-19 标注直线 A、B 间的角度

2. 用相同的方法标注其余直线间的角度，最终结果如图 7-18 右图所示。

7.2 符号标注

本节主要介绍符号标注的概念及其内容。

7.2.1 符号标注的概念

天正建筑软件提供了一整套的自定义工程符号对象,利用这些符号对象可以方便地绘制剖切符号、指北针、引注箭头、各种详图符号及引出标注符号。

7.2.2 符号标注的内容

天正的符号对象可随图形指定范围的绘图比例的改变,对符号大小、文字字高等进行适应性调整,以满足规范的要求。剖切符号除了可以满足施工图的标注要求外,还可以为生成剖面定义与平面图对应的规则。天正符号标注扩展了【文字复位】命令的功能,可以恢复包括标高符号、箭头引注、剖面剖切及断面剖切 4 个对象中文字的原始位置。

符号标注的各命令位于主菜单【符号标注】下。

- 【索引图名】:用于标注索引号。
- 【剖切符号】:用于标注多种剖切符号,同时为剖面图的生成提供依据。
- 【画指北针】和【箭头引注】:分别用于在图中画指北针和指示方向的箭头。
- 【引出标注】和【做法标注】:主要用于标注详图。
- 【图名标注】:为图中的各部分标注名字。
- 【绘制云线】:表示审校后需要修改的范围。

7.2.3 箭头引注

【箭头引注】命令用于绘制带有箭头的引出标注,文字可标注在引线端点处,也可标注在引线上。引线可以转折多次,用作楼梯方向线。

命令启动方法

- 菜单命令:【符号标注】/【箭头引注】。
- 工具栏图标:⚊A。
- 命令:TArrow。

【**练习7-10**】:打开素材文件"dwg\第 7 章\7-10.dwg",如图 7-20 上图所示,完成标注,结果如图 7-20 下图所示。

1. 选择菜单命令【符号标注】/【箭头引注】,弹出【箭头引注】对话框,参数设置如图 7-21 所示。
2. 命令行提示如下。

箭头起点或 [点取图中曲线(P)/点取参考点(R)]<退出>:

//单击箭头起始点 A

直段下一点或 [弧段(A)/回退(U)]<结束>:   //单击下一点 B,按 Enter 键结束

结果如图 7-20 下图所示。

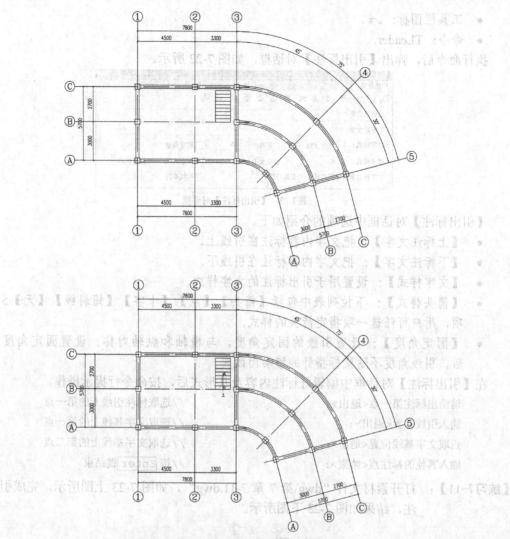

图7-20 箭头引注练习

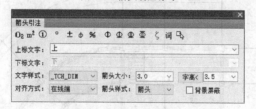

图7-21 【箭头引注】对话框

7.2.4 引出标注

【引出标注】命令用于对多个标注点进行说明性文字的标注，文字自动按端点对齐，具有拖动跟随的特性。

命令启动方法

- 菜单命令：【符号标注】/【引出标注】。

- 工具栏图标: 。
- 命令: TLeader。

执行命令后，弹出【引出标注】对话框，如图 7-22 所示。

图7-22 【引出标注】对话框

【引出标注】对话框中选项的介绍如下。

- 【上标注文字】：把文字内容标注在引线上。
- 【下标注文字】：把文字内容标注在引线下。
- 【文字样式】：设置用于引出标注的文字样式。
- 【箭头样式】：下拉列表中包括【箭头】【点】【十字】【短斜线】【无】5 项，用户可任选一项指定箭头的样式。
- 【固定角度】：设置引线的固定角度，与横轴和纵轴对称。设置固定角度后，引线角度不随鼠标指针的移动而改变。

在【引出标注】对话框中编辑好标注内容及其形式后，按命令行提示操作。

```
请给出标注第一点<退出>：              //选取标注引线上的第一点
输入引线位置<退出>：                  //选取文字基线上的第一点
点取文字基线位置<退出>：              //选取文字基线上的第二点
输入其他的标注点<结束>：              //按 Enter 键结束
```

【练习7-11】： 打开素材文件 "dwg\第 7 章\7-11.dwg"，如图 7-23 上图所示，完成引出标注，结果如图 7-23 下图所示。

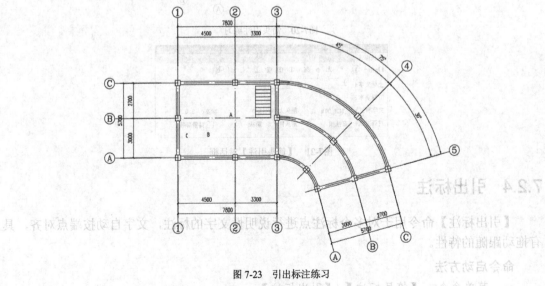

图 7-23 引出标注练习

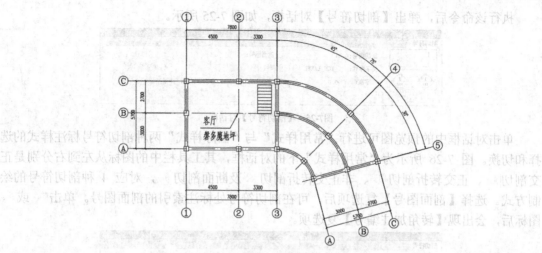

图7-23　引出标注练习（续）

1. 选择菜单命令【符号标注】/【引出标注】，弹出【引出标注】对话框，参数设置如图 7-24 所示。

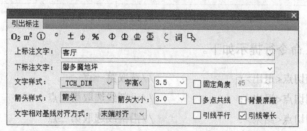

图7-24　【引出标注】对话框

2. 命令行提示如下。

请给出标注第一点<退出>：	//选取标注引线上的第一点 A
输入引线位置<退出>：	//选取文字基线上的第一点 B
点取文字基线位置<退出>：	//选取文字基线上的第二点 C
输入其他的标注点<结束>：	//按 Enter 键结束

结果如图 7-23 下图所示。

7.2.5　剖切符号

【剖切符号】命令提供"常用样式"与"国际样式"两种剖切符号标注样式，可通过单击【剖切符号】对话框中的预览图进行选择和切换。该命令支持绘制任意角度的转折剖切符号，用于在图中标注制图标准规定的剖切符号，表示剖切断面上的构件及从该处沿视线方向可见的建筑构件。生成剖面时执行【建筑剖面】与【构件剖面】命令需要事先绘制剖切符号，用以定义剖面方向。

命令启动方法

- 菜单命令：【符号标注】/【剖切符号】。
- 工具栏图标：⌐⌐。
- 命令：TSection。

执行该命令后，弹出【剖切符号】对话框，如图 7-25 所示。

图7-25 【剖切符号】对话框

单击对话框中的预览图可进行"常用样式"与"国际样式"两种剖切符号标注样式的选择和切换。图 7-26 所示为"常用样式"下的对话框，其工具栏中的图标从左到右分别是正交剖切、正交转折剖切、非正交转折剖切及断面剖切，对应 4 种剖切符号的绘制方式。选择【剖面图号】复选项后，可在剖切符号处标注索引的剖面图号。单击或图标后，会出现【转角加注编号】复选项。

图7-26 "常用样式"下的【剖切符号】对话框

单击图标后，命令行提示如下。

点取第一个剖切点<退出>：　　　　　　　//选取第一点

点取第二个剖切点<退出>：　　　　　　　//沿剖线选取第二点

点取下一个剖切点<结束>：　　　　　　　//沿剖线选取第三点

点取下一个剖切点<结束>：　　　　　　　//选取结束点

点取下一个剖切点<结束>：　　　　　　　//按 Enter 键结束

点取剖视方向<当前>：

标注完成后，拖动不同夹点即可改变剖切符号的位置及剖切方向。

当选择"国际样式"时，绘制方式与选择"常用样式"时的一致，仅图标的表示方式不同，对话框下方的工具栏中的图标从左到右依次为正交剖切、正交转折剖切、非正交转折剖切及断面剖切。

7.2.6 画指北针

【画指北针】命令用于在图上绘制一个国标规定的指北针符号，从插入点到更改方向夹点方向为指北针的方向，该方向在标注坐标时主要起指示北向坐标的作用。

命令启动方法

- 菜单命令：【符号标注】/【画指北针】。
- 工具栏图标：①。
- 命令：TNorthThumb。

执行该命令后，命令行提示如下。

指北针位置<退出>：　　　　　　　//选取指北针的插入点

指北针方向<90.0>：0　　　　　　　//拖动鼠标或输入角度定义指北针方向，x 轴正向为 0

结果如图 7-27 所示。

其中，文字"北"总是与当前 UCS 的上方对齐，但它是独立的文字对象，编辑时不会自动处理与符号的关系。

图7-27 画指北针

7.2.7 符号标注练习

【练习7-12】：打开素材文件"dwg\第 7 章\7-12.dwg"，如图 7-28 上图所示，完成标注，结果如图 7-28 下图所示。

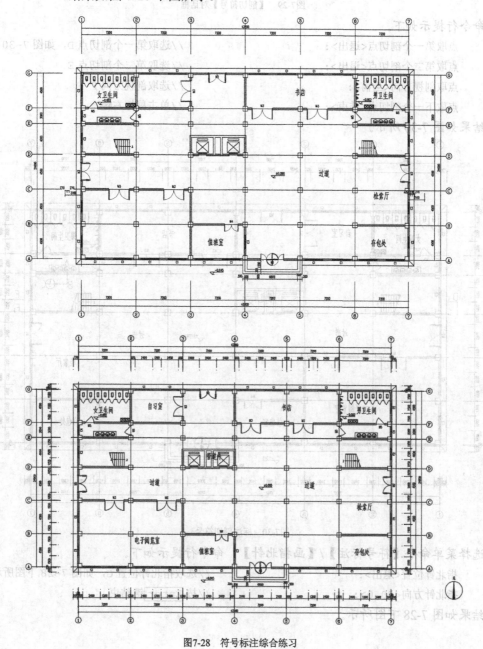

图7-28 符号标注综合练习

1. 选择菜单命令【符号标注】/【剖切符号】，弹出【剖切符号】对话框，参数设置如图 7-29 所示。

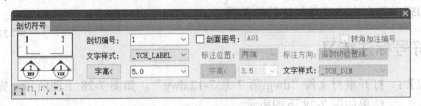

图7-29 【剖切符号】对话框

2. 命令行提示如下。

点取第一个剖切点<退出>：	//选取第一个剖切点 D，如图 7-30 所示
点取第二个剖切点<退出>：	//选取第二个剖切点 E
点取剖视方向<当前>：	//选取剖视方向 F
点取下一个剖切点<结束>：	//单击鼠标右键

结果如图 7-30 所示。

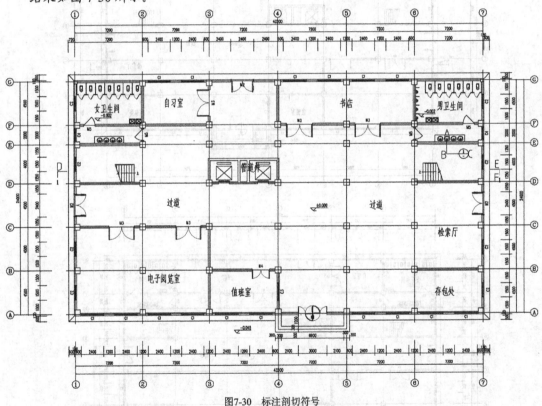

图7-30 标注剖切符号

3. 选择菜单命令【符号标注】/【画指北针】，命令行提示如下。

指北针位置<退出>：	//选取指北针位置 G，如图 7-28 下图所示
指北针方向<90.0>：	//按 Enter 键结束

结果如图 7-28 下图所示。

7.3 坐标与标高标注

坐标标注在工程制图中用来表示某个点的平面位置，一般由政府的测绘部门提供，而标高标注则用来表示某个点的高程或垂直高度。标高有绝对标高和相对标高两种，绝对标高的数值来自当地测绘部门，而相对标高则是设计单位设计的，一般是以室内一层地坪为零点，与绝对标高有相对关系。天正建筑分别定义了坐标对象和标高对象来实现坐标和标高的标注，这些符号的画法符合国家制图规范的工程符号图例。

7.3.1 标注状态设置

标注的状态分为动态标注和静态标注两种，移动和复制后的坐标受状态开关项的控制，具体表现在以下两个方面。

(1) 在动态标注状态下，移动和复制后的坐标将自动与世界坐标系一致，适用于整个 DWG 文件仅布置一个总平面图的情况。

(2) 在静态标注状态下，移动和复制后的坐标不改变原值。例如在一个 DWG 文件上复制同一个总平面图，绘制绿化、交通等的不同类别图纸，只能使用静态标注。

7.3.2 坐标标注

【坐标标注】命令用于在总平面图上标注测量坐标或施工坐标，取值根据世界坐标系或当前 UCS 来定。

命令启动方法

- 菜单命令：【符号标注】/【坐标标注】。
- 工具栏图标： ⊭。
- 命令：Tcoord。

【练习7-13】：打开素材文件"dwg\第 7 章\7-13.dwg"，如图 7-31 左图所示，完成坐标标注，结果如图 7-31 右图所示。

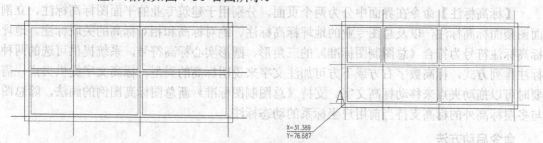

图7-31　坐标标注练习

选择菜单命令【符号标注】/【坐标标注】，命令行提示如下。

```
当前绘图单位:mm,标注单位:M;以世界坐标取值;北向角度90度
请点取标注点或 [设置(S)/批量标注(Q)]<退出>:        //选择标注点A
点取坐标标注方向<退出>:                           //在图中适当位置单击
请点取标注点<退出>:                              //按 Enter 键结束
```

结果如图 7-31 右图所示。

如果图形中的绘图单位是"米"，需要输入"S"，弹出【坐标标注】对话框，如图 7-32 所示，利用该对话框设置绘图单位。

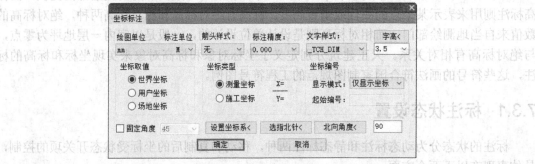

图7-32 【坐标标注】对话框

坐标取值可以从世界坐标系或 UCS 中任意选择（默认取世界坐标系）。注意，如果选择以 UCS 取值，应该利用 UCS 命令把当前图形设为要选择使用的 UCS（因为 UCS 可以有多个）。如果当前为世界坐标系，则坐标取值与世界坐标系一致。

按照《总图制图标准》（GB/T 50103—2010）2.4.1 条的规定，南北方向的坐标为 X（A）、东西方向的坐标为 Y（B），与建筑绘图习惯使用的 XOY 坐标系是相反的。

如果图中插入了指北针符号，则在【坐标标注】对话框中单击 选指北针< 按钮，从图中选择指北针，系统将以指北针的指向为 X（A）方向标注新的坐标点。

图形中的建筑默认是坐北朝南布置，但是正北方向不是图纸上方，可以通过单击 北向角度< 按钮来给出正北方向。

当显示模式为仅显示编号和全部显示时，可设置标注编号。

使用 UCS 标注的坐标符号颜色为青色，区别于使用世界坐标系标注的坐标符号颜色。在同一个 DWG 文件中不得同时使用两种坐标系进行坐标标注。

7.3.3 标高标注

【标高标注】命令在界面中分为两个页面，分别用于建筑专业的平面图标高标注、立剖面图楼面标高标注，以及总图专业的地坪标高标注、绝对标高和相对标高的关联标注。地坪标高标注符号为符合《总图制图标准》的三角形、圆形实心标高符号，系统提供可选的两种标注排列方式，标高数字右方或下方可加注文字来说明标高的类型。标高文字提供夹点，需要时可以拖动夹点来移动标高文字。支持《总图制图标准》新总图标高图例的画法，除总图与多层标高外的标高支持当前用户坐标系的动态标注。

命令启动方法
- 菜单命令：【符号标注】/【标高标注】。
- 工具栏图标：⚒。
- 命令：TMElev。

【练习7-14】：打开素材文件"dwg\第 7 章\7-14.dwg"，如图 7-33 左图所示，完成标注，结果如图 7-33 右图所示。

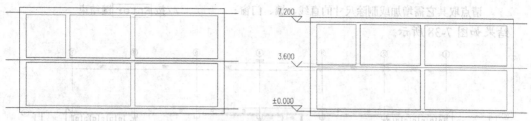

图7-33　标高标注练习

1. 选择菜单命令【符号标注】/【标高标注】，弹出【标高标注】对话框，参数设置如图 7-34 所示。

图7-34　【标高标注】对话框

2. 命令行提示如下。

请点取标高点或 [参考标高(R)]<退出>：	//选取标高点 A，如图 7-35 所示
请点取标高方向<退出>：	//选取 y 轴方向作为标高方向
下一点或 [第一点(F)]<退出>：	//按 Enter 键结束

结果如图 7-35 所示。

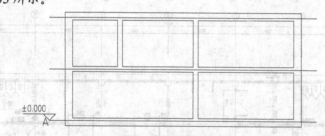

图7-35　标注标高点 A

3. 用同样的方法完成其余标高点的标注，最终结果如图 7-33 右图所示。

7.4　综合练习——标注某图书馆首层平面图

【练习7-15】：打开素材文件"dwg\第 7 章\7-15.dwg"，如图 7-36 上图所示，完成此图书馆首层平面图的标注，结果如图 7-36 下图所示。

1. 选择菜单命令【尺寸标注】/【两点标注】，弹出【两点标注】对话框，参数设置如图 7-37 所示。

2. 命令行提示如下。

请选择起点<退出>：	//在标注尺寸线一端选取起始点
请选择终点<退出>：	//在标注尺寸线另一端选取结束点
请点取标注位置：	
	//移动鼠标指针，系统自动搜索离尺寸线最近的标注对象

请点取其它需增加或删除尺寸的直线、墙、门窗：　　　//按 Enter 键结束

结果如图 7-38 所示。

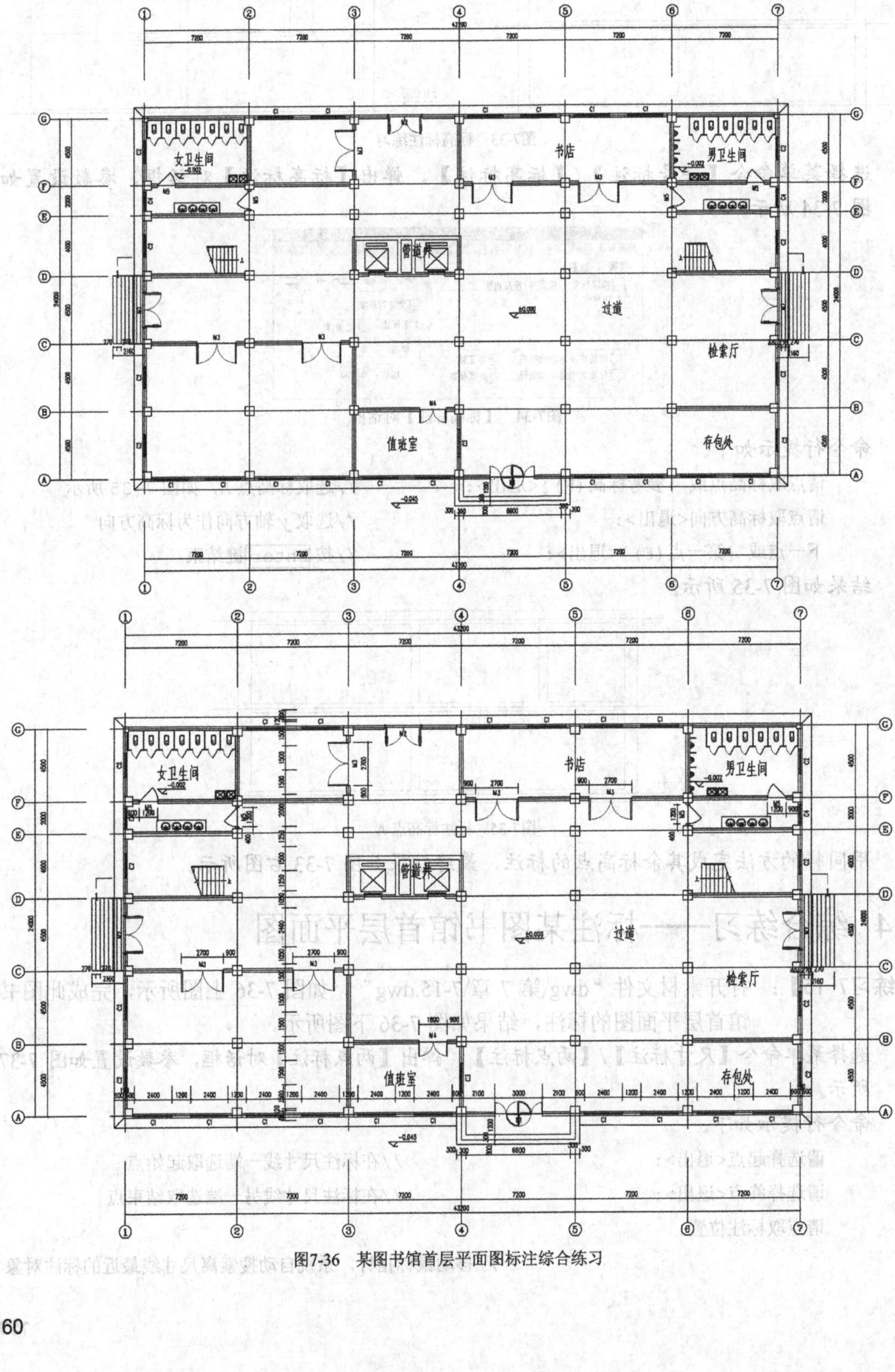

图7-36　某图书馆首层平面图标注综合练习

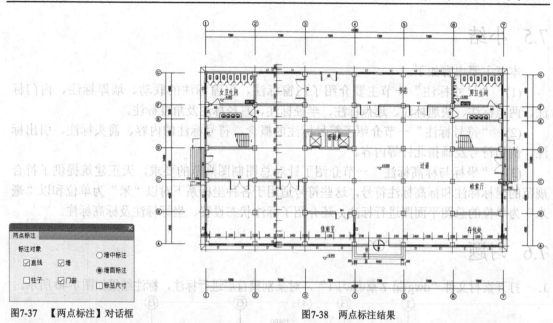

图7-37 【两点标注】对话框

图7-38 两点标注结果

要点提示 取点时，可选用有对象捕捉功能（按快捷键 F3 开启）的取点方式定点，系统会将前后多次选定的对象与标注点一起完成标注。

3. 启动【内门标注】命令，根据命令行提示标注内门，结果如图 7-39 所示。

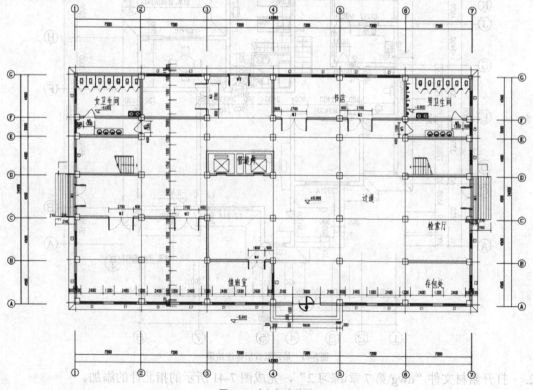

图7-39 内门标注结果

4. 标注其余尺寸，最终结果如图 7-36 下图所示。

7.5 小结

本章主要内容如下。

(1) "尺寸标注"一节主要介绍了门窗标注、门窗标注的联动、墙厚标注、内门标注、两点标注、快速标注、逐点标注、半径标注、直径标注及角度标注。

(2) "符号标注"一节介绍了符号标注的概念、符号标注的内容、箭头标注、引出标注、剖切符号及画指北针等内容。

(3) "坐标与标高标注"一节介绍了针对总图制图规范的要求，天正建筑提供了符合规范的坐标标注和标高标注符号，这些符号适用于各种坐标系下对以"米"为单位和以"毫米"为单位的总图平面图进行标注；还介绍了标注状态设置、坐标标注及标高标注。

7.6 习题

1. 打开素材文件"dwg\第 7 章\练习 1"，对某别墅首层进行标注，标注结果如图 7-40 所示。

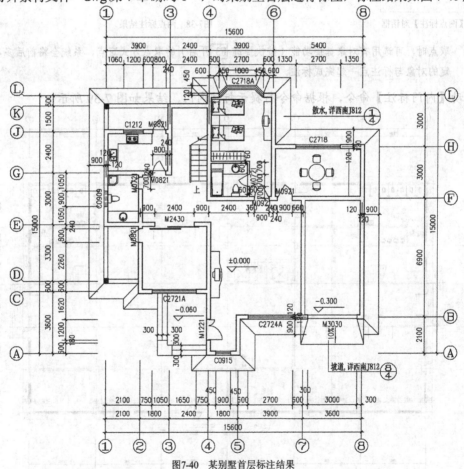

图7-40 某别墅首层标注结果

2. 打开素材文件"dwg\第 7 章\练习 2"，完成图 7-41 所示的指北针的添加。

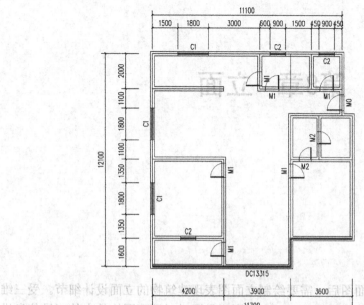

图7-41　添加指北针练习

第8章 立面

【学习重点】

- 熟悉立面的概念。
- 掌握立面的创建方法。
- 掌握立面的编辑方法。

8.1 立面的概念

设计好一个工程的各层平面图后，需要绘制立面图表现建筑物的立面设计细节。受三维模型细节和视线方向建筑物遮挡的影响，天正立面图形是通过对平面图构件中的三维信息进行消隐获得的纯粹二维图形，除了符号与尺寸标注对象，以及门窗、阳台图块是天正自定义对象外，其他图形构成元素都是 AutoCAD 的基本对象。

1. 立面生成与工程管理

立面生成是由【工程管理】功能实现的，选择菜单命令【文件布图】/【工程管理】或按 Ctrl+┐ 组合键均可打开【工程管理】面板，如图 8-1 所示。可通过【新建工程】/【添加图纸】（平面图）的操作建立工程，在工程的基础上定义平面图与楼层的关系，从而建立平面图与立面楼层之间的关系，系统支持以下两种楼层定义方式。

(1) 每层平面设计一个独立的 DWG 文件，将所有 DWG 文件集中放置于同一个文件夹中，这时要先确定是否每个标准层都有共同的对齐点，默认的对齐点在原点（0,0,0）的位置，用户可以修改，建议使用开间与进深方向的第一轴线交点。事实上，对齐点就是将 DWG 文件作为图块插入的基点，用 AutoCAD 的 BASE 命令可以改变基点。

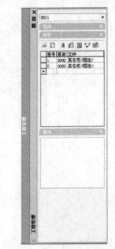

图8-1 【工程管理】面板

(2) 允许将多个平面图绘制到一个 DWG 文件中，然后在【楼层】栏的电子表格中分别为各自然层在 DWG 文件中指定标准层平面图，同时允许部分标准层平面图通过其他 DWG 文件指定，这提高了工程管理的灵活性。

系统通过工程数据库文件（*.TPR）记录、管理与工程总体相关的数据，包含图纸集、楼层表、工程设置参数等。系统提供了【导入楼层表】命令从楼层表创建工程，在【工程管理】面板中以【楼层】栏下面的表格定义标准层的图形范围及标准层和自然层的对应关系，双击楼层表行即可把标准层加红色框，以方便查询某个指定楼层平面。

为了获得尽量准确和详尽的立面图，用户在绘制平面图时，应尽量保证楼层高度、墙高、窗高、窗台高、阳台栏板高、台阶踏步高及级数等竖向参数正确。

2. 立面生成的参数设置

在生成立面图时，可以设置标注的形式，例如在图形的哪一侧标注立面尺寸和标高。同时，可以设置门窗和阳台的样式，具体设置方法与标准层立面的设置方法相同。还可以设定是否在立面图上绘制出每层平面的层间线，设定首层平面的室内外高差，在楼层表中可以修改标准层的层高。

需要注意，立面生成使用的"内外高差"需要同首层平面图中定义的一致，用户应当通过适当更改首层外墙的 z 轴方向参数（即底标高和高度）或设置内外高差平台，实现创建室内外高差的目的。立面生成的概念如图 8-2 所示。

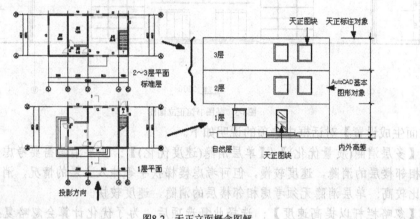

图8-2　天正立面概念图解

8.2　创建立面

立面的创建主要包括建筑立面、构件立面、立面门窗、立面阳台及立面屋顶的创建。

8.2.1　建筑立面

【建筑立面】命令用于按照工程数据库文件中的楼层表数据，一次生成多层建筑立面。

命令启动方法

- 菜单命令：【立面】/【建筑立面】。
- 工具栏图标：█。
- 命令：TBudElev。

【练习8-1】：　打开素材文件"dwg\第 8 章\8-1.dwg"，完成图 8-3 所示的某图书馆正立面图的绘制。

1. 执行【建筑立面】命令，命令行提示如下。

　　　请输入立面方向或 [正立面(F)/背立面(B)/左立面(L)/右立面(R)]<退出>:F

　　　　　//输入"F"或按视线方向给出两点以指出生成建筑立面的方向

　　　请选择要出现在立面图上的轴线：

　　　　　　　//一般是选择同立面方向上的开间或进深轴线，选轴号无效，按 Enter 键结束

2. 弹出【立面生成设置】对话框，如图 8-4 所示。如果当前【工程管理】面板中有正确的楼层定义，就提示保存立面图文件，否则不能生成立面图文件。

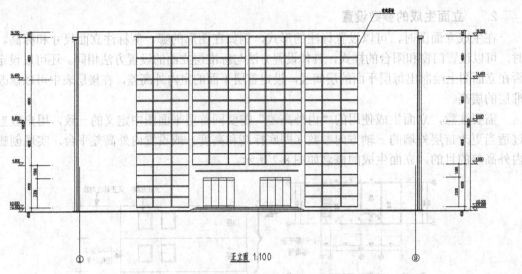

图8-3 某图书馆正立面图

【立面生成设置】对话框中选项的说明如下。

- 【多层消隐(质量优化)】/【单层消隐(速度优化)】：多层消隐需要考虑到两个相邻楼层的消隐，速度较慢，但可考虑楼梯扶手等伸入上层的情况，消隐精度比较高；单层消隐无须考虑相邻楼层的消隐，速度较快。
- 【忽略栏杆以提高速度】：选择此复选项后，为了优化计算会忽略复杂栏杆的生成。
- 【左侧标注】/【右侧标注】：标注立面图左右两侧的竖向标注，含楼层标高和尺寸。
- 【绘层间线】：绘制楼层之间的水平横线。
- 【内外高差】：室内地面与室外地坪的高度差。
- 【出图比例】：立面图的打印出图比例。

3. 单击 生成立面 按钮，弹出【输入要生成的文件】对话框，如图 8-5 所示。

图8-4 【立面生成设置】对话框

图8-5 【输入要生成的文件】对话框

4. 输入文件名称，单击 保存(S) 按钮后系统生成立面图文件并打开该文件。

> 要点提示 执行【建筑立面】命令前必须先存盘，否则无法对存盘后更新的对象创建立面。

8.2.2　构件立面

【构件立面】命令用于生成当前标准层、局部构件或三维图块对象在选定方向上的立面图与顶视图。生成的立面图取决于选定对象的三维图形。该命令按照三维视图对指定的方向进行消隐计算，优化算法使立面的生成快速而准确。生成立面图的图层名为原构件图层名加前缀"E-"。

命令启动方法

- 菜单命令：【立面】/【构件立面】。
- 工具栏图标：■。
- 命令：TObjElev。

【练习8-2】：　打开素材文件"dwg\第 8 章\8-2.dwg"，如图 8-6 左图所示，绘制楼梯构件的立面图，结果如图 8-6 右图所示。

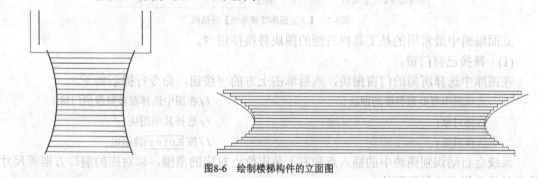

图8-6　绘制楼梯构件的立面图

执行【构件立面】命令，命令行提示如下。

　　请输入立面方向或［正立面(F)/背立面(B)/左立面(L)/右立面(R)/顶视图(T)]<退出>:F

　　　　　　　　　　　　　　　　　　　　　　//生成正立面

　　请选择要生成立面的建筑构件:找到1个　　//选取楼梯对象，按 Enter 键

　　请选择要生成立面的建筑构件:　　　　　　//按 Enter 键结束选择

　　请点取放置位置:　　　　　　　　　　　　//在绘图区的适当位置单击

结果如图 8-6 右图所示。

8.2.3　立面门窗

【立面门窗】命令用于替换、添加立面图上的门窗，同时它也是立剖面图的门窗图块管理工具，可处理带装饰门窗套的立面门窗，系统提供了与之配套的立面门窗图库。

命令启动方法

- 菜单命令：【立面】/【立面门窗】。
- 工具栏图标：田。
- 命令：TEWinLib。

执行该命令后，弹出【天正图库管理系统】对话框，如图 8-7 所示。

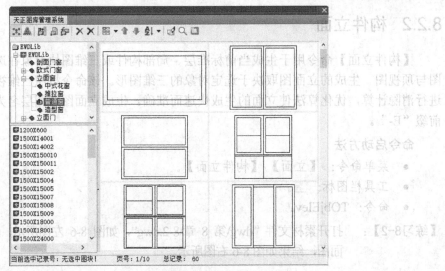

图8-7 【天正图库管理系统】对话框

立面编辑中最常用的是工具栏右侧的图块替换按钮 。

(1) 替换已有门窗。

在图库中选择所需的门窗图块，然后单击上方的 按钮，命令行提示如下。

选择图中将要被替换的图块！	//在图中选择要被替换的门窗
选择对象：	//选择其他图块
选择对象：	//按 Enter 键退出

系统会自动识别图块中的插入点和右上角定位点对应的范围，以对应的洞口方框等尺寸将其替换为指定的门窗图块。

(2) 直接插入门窗。

除了替换已有门窗，也可以在图库中双击所需的门窗图块，然后在命令行中输入字母"E"，通过"外框（E）"选项插入与门窗洞口方框尺寸相同的门窗。此时命令行提示如下。

点取插入点[转 90 (A)/左右(S)/上下(D)/对齐(F)/外框(E)/转角(R)/基点(T)/更换(C)]<退出>:E

第一个角点或 [参考点(R)]<退出>:	//选择门窗洞口方框左下角的点
另一个角点：	//选择门窗洞口方框右上角的点，按 Enter 键

系统会自动按照图块中的插入点和右上角定位点对应的范围，以对应的洞口方框等尺寸来替换指定的门窗图块。

8.2.4 立面阳台

【立面阳台】命令用于替换、添加立面图上阳台的样式，同时它也是对立面阳台图块进行管理的工具。

命令启动方法

- 菜单命令：【立面】/【立面阳台】。
- 工具栏图标： 。
- 命令：TEBalLib。

执行该命令后，弹出【天正图库管理系统】对话框，如图 8-8 所示。创建立面阳台的具体方法参考 8.2.3 小节插入立面门窗的操作，这里不展开介绍。

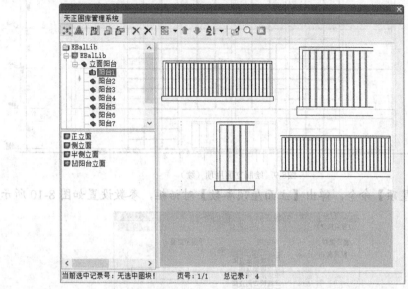

图8-8 【天正图库管理系统】对话框

8.2.5 立面屋顶

【立面屋顶】命令可用于对平屋顶、单坡屋顶、双坡屋顶、四坡屋顶与歇山屋顶的正立面和侧立面，组合的屋顶立面，一侧与其他物体（墙体或另一屋面）相连接的不对称屋顶进行设置。

命令启动方法

- 菜单命令：【立面】/【立面屋顶】。
- 工具栏图标： 。
- 命令：tlmroof。

【练习8-3】： 打开素材文件"dwg\第 8 章\8-3.dwg"，如图 8-9 上图所示，完成立面屋顶的绘制，结果如图 8-9 下图所示。

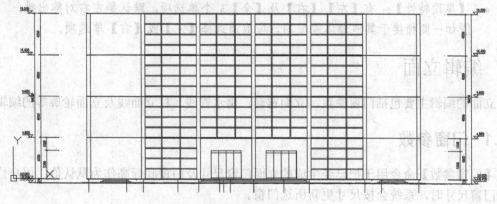

图 8-9 绘制立面屋顶

169

图8-9 绘制立面屋顶（续）

1. 执行【立面屋顶】命令，弹出【立面屋顶参数】对话框，参数设置如图 8-10 所示。

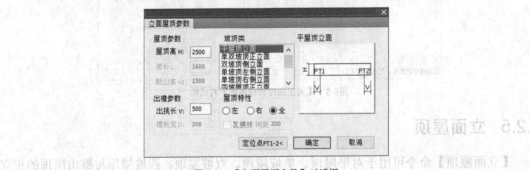

图8-10 【立面屋顶参数】对话框

2. 单击 定位点PT1-2< 按钮，命令行提示如下。

    请点取墙顶角点 PT1 <返回>：   //选取一侧墙顶角点
    请点取墙顶另一角点 PT2 <返回>：   //选取另一侧墙顶角点

    单击 确定 按钮，完成立面屋顶的绘制。
    【立面屋顶参数】对话框中选项的说明如下。

- 【屋顶高】：各种屋顶的高度，高度是指从基点到屋顶最高处。
- 【坡长】：坡屋顶倾斜部分的水平投影长度。
- 【出挑长】：在正立面时为出山长，在侧立面时为出檐长。
- 【屋顶特性】：有【左】【右】及【全】3 个单选项，默认是左右对称出挑。
  假如一侧相接于其他墙体或屋顶，应取消选择【左】或【右】单选项。

8.3 编辑立面

立面的编辑主要包括门窗参数、立面窗套、雨水管线、柱立面线及立面轮廓等的编辑。

8.3.1 门窗参数

【门窗参数】命令用于把已经生成的立面门窗尺寸及门窗底标高作为默认值，用户修改立面门窗尺寸时，系统会按尺寸更新所选门窗。

命令启动方法

- 菜单命令：【立面】/【门窗参数】。
- 工具栏图标：▦。
- 命令：TEWPara。

执行该命令后，命令行提示如下。

选择立面门窗： //选择要修改尺寸的门窗
选择立面门窗： //按 Enter 键
底标高<3600>： //输入新的门窗底标高，从地面起算
高度<1400>： //输入新值
宽度<2400>： //输入新值后按 Enter 键，选择的各个门窗均以底部中点为基点对称更新

如果在交互时选择的门窗大小不一，则会出现下面这样的提示。

底标高从×到××00不等，高度从××00到××00不等，宽度从×00到××00不等

用户输入新尺寸后，不同尺寸的门窗会统一更新为新的尺寸。

8.3.2 立面窗套

【立面窗套】命令用于为已有的立面窗创建全包的窗套或窗楣线和窗台线。

命令启动方法

- 菜单命令：【立面】/【立面窗套】。
- 工具栏图标：▣。
- 命令：elwct。

【练习8-4】： 打开素材文件"dwg\第 8 章\8-4.dwg"，如图 8-11 上图所示，完成立面窗套的绘制，结果如图 8-11 下图所示。

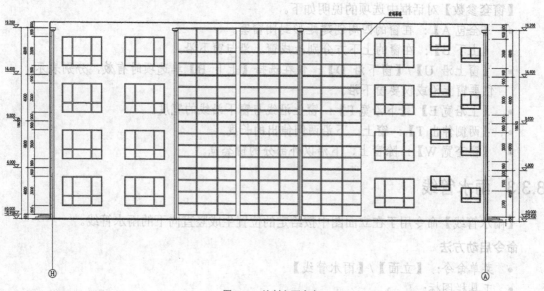

图 8-11 绘制立面窗套

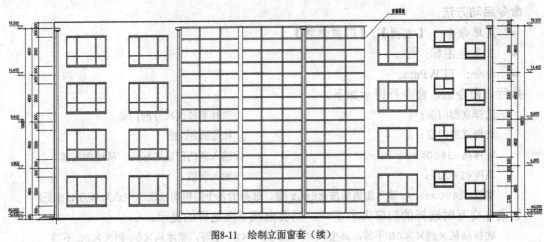

图8-11 绘制立面窗套（续）

1. 执行【立面窗套】命令，命令行提示如下。

   请指定窗套的左下角点 <退出>：　　　　　　　　　//选取窗套左下角的点

   请指定窗套的右上角点 <退出>：　　　　　　　　　//选取窗套右上角的点

   弹出图 8-12 所示的【窗套参数】对话框。

图8-12 【窗套参数】对话框

2. 在对话框中输入合适的参数后，单击 ▢确定 按钮，结果如图 8-11 下图所示。

   【窗套参数】对话框中选项的说明如下。

   - 【全包 A】：在窗的四周创建矩形封闭窗套。
   - 【上下 B】：在窗的上下方分别生成窗上沿与窗下沿。
   - 【窗上沿 U】/【窗下沿 D】：仅在选择【上下 B】单选项时有效，分别表示仅要窗上沿或仅要窗下沿。
   - 【上沿宽 E】/【下沿宽 F】：窗上沿线与窗下沿线的宽度。
   - 【两侧伸出 T】：窗上、下沿两侧伸出的长度。
   - 【窗套宽 W】：除窗上、下沿以外部分的窗套宽。

8.3.3 雨水管线

【雨水管线】命令用于在立面图中按给定的位置生成竖直向下的雨水管线。

命令启动方法

- 菜单命令：【立面】/【雨水管线】。
- 工具栏图标：▽。
- 命令：TEStrm。

【练习8-5】： 打开素材文件"dwg\第 8 章\8-5.dwg"，如图 8-13 上图所示，完成立面雨水管线的绘制，结果如图 8-13 下图所示。

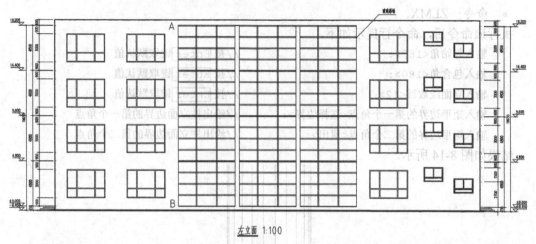

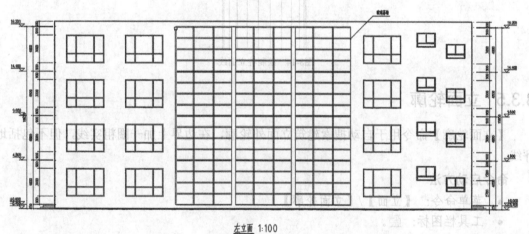

图8-13　绘制雨水管线

执行【雨水管线】命令，命令行提示如下。

当前管径为 100

请指定雨水管的起点[参考点(R)/管径(D)]<退出>：　　　　　//选取雨水管线的起点 A

请指定雨水管的下一点[管径(D)/回退(U)]<退出>：

　　　　　　　　　　　　　　　　　　　　　//选取雨水管线的下一点 B，按 Enter 键

结果如图 8-13 下图所示。在选定两点间竖向画出平行的雨水管线，其间的墙面饰线均被雨水管线断开。

8.3.4　柱立面线

【柱立面线】命令用于按默认的正投影方向模拟圆柱立面投影，在柱子立面范围内画出有立体感的竖向投影线。

命令启动方法

- 菜单命令：【立面】/【柱立面线】。

173

- 工具栏图标: ▮。
- 命令: ZLMX。

执行该命令后,命令行提示如下。

输入起始角<180>:   //按 Enter 键取默认值
输入包含角<180>:   //按 Enter 键取默认值
输入立面线数目<12>:   //按 Enter 键取默认值
输入矩形边界的第一个角点<选择边界>:   //给出柱立面边界的第一个角点
输入矩形边界的第二个角点<退出>:   //给出柱立面边界的第二个角点

结果如图 8-14 所示。

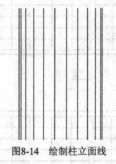

图8-14 绘制柱立面线

8.3.5 立面轮廓

【立面轮廓】命令用于自动搜索建筑立面外轮廓,在边界上加一圈粗实线,但不包括地坪线。

命令启动方法

- 菜单命令: 【立面】/【立面轮廓】。
- 工具栏图标: ▤。
- 命令: TElevOutline。

【练习8-6】: 打开素材文件"dwg\第 8 章\8-6.dwg",如图 8-15 上图所示,完成立面轮廓的绘制,结果如图 8-15 下图所示。

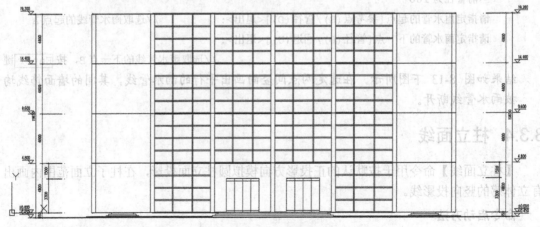

图 8-15 绘制立面轮廓

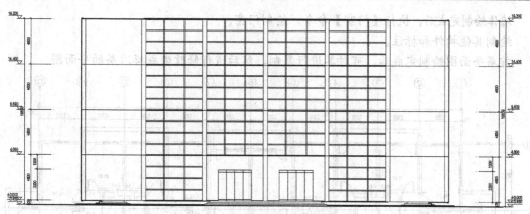

图8-15 绘制立面轮廓（续）

执行【立面轮廓】命令，命令行提示如下。

    选择二维对象：   //选择外墙边界线和屋顶线，按 Enter 键结束
    请输入轮廓线宽度 (按模型空间的尺寸)<0>：50
                        //输入 30～50 的数值，按 Enter 键结束

结果如图 8-15 下图所示。

在复杂的情况下搜索轮廓会失败，以致无法生成轮廓，此时可以使用多段线绘制立面轮廓。图 8-15 下图所示是立面轮廓加粗宽度为 50 的示例。

8.4 综合练习——绘制某住宅小区立面图

下面练习绘制某住宅小区首层平面图及标准层平面图，然后绘制立面图，如图 8-16 至图 8-18 所示。

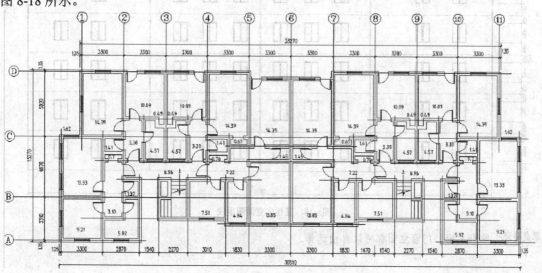

图8-16 某住宅首层平面图

1. 执行【绘制轴网】命令，弹出【绘制轴网】对话框，按图 8-16 中的参数绘制建筑轴网平面图。
2. 执行【绘制墙体】命令，弹出【墙体】对话框，设置墙体参数，然后绘制墙体。

3. 墙体绘制完成后，执行【门窗】命令，绘制门窗。

4. 绘制其他构件和标注。

5. 首层平面图绘制完成后，可对其进行复制，然后进行修改生成标准层的平面图。

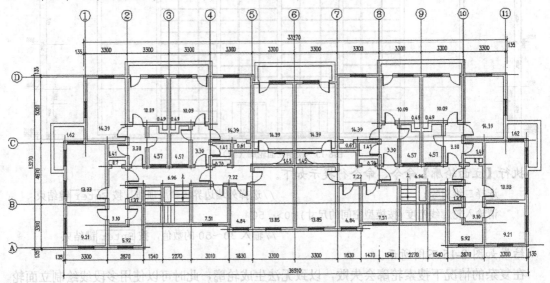

图8-17 某住宅标准层平面图

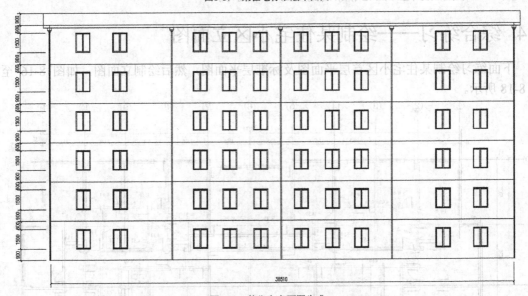

图8-18 某住宅立面图生成

> **要点提示** 阳台立面、门窗立面都可以自由选择。

8.5 小结

本章主要内容总结如下。

(1) 绘制立面图的前提是将已经绘制的底层平面图另外保存一份，接着绘制标准层平面图（也更名另存一份），再绘制顶层平面图。一般多层建筑都有底层、标准层和顶层。标准层有多少层并不重要，只要能绘制出 3 层建筑的立面图，就可以绘制出多层建筑的立面图。

(2) 在打开首层平面生成立面时，提示输入立面图文件名称，注意不要覆盖已经存在的文件。

(3) 系统支持将一套工程平面图纸保存在一个 DWG 文件中，该文件可与其他独立图纸的 DWG 文件组合，生成立剖面与三维建筑模型。

(4) 学习本章必须要先绘制好平面图，新手要多上机操作，并及时总结、归纳操作经验和教训，以后可以少走弯路。

(5) 要绘制建筑立面外轮廓，可以通过选择菜单命令【立面】/【立面轮廓】在边界上加一圈粗实线。当无法生成轮廓时，可使用多段线命令绘制立面轮廓。

8.6 习题

完成图 8-19 至图 8-21 所示的平面图的绘制。先绘制平面图，然后绘制立面图，可先不插入室内家具，如图 8-22 所示。

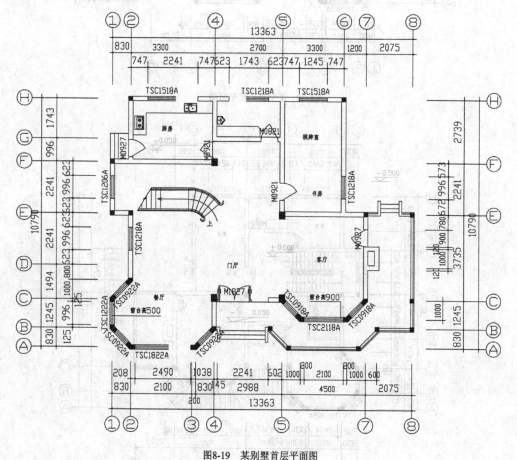

图8-19　某别墅首层平面图

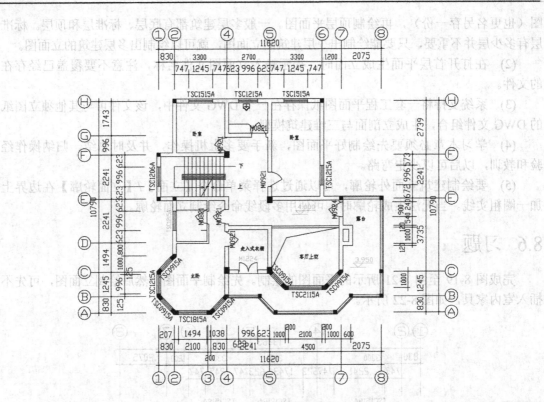

图8-20 某别墅二层平面图

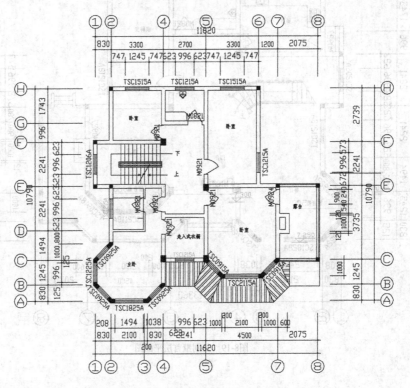

图8-21 某别墅三层平面图

16.600

3000

6000

1500

1500

10.60

900

1500

3300

900

7.300

900

3300

1500

4.000

900

4000

1700 1400

±0.000

500 500

-0.500

500

图8-22 某别墅正立面图

第9章 剖面

【学习重点】

- 熟悉剖面的概念。
- 掌握剖面的创建方法。
- 掌握剖面楼梯与栏杆的绘制方法。
- 掌握剖面的加粗与填充方法。

9.1 剖面的概念

设计好一个工程的各层平面图后，需要绘制剖面图来表现建筑物的剖面设计细节。立剖面的图形表达和平面图有很大的区别，它表现的是建筑三维模型的一个剖切与投影视图，与立面图一样受三维模型细节和视线方向建筑物遮挡的影响。天正剖面图形是通过在指定剖切位置对平面图构件中的三维信息进行消隐获得的纯粹二维图形，除了符号与尺寸标注对象，以及可见立面门窗、阳台图块是天正自定义对象外，墙线等构成元素都是 AutoCAD 的基本对象，天正系统提供了对墙线进行加粗和填充的命令。

1. 剖面创建与工程管理

剖面图可以由【工程管理】功能从平面图开始创建。在【工程管理】面板中，通过【新建工程】/【添加图纸】（平面图）的操作建立工程，如图 9-1 所示。在工程的基础上定义平面图与楼层的关系，从而建立平面图与剖面楼层之间的关系，系统支持以下两种楼层定义方式。

图9-1 【新建工程】命令

(1) 每层平面设计一个独立的 DWG 文件，将所有 DWG 文件集中放置于同一个文件夹中，这时要先确定是否每个标准层都有共同的对齐点，默认的对齐点在原点（0,0,0）的位置，用户可以修改，建议使用开间与进深方向的第一轴线交点。事实上，对齐点就是将 DWG 文件作为图块插入的基点，用 AutoCAD 的 BASE 命令可以改变基点。

(2) 允许将多个平面图绘制到一个 DWG 文件中，然后在【工程管理】面板中【楼层】栏的电子表格中分别为各自然层在 DWG 文件中指定标准层平面图，同时允许部分标准层平面图通过其他 DWG 文件指定，这提高了工程管理的灵活性。

系统通过工程数据库文件（*.tpr）记录、管理与工程总体相关的数据，包含图纸集、楼层表、工程设置参数等。系统提供了【导入楼层表】命令从楼层表创建工程，在【工程管理】面板中以【楼层】栏中的表格定义标准层的图形范围及标准层和自然层的对应关系。双击楼层表行即可把标准层加红色框，方便查询某个指定楼层平面。

为了获得尽量准确和详尽的剖面图，用户在绘制平面图时，要尽量保证楼层高度、墙高、窗高、窗台高、阳台栏板高、台阶踏步高和级数等竖向参数正确。

2. **剖面生成的参数设置**

剖面图的剖切位置依赖于剖切符号,所以事先必须在首层建立合适的剖切符号。在生成剖面图时,可以设置标注的形式,如在图形的哪一侧标注剖面尺寸和标高,也可以设定首层平面的室内外高差,在楼层表中可以修改标准层的层高。

剖面生成使用的"内外高差"需要同首层平面图中定义的一致,用户应当通过适当更改首层外墙的 z 轴方向参数(即底标高和高度)或设置内外高差平台,实现创建室内外高差的目的。

3. **剖面图的直接创建**

除了从平面图的剖切位置创建剖面图,天正软件还提供了直接创建剖面图的命令,先绘制剖面墙,然后在剖面墙上插入剖面门窗、添加剖面梁等构件。用【参数楼梯】和【参数栏杆】命令可以直接绘制楼梯与栏杆、栏板。

9.2 创建剖面

剖面的创建主要包括建筑剖面、构件剖面、剖面门窗、剖面檐口和门窗过梁等的创建。

9.2.1 建筑剖面

【建筑剖面】命令用于按照工程数据库文件中的楼层表格数据,一次生成多层建筑剖面。在当前工程为空的情况下执行该命令,会弹出警告对话框,提示"请打开或新建一个工程项目,并在工程数据库中建立楼层表!"。

命令启动方法

- 菜单命令:【剖面】/【建筑剖面】。
- 工具栏图标:盁。
- 命令:TBudSect。

【练习9-1】: 打开素材文件"dwg\第 9 章\9-1.dwg",如图 9-2 上图所示,新建工程并生成图 9-2 下图所示的某图书馆 1-1 剖面图。

1. 执行【建筑剖面】命令,命令行提示如下。

　　　　请选择一剖切线: 　　　　　　　　　//选取首层需生成剖面图的剖切线 1-1
　　　　请选择要出现在剖面图上的轴线: 　　　//一般选取首末轴线或按 Enter 键不要轴线

弹出【剖面生成设置】对话框,如图 9-3 所示,单击 生成剖面 按钮,弹出【输入要生成的文件】对话框,输入剖面图的文件名及路径,如图 9-4 所示,保存剖面图文件。

2. 单击 保存(S) 按钮后生成剖面图,结果如图 9-2 下图所示。

【剖面生成设置】对话框中的选项说明如下。

- 【多层消隐(质量优化)】/【单层消隐(速度优化)】:多层消隐需要考虑两个相邻楼层的消隐,速度较慢,但可考虑楼梯扶手等伸入上层的情况,消隐精度比较高;单层消隐无须考虑两个相邻楼层的消隐,速度较快。
- 【忽略栏杆以提高速度】:选择此复选项,为了优化计算,忽略复杂栏杆的生成。
- 【左侧标注】【右侧标注】:标注剖面图左右两侧的竖向标注,含楼层标高和尺寸。

- 【内外高差】：室内地面与室外地坪的高度差。
- 【出图比例】：剖面图的打印出图比例。
- 【绘层间线】：绘制楼层之间的水平横线。

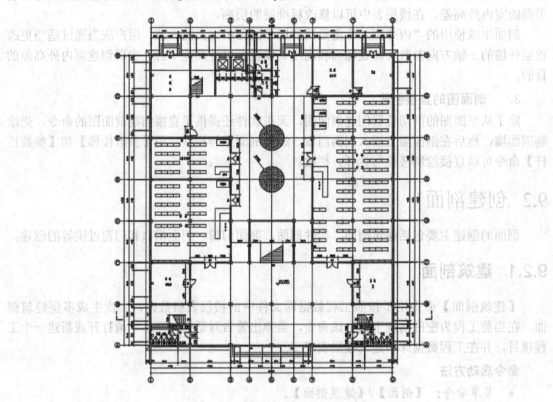

直层平面图 1:100

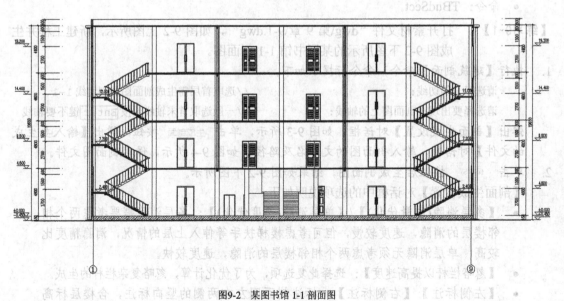

图9-2 某图书馆 1-1 剖面图

图9-3　【剖面生成设置】对话框

图9-4　【输入要生成的文件】对话框

执行【建筑剖面】命令前必须先进行保存操作，否则无法对保存后更新的对象创建剖面。

9.2.2　构件剖面

【构件剖面】命令用于生成当前标准层、局部构件或三维图块对象在指定剖视方向上的剖视图。

命令启动方法

- 菜单命令：【剖面】/【构件剖面】。
- 工具栏图标：![icon]。
- 命令：TObjSect。

【练习9-2】：　打开素材文件"dwg\第 9 章\9-2.dwg"，如图 9-5 所示，完成楼梯构件的 1-1、2-2 剖面图的绘制，结果如图 9-6 所示。

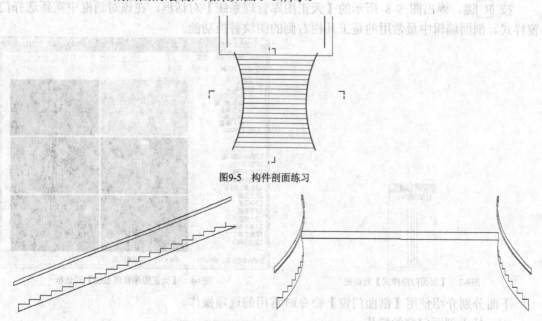

图9-5　构件剖面练习

图9-6　绘制楼梯构件的 1-1、2-2 剖面图

1. 执行【构建剖面】命令，命令行提示如下。

    请选择一剖切线：   //选择剖切线 1-1

    请选择需要剖切的建筑构件：   //选择与该剖切线相交的构件以沿剖视方向可见的构件

    请选择需要剖切的建筑构件：   //按 Enter 键结束选择

    请点取放置位置：   //拖动生成的剖面图，在合适的位置单击

    结果如图 9-6 左图所示。

2. 使用同样的方法，选择剖切线 2-2 生成剖面图，结果如图 9-6 右图所示。

9.2.3 剖面门窗

    【剖面门窗】命令可用于连续插入剖面门窗（包括含有门窗过梁或开启门窗扇的非标准剖面门窗），可替换已经插入的剖面门窗，此外还可以修改剖面门窗的高度与窗台的高度，为剖面门窗详图的绘制和修改提供了全新的工具。

    命令启动方法

- 菜单命令：【剖面】/【剖面门窗】。
- 工具栏图标：▥。
- 命令：TSectWin。

    执行该命令后，弹出【剖面门窗样式】对话框，如图 9-7 所示，其中显示着默认的剖面门窗样式。如果上次插入过剖面门窗，那么最后使用的门窗样式即默认的剖面门窗样式，同时命令行提示如下。

    请点取剖面墙线下端或 [选择剖面门窗样式(S)/替换剖面门窗(R)/改窗台高(E)/改窗高
(H)]<退出>：   //选取要插入门窗的剖面墙线或输入相应的快捷键选择剖面门窗样式、
    替换剖面门窗、修改门窗参数

    按 R 键，弹出图 9-8 所示的【天正图库管理系统】对话框，在该对话框中重新选择门窗样式。剖面编辑中最常用的是工具栏右侧的图块替换功能。

图9-7 【剖面门窗样式】对话框

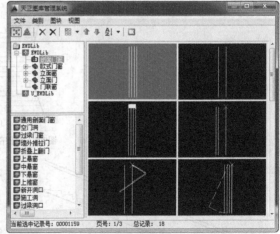

图9-8 【天正图库管理系统】对话框

    下面分别介绍使用【剖面门窗】命令时常用的选项操作。

    (1) 插入剖面门窗的操作。

选择墙线插入门窗时，自动找到所选取墙线上标高为 a 的点作为相对点，命令行提示如下。

　　门窗下口到墙下端距离<900>:　　　　　　　　//选取门窗的下口位置或输入相对高度

　　门窗的高度<1500>:　　　　　　　　　　　　//输入新值或按 Enter 键接受默认值

分别输入数值后，即按所需插入剖面门窗，然后命令行继续出现如上提示，以上一个距离为默认值插入下一个门窗，图形中的插入基点移到刚画出的门窗顶端，循环操作，按 Esc 键可退出命令。

(2)　输入"S"选择剖面门窗样式。

按 S 键后，弹出【天正图库管理系统】对话框，在该对话框中双击所需的剖面门窗作为当前门窗样式，以供替换或插入使用。

(3)　输入"R"替换剖面门窗。

按 R 键，选择"替换剖面门窗（R）"选项，命令行提示如下。

　　请选择所需替换的剖面门窗<退出>:

　　　　　　　　　　　　　//在剖面图中选择多个要替换的剖面门窗，按 Enter 键结束选择

对所选择的门窗进行统一替换，返回命令行后按 Enter 键结束本命令或继续插入剖面门窗。

(4)　输入"E"修改窗台高度。

按 E 键，选择"改窗台高（E）"选项，命令行提示如下。

　　请选择剖面门窗<退出>:

　　　　　　　　　　　　　　//在剖面图中选择多个要修改窗台高度的剖面门窗，按 Enter 键确认

　　请输入窗台相对高度[点取窗台位置(S)]<退出>:

　　　　　　　　　　　//输入相对高度，正值上移，负值下移，或者输入"S"然后给点定义窗台位置

(5)　输入"H"修改剖面门窗高度。

按 H 键，选择"改窗高（H）"选项，命令行提示如下。

　　请选择剖面门窗<退出>:

　　　　　　　　　　//在剖面图中选择多个要统一修改门窗高度的剖面门窗，按 Enter 键确认

　　请指定门窗高度<退出>:　　　　　　　　//输入一个新的统一高度，按 Enter 键确认更新

【练习9-3】:　　打开素材文件"dwg\第 9 章\9-3.dwg"，如图 9-9 上图所示，完成图中墙 A 剖面门窗的绘制，结果如图 9-9 下图所示。

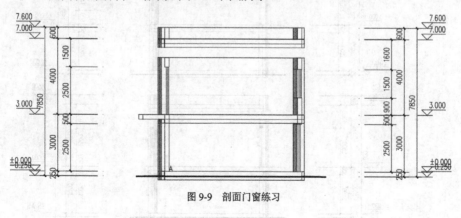

图 9-9　剖面门窗练习

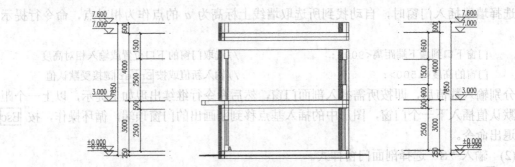

图9-9 剖面门窗练习（续）

执行【剖面门窗】命令，命令行提示如下。

> 请点取剖面墙线下端或 [选择剖面门窗样式(S)/替换剖面门窗(R)/改窗台高(E)/改窗高
> (H)]<退出>:   //选取墙体A
> 门窗下口到墙下端距离<600>:800   //输入距离
> 门窗的高度<1500>:1500   //输入高度，按 Enter 键

结果如图9-9下图所示。

9.2.4 门窗过梁

【门窗过梁】命令可用于在剖面门窗上方画出给定梁高的矩形过梁剖面，带有灰度填充。

命令启动方法

- 菜单命令：【剖面】/【门窗过梁】。
- 工具栏图标：▥。
- 命令：MCGL。

【练习9-4】： 打开素材文件"dwg\第9章\9-4.dwg"，如图9-10上图所示，完成门窗A、门
窗B的过梁绘制，结果如图9-10下图所示。

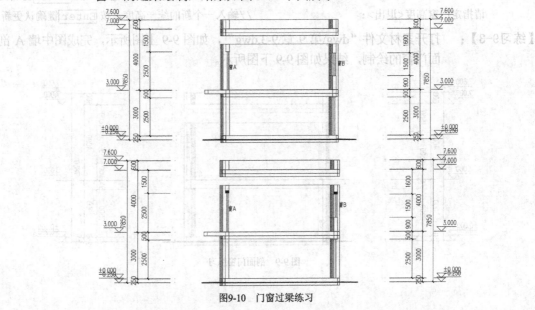

图9-10 门窗过梁练习

执行【门窗过梁】命令，命令行提示如下。

选择需加过梁的剖面门窗:找到 1 个,总计 2 个

　　　　　　　　　　　　　　　　　　　　　//依次选择要添加过梁的门窗 A、B

选择需加过梁的剖面门窗:　　　　　　　　//按 Enter 键结束选择

输入梁高<120>:150　　　　　　　　　　　//输入门窗过梁高, 按 Enter 键

结果如图 9-10 下图所示。

9.3 剖面楼梯与栏杆

剖面楼梯与栏杆主要有参数楼梯、参数栏杆、楼梯栏杆、楼梯栏板及扶手接头等。

9.3.1 参数楼梯

参数楼梯包括 3 种梁式楼梯和 1 种板式楼梯，可从平面楼梯获取梯段参数。使用【参数楼梯】命令可以一次绘制超过一跑的双跑 U 形楼梯，条件是各跑的步数相同，而且对齐（没有错步）。此时参数中的梯段高是其中的分段高度而非总高度。

命令启动方法

- 菜单命令: 【剖面】/【参数楼梯】。
- 工具栏图标: ▥。
- 命令: TSectStair。

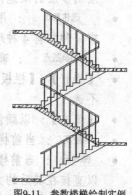

【练习9-5】: 用【自动转向】功能绘制图 9-11 所示的 4 段带栏杆的剖面楼梯，可以让每一梯段的高度和踏步数各不相同。

1. 执行【参数楼梯】命令，弹出【参数楼梯】对话框，如图 9-12 所示。

2. 展开【详细参数】栏，此时对话框的界面如图 9-13 所示，进行参数设置。

图9-11 参数楼梯绘制实例

图9-12 【参数楼梯】对话框（1）

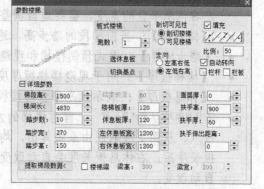

图9-13 【参数楼梯】对话框（2）

3. 选择【左低右高】单选项、【自动转向】和【栏杆】复选项，然后单击 选休息板 按钮，使第一梯段两端都有休息板，此时移动鼠标指针到绘图区，命令行提示如下。

　　请选择插入点<退出>:　　　　//在楼梯的一端 0 标高处单击，楼梯自动转向，同时切换为可

见梯段, 此时单击 选休息板 按钮

请选择插入点<退出>: //在休息平台右侧顶面处单击, 楼梯自动转向, 同时切换为剖切梯段及左边无楼板(平台板)状态

请选择插入点<退出>: //在楼板(平台板)左侧顶面处单击, 楼梯自动转向, 同时切换为可见梯段及右边无楼板(平台板)状态

请选择插入点<退出>: //在休息平台右侧顶面处单击, 按 Enter 键结束。

4. 利用【扶手接头】命令连接扶手, 结果如图 9-11 所示。

【参数楼梯】对话框中选项的说明如下。

- 梯段类型下拉列表: 选定当前梯段的形式, 有【板式楼梯】【梁式现浇(L形)】【梁式现浇(△形)】和【梁式预制】4 种。
- 【跑数】: 默认跑数为 1, 在无模式对话框下可以连续绘制, 此时各跑之间不能自动遮挡, 跑数大于 2 时各跑间按剖切与可见关系自动遮挡。
- 【剖切可见性】: 选择绘制的梯段是剖切部分还是可见部分, 以图层 S_TAIR 或 S_E_STAIR 表示, 颜色也有区别。
- 【自动转向】: 在每次进行单跑楼梯的绘制后, 楼梯走向都会自动更换, 以便绘制多层的双跑楼梯。
- 选休息板 : 用于确定是否绘制左右两侧的休息板, 包括全有、全无、左有、和右有 4 种形式。
- 切换基点 : 确定基点(绿色×)在楼梯上的位置, 在左右平台板端部切换。
- 【栏杆】/【栏板】: 一对互锁的复选项, 用于切换栏杆或栏板, 也可两者都不选。
- 【填充】: 以颜色填充剖切部分的梯段和休息平台区域, 可见部分不填充。
- 梯段高< : 当前梯段左右平台板之间的高度差。
- 梯间长< : 当前楼梯总长度, 用户可以单击该按钮从图上选择两点获得, 也可以直接在其后的文本框中输入, 它等于梯段长度加左右休息平台宽度。
- 【踏步数】: 当前梯段的踏步数量, 用户可以单击然后进行调整。
- 【踏步宽】: 当前梯段的踏步宽度, 由用户输入或修改, 它的改变会同时影响左右休息平台的宽度, 需要适当调整。
- 【踏步高】: 当前梯段的踏步高, 通过梯段高和踏步数算出。
- 【踏步板厚】: 梁式预制楼梯和现浇 L 形楼梯时使用的踏步板厚度。
- 【楼梯板厚】: 用于现浇楼梯板厚度。
- 【休息板厚】: 表示休息平台与楼板处的楼板厚度。
- 左休息板宽< /右休息板宽< : 当前楼梯的左右休息平台(楼板)宽度, 可通过直接输入、从图上选取或由系统算出。均为 0 时, 梯间长等于梯段长, 修改左休息板长度后, 右休息板长度会自动改变, 修改右休息板长度后, 左休息板长度会自动改变。
- 【面层厚】: 当前梯段的装饰面层厚度。
- 【扶手高】: 当前梯段的扶手高度。
- 【扶手厚】: 当前梯段的扶手厚度。
- 【扶手伸出距离】: 从当前梯段起步和结束位置到扶手接头外边的距离(可以

为0）。

- 提取梯段数据< ：从天正建筑5以上版本平面楼梯对象中提取梯段数据，绘制双跑楼梯时只提取第一跑数据。
- 【楼梯梁】：选择该复选项后，在右侧文本框中分别输入楼梯梁剖面的高度和宽度。

> 要点提示 直接创建的多跑剖面楼梯带有梯段遮挡特性，逐段叠加的楼梯梯段不能自动遮挡栏杆，要使用AutoCAD的剪裁命令自行处理。

9.3.2 参数栏杆

【参数栏杆】命令用于按参数交互方式生成楼梯栏杆。

命令启动方法

- 菜单命令：【剖面】/【参数栏杆】。
- 工具栏图标：🔳。
- 命令：rltplib。

【练习9-6】： 打开素材文件"dwg\第9章\9-6.dwg"，如图9-14左图所示，完成单柱楼梯栏杆的绘制，结果如图9-14右图所示。

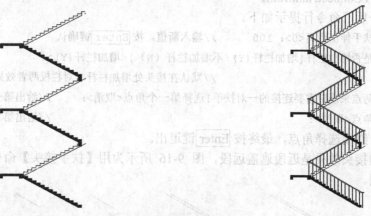

图9-14 绘制参数栏杆

1. 执行【参数栏杆】命令，弹出【剖面楼梯栏杆参数】对话框，参数设置如图9-15所示。

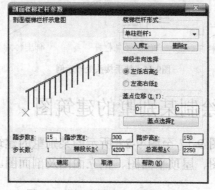

图9-15 【剖面楼梯栏杆参数】对话框

189

2. 单击 ▢确定 按钮，此时命令行提示如下。

 请给出剖面楼梯栏杆的插入点<退出>：　　　　　　　 //选取插入点后，插入剖面楼梯栏杆

结果如图 9-14 右图所示。

【剖面楼梯栏杆参数】对话框中选项的说明如下。

- 栏杆形式下拉列表：列出了已有的栏杆形式。
- ▢入库I：单击此按钮，扩充栏杆库。
- ▢删除E：单击此按钮，删除栏杆库中由用户添加的某一栏杆形式。
- 【步长数】：指栏杆基本单元跨越楼梯的踏步数。

9.3.3 扶手接头

【扶手接头】命令与【参数楼梯】【参数栏杆】【楼梯栏杆】【楼梯栏板】等命令均可配合使用，对楼梯扶手和楼梯栏板的接头处进行倒角与水平连接处理，水平伸出长度由用户输入。

命令启动方法

- 菜单命令：【剖面】/【扶手接头】。
- 工具栏图标：▧。
- 命令：TConnectHandRail。

执行该命令后，命令行提示如下。

 请输入扶手伸出距离<0>：100　　　 //输入新值，按 ▢Enter 键确认
 请选择是否增加栏杆[增加栏杆(Y)/不增加栏杆（N）]<增加栏杆(Y)>：
 　　　　　　　　　　　　　　 //默认在接头处增加栏杆（对栏板两者效果相同）
 请指定两点来确定需要连接的一对扶手!选择第一个角点<取消>：　　　 //给出第一个角点
 另一个角点<取消>：　　　　　　　　　　　　 //给出第二个角点

重复操作，继续选择角点，最终按 ▢Enter 键退出。

楼梯扶手的接头效果是近段遮盖远段，图 9-16 所示为用【扶手接头】命令处理栏杆与栏板的 4 个示例。

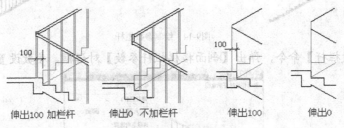

伸出100 加栏杆　　　伸出0 不加栏杆　　　伸出100　　　伸出0

图9-16 扶手接头处理示例

9.4 综合练习——绘制某别墅的建筑图

综合使用各章知识完成图 9-17 至图 9-22 所示的某别墅的建筑图绘制，分别是首层平面图、二层平面图、三层平面图、屋顶平面图、正立面图及剖面图。数据可以适当调整，保持基本结构不变即可。

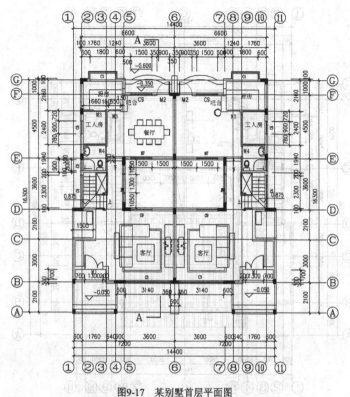

图9-17 某别墅首层平面图

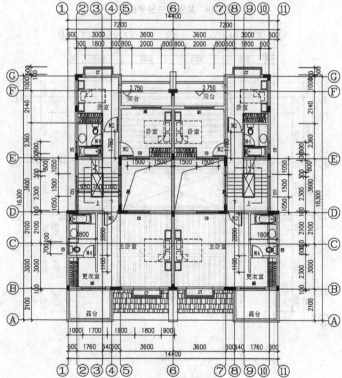

图9-18 某别墅二层平面图

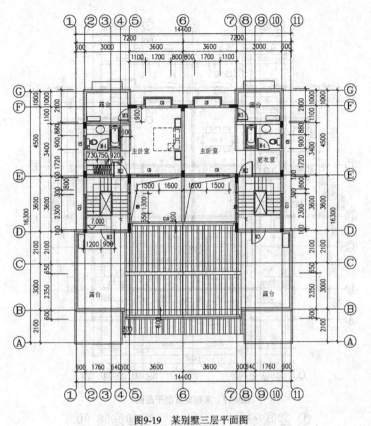

图9-19　某别墅三层平面图

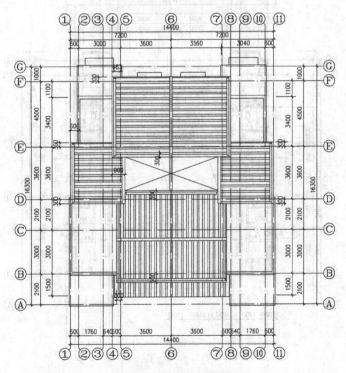

图9-20　某别墅屋顶平面图

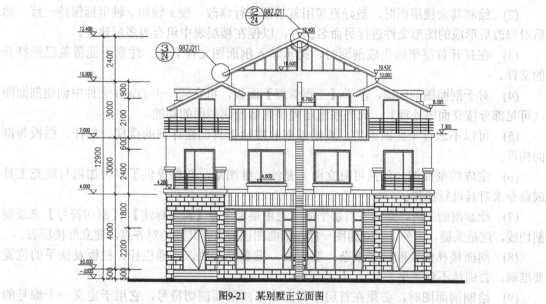

图9-21 某别墅正立面图

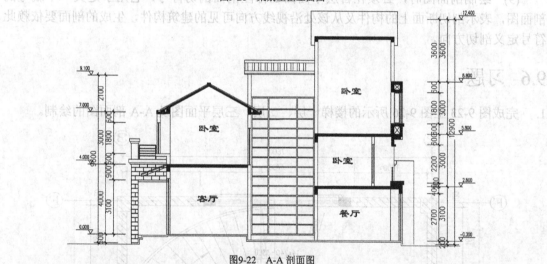

图9-22 A-A 剖面图

1. 执行【绘制轴网】命令，弹出【绘制轴网】对话框，按图 9-17 中的参数绘制建筑轴网平面图。
2. 执行【绘制墙体】命令，弹出【墙体】对话框，设置墙体参数，然后绘制墙体。
3. 墙体绘制完成后，执行【门窗】命令，绘制门窗。
4. 绘制其他构件和标注。
5. 首层平面图绘制完成后，可对其进行复制，然后进行修改，生成标准层的平面图。

9.5 小结

本章主要内容总结如下。

(1) 本章介绍了剖面的相关知识，天正建筑的剖面图和立面图一样，是对工程的多个平面图建立三维模型后，进行剖切与消隐计算生成的。

(2) 绘制其余楼层图时，最好直接用首层图进行修改，使 x 轴和 y 轴坐标保持一致，然后对修改后形成的图形文件进行另命名保存，以便在楼层表中组合为多层建筑。

(3) 在打开首层平面生成剖面时，提示输入剖面图文件名称，注意不能覆盖已经打开的文件。

(4) 对于剖面图的创建，基于【工程管理】面板，可在同一个 DWG 文件中创建剖面图（可见部分按立面图处理），此外系统还提供直接绘制剖面的功能。

(5) 可以不通过平面图剖切，直接以剖面楼梯工具创建详细的楼梯、栏杆、栏板等剖面构件。

(6) 生成的剖面图（包括可见立面）是纯二维图形，软件提供了多种加粗与填充工具或命令来对其进行操作。

(7) 绘制剖面图时，必须在首层平面图上用菜单命令【符号标注】/【剖切符号】来绘制剖切线，这是关键。另外，和立面图一样，剖面图也要求有共同的对齐点，建立好楼层表。

(8) 剖面楼梯的绘制稍显繁杂，要细心，设置好参数。楼梯栏杆、栏板及扶手的位置要准确，否则达不到效果。

(9) 绘制剖面图时，必须在首层平面图上标注剖面剖切符号，它用于定义一个编号的剖面图，表示剖切断面上的构件及从该处沿视线方向可见的建筑构件，生成的剖面要依赖此符号定义剖切方向。

9.6 习题

1. 完成图 9-23 至图 9-26 所示的楼梯一层、二层、三层平面图及 A-A 剖面图的绘制。

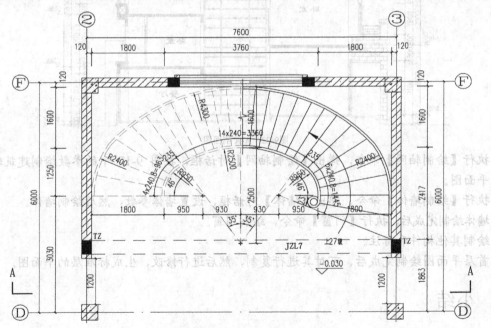

图9-23　某楼梯一层平面图

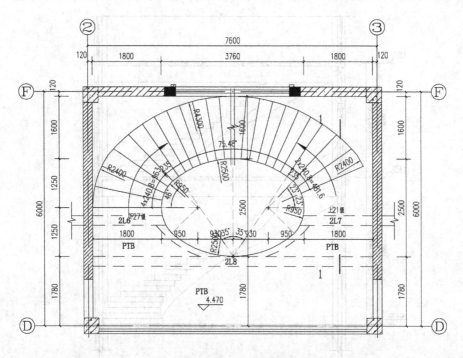

图9-24　某楼梯二层平面图

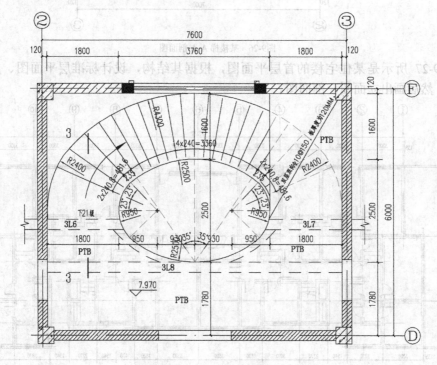

图9-25　某楼梯三层平面图

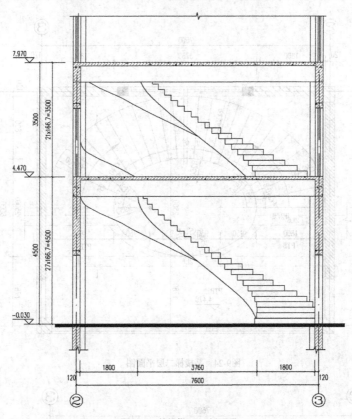

图9-26　某楼梯 A-A 剖面图

2.　图 9-27 所示是某住宅楼的首层平面图，根据其结构，设计标准层平面图、屋顶平面图，然后画出立面图、剖面图。

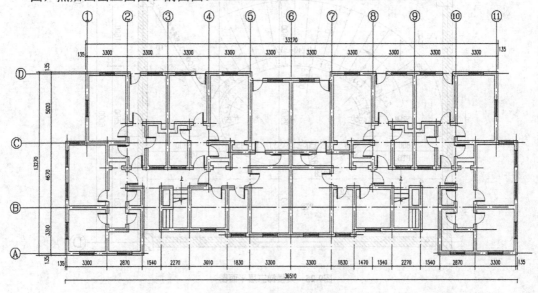

图9-27　某住宅楼首层平面图

第10章 文件与布图

【学习重点】

- 了解天正工程管理。
- 熟悉图纸布局的两种基本方法。
- 掌握图纸布局命令的使用方法。
- 掌握转换和导出命令的使用方法。
- 熟悉图形转换命令。
- 掌握图框的用户定制方法。

10.1 天正工程管理

天正建筑软件引入工程管理的目的是灵活地管理同属于一个工程的图纸文件，虽然它提供的工程管理也使用了图纸集的概念，但天正图纸集可以适用于模型空间和图纸空间，符合国内用户的使用习惯，考虑了用户所拥有的 AutoCAD 版本的实际状况。

10.1.1 天正工程管理的概念

天正工程管理是把用户所设计的大量图形文件按"工程"或"项目"区别开来，要求用户把同属于一个工程的文件放在同一个文件夹下进行管理，这样符合用户日常工作的习惯。

天正工程管理允许用户使用一个 DWG 文件通过楼层范围（默认不显示）保存多个楼层平面图，通过楼层范围定义自然层与标准层关系；也允许用户用一个 DWG 文件保存一个楼层平面图，此时也需要定义楼层范围，用于区分 DWG 文件中属于"工程"的平面图部分，通过楼层范围中的对齐点把各楼层平面对齐并组装起来。天正工程管理还支持部分楼层平面图在一个 DWG 文件中，而其他楼层平面图在其他 DWG 文件中这种混合保存方式。

图 10-1 所示为某项工程的天正图纸集，其中一层和二层平面图（A、B）都保存在一个 DWG 文件中，而其他平面图（C、D）保存在各自的 DWG 文件中。由于有楼层范围的存在，DWG 文件中的临时平面图 X 和 Y 不会影响工程的创建。

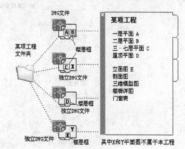

图10-1 某项工程的天正图纸集

10.1.2 工程管理

【工程管理】命令用于启动【工程管理】面板（见图 10-2），建立由各楼层平面图组成的楼层表，面板上方提供了显示、刷新、关闭楼层框，创建立面、剖面及三维模型等图形的工具栏图标。

命令启动方法

- 菜单命令：【文件布图】/【工程管理】。
- 工具栏图标：▦。
- 命令：TProjectManager。

执行命令或按 Ctrl + - 组合键均可打开【工程管理】面板，再次执行命令可关闭该面板，仅显示一个共用的标题栏。当鼠标指针进入标题栏中的工程管理区域时，面板会自动展开。

在面板上方打开工程管理菜单，如图 10-3 所示，此菜单用于选择工程管理命令。

图10-2 【工程管理】面板

图10-3 工程管理菜单

1. 新建工程

【新建工程】命令用于为当前图形建立一个新的工程，并要求用户为工程命名。

命令启动方法

菜单命令：【工程管理】/【新建工程】。

执行该命令后，弹出【另存为】对话框，如图 10-4 所示。

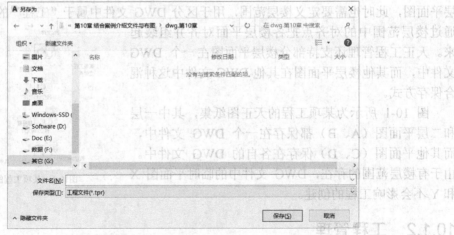

图10-4 【另存为】对话框

在对话框中选择工程的保存路径，输入新工程名称，然后单击 保存(S) 按钮进行保存。

2. 打开工程

【打开工程】命令用于打开已有工程，图纸集的树形列表中列出了该工程的名称与该工程所属的图形文件名称，楼层表中列出了该工程的楼层定义。

命令启动方法

菜单命令：【工程管理】/【打开工程】。

执行该命令后，弹出【打开】对话框，如图 10-5 所示。

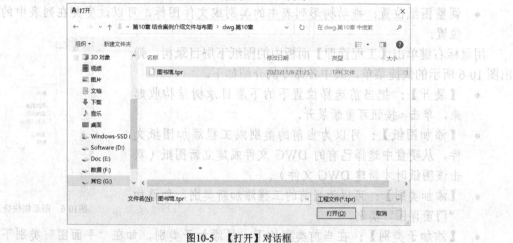

图10-5 【打开】对话框

在该对话框中选择要打开的工程文件，然后单击 打开(O) 按钮，打开该工程文件。

打开最近使用过的工程的方法是：选择工程管理菜单中的【最近工程】命令，可以看到最近打开过的工程列表，单击其中需要的工程。

3. 导入楼层表

【导入楼层表】命令用于把以前采用楼层表的天正建筑 5～6 版本工程升级为天正建筑新版本工程，要求该工程的文件夹下存在 building.dbf 楼层表文件，否则会显示"没有发现楼层表"的警告框。该命令应在新建工程后执行，没有交互过程，执行后会自动导入天正建筑 5~6 版本创建的楼层表数据，自动创建天正图纸集与楼层表。

4. 导出楼层表

【导出楼层表】命令基本用于保证图纸交流设计，把天正建筑当前版本的工程转到天正建筑 6 下完成时会用到该命令，执行结果是在".tpr"文件所在的文件夹中创建一个 building.dbf 楼层表文件。

> **要点提示** 当存在工程的一个 DWG 文件下保存多个楼层平面的局部楼层的情况时，系统会给出"导出楼层表失败"的提示，因为此时无法做到与旧版本兼容。

5. 保存工程

在关闭设计文件时系统会自动保存工程，但当文件特别大或存在有风险的操作的时候，可用【保存工程】命令提前保存工程数据。

建议读者在建好一项新工程后，就使用【保存工程】命令保存工程。工程文件的格式为 "*.tpr"，可以通过搜索功能查找。

10.1.3　图纸集

图纸集是用于管理属于工程的各个图形文件的，可以用快捷菜单及双击、拖动文件名等方式对其操作。

- 打开已有图纸：图纸集下列出了当前工程打开的图纸，双击图纸文件名即可将其打开。
- 调整图纸位置：拖动树形列表中的类别或文件图标，可以改变其在列表中的位置。

用鼠标右键单击【工程管理】面板中的图纸下层目录树，弹出图 10-6 所示的快捷菜单，其中各命令的介绍如下。

图10-6　图纸集快捷菜单

- 【展开】：把当前选择位置下的下层目录树结构收起来，单击田按钮可重新展开。
- 【添加图纸】：可以为当前的类别或工程添加图纸文件，从硬盘中选择已有的 DWG 文件或建立新图纸（双击该图纸时才新建 DWG 文件）。
- 【添加类别】：可以为当前的工程添加新类别，如添加"门窗详图"类别。
- 【添加子类别】：在当前类别的下一层添加子类别，如在"平面图"类别下添加"平面 0511 修订"子类别。
- 【重命名】：对当前选择的类别或文件进行重新命名。
- 【移除】：把当前选择的类别或文件从树形列表中移除，但不删除其本身。

图 10-6 中标题上的图标齫的名字为"图纸目录"，该图标用于创建基于本工程图纸集的图纸目录。

10.1.4　楼层表

在 T20 天正建筑软件中，以楼层表中的按钮控制属于同一工程中的各个标准层平面图，允许不同的标准层存放于一个图形文件下。可通过图 10-7 所示的回按钮，在图中框选标准层的区域范围。

> **要点提示**　地下层的层号用负值表示，如地下一层的层号为"－1"、地下二层的层号为"－2"。

楼层表功能包括楼层表与工具命令两大类，其操作界面如图 10-7 所示。

楼层表操作的说明如下。

图10-7　楼层表操作示意图

- 【层号】：一组自然层的层号，格式为"起始层-结束层号"，从第一行开始填写，一组自然层对应一个标准层文件，如"3-10"表示 3 到 10 层为此标准层。
- 【层高】：填写标准层的层高，层高不同的楼层属于不同的标准层，单位为"毫米"。

- 【文件】：填写标准层的文件名，单击空白文件栏会出现▢按钮，单击此按钮浏览并选择文件，定义标准层。

楼层工具命令（从左到右）的说明如下。

- ▣：选择标准层文件，先单击表行选择一个标准层，然后单击此按钮为该标准层指定一个 DWG 文件。
- ▣：在当前图中框选楼层范围，同一个文件内可布置多个楼层平面，先单击表行选择对应当前图的标准层，命令行提示如下。

　　选择第一个角点<取消>：　　　　　　　　//选择定义范围的第一点
　　另一个角点<取消>：　　　　　　　　　　//选择定义范围的对角点
　　对齐点<取消>：　　　　　　　　　　　　//从图上选择一个标志点作为各楼层平面的对齐点

- ▣：三维组合创建模型，以楼层定义创建三维建筑模型。
- ▣：建筑立面，以楼层定义创建建筑立面图。
- ▣：建筑剖面，以楼层定义创建建筑剖面图。
- ▣：门窗检查，检查工程各层平面图的门窗定义。
- ▣：门窗总表，创建工程各层平面图的门窗总表。

10.1.5　三维组合

三维组合功能用于从楼层表获得标准层与自然层的关系，把平面图按用户在对话框中进行的设置转化为三维模型，并按自然层关系叠加成整体建筑模型，可供三维渲染使用。单击楼层表界面中的▣按钮，弹出图 10-8 所示的【楼层组合】对话框。

【楼层组合】对话框中选项的介绍如下。

- 【分解成实体模型(ACIS)】：为了把三维模型输出到其他软件进行渲染（如 3ds Max），系统会自动把各个标准层内的专业构件（如墙体、柱子）分解成三维实体（3D Solid），用户可以使用相关的命令对其进行编辑。
- 【分解成面模型】：系统自动把各个标准层内的专业构件分解成网格面，用户可以使用 Stretch（拉伸）等命令对其进行修改。
- 【以外部参照方式组合三维】：若选择此复选项，则各层平面不插入组合三维图，而通过 Xref（外部参照）方式生成三维模型，同时在各平面图修改后的三维模型能做到自动更新，但生成的三维模型仅供 AutoCAD 使用，不能导出到 3ds Max 进行渲染。
- 【排除内墙】：若选择此复选项，则生成的三维模型不显示内墙，可以简化模型，减少渲染工作量。

> **要点提示**　确认各标准层平面图时，应事先执行【识别内外】命令。

- 【消除层间线】：若选择此复选项，则生成的三维模型会把各楼层墙体进行合并，使之成为一个实体，否则各层是分开的多个实体。

单击 确定 按钮后，弹出【输入要生成的三维文件】对话框，如图 10-9 所示，输入三维模型的文件名，然后单击 保存(S) 按钮，输出三维模型。图 10-10 所示为三维模型输出示例。

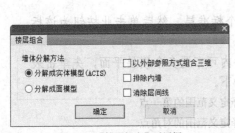

图10-8 【楼层组合】对话框

图10-9 【输入要生成的三维文件】对话框

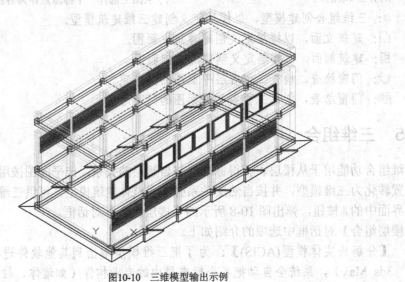

图10-10 三维模型输出示例

10.2 图纸布局

图纸布局包括多比例布图和单比例布图，下面进行介绍。

10.2.1 多比例布图

在天正软件中，建筑构件在模型空间中都是按 1∶1 的比例创建的，布图后在图纸空间中这些构件对象相应缩小了出图比例的倍数（1∶3 就是 ZOOM 0.333XP）。换言之，建筑构件无论当前比例是多少都按 1∶1 创建，执行【当前比例】和【改变比例】命令并不改变构件对象的大小。而对于图中的文字、工程符号、尺寸标注，以及断面填充和带有宽度的线段等注释对象，情况有所不同，它们在创建时的大小相当于输出图纸中的大小乘以当前比例，可见它们与比例参数密切相关，因此在执行【当前比例】和【改变比例】命令时，实际上改变的就是这些注释对象。

布图就是以画图时使用的"当前比例"为倍数，把多个选定的模型空间中的图形缩小放置到图纸空间的视口中，并调整到合理的位置。其中比例计算还比较麻烦，不过用户不必担心，天正设计了【定义视口】命令，而且【定义视口】插入后还可以执行【改变比例】命令修改视口中的图形，把注释对象调整到符合规范。

简而言之，布图后系统会自动把图形中的构件和注释等所有选定的对象缩小一个出图比例，放置到给定的一张图纸上。

下面是多比例布图的方法。

(1) 使用【当前比例】命令设定图形的比例，例如先画 1∶50 的图形部分。

(2) 按设计要求绘图，对图形进行修改，直到符合出图要求。

(3) 在 DWG 文件的不同区域重复执行步骤（1）和（2），改为按 1∶25 的比例绘制其他部分。

(4) 单击图形下面的【布局】标签，进入图纸空间。

(5) 在 布局1 选项卡上单击鼠标右键，在弹出的快捷菜单中选择【页面设置管理器】命令，配置好适用的绘图机，在【打印比例】分组框中设置打印比例为 1∶1，然后单击 确定 按钮保存参数，删除自动创建的视口。

(6) 利用菜单命令【文件布图】/【定义视口】，设置图纸空间中的视口。重复执行该步骤定义 1∶5、1∶3 等多个视口。

(7) 在图纸空间中选择菜单命令【文件布图】/【插入图框】，设置图框比例为 1∶1，然后单击 确定 按钮插入图框，最后打印出图。

10.2.2　单比例布图

在天正建筑软件中，建筑对象在模型空间中都是按 1∶1 的比例创建的。当全图只使用一个比例时，不必使用复杂的图纸空间布图，直接在模型空间中就可以插入图框出图。

出图比例就是用户绘图前设置的当前比例，如果出图比例与画图前的当前比例不符，就要用【改变比例】命令修改图形。

下面是单比例布图的方法。

(1) 使用【当前比例】命令设置图形的比例，以 1∶20 为例。

(2) 按设计要求绘图，对图形进行修改，直到符合出图要求。

(3) 选择菜单命令【文件布图】/【插入图框】，按图形比例（如 1∶20）设置图框比例，然后单击 确定 按钮插入图框。

(4) 在 布局1 选项卡上单击鼠标右键，在弹出的快捷菜单中选择【页面设置管理器】命令，配置好适用的绘图机，在【页面设置 – 布局 1】对话框的【打印比例】分组框中按图形比例设置打印比例（如 1∶20），然后单击 确定 按钮保存参数，或者打印出图。

10.3　图纸布局命令

图纸布局命令包括【插入图框】【图纸目录】【定义视口】【视口放大】【改变比例】【布局旋转】等命令，下面进行分别介绍。

10.3.1　插入图框

在当前模型空间或图纸空间中插入图框，图框提供了通长标题栏功能及图框直接插入功能，预览图像框提供了缩放与平移功能，插入图框前按当前参数拖动图框可测试图幅是否合适。图框和标题栏均由图框库管理，能使用的标题栏和图框样式不受限制，新的带属性的标题栏支持图纸目录的生成。

1. **命令启动方法**

- 菜单命令：【文件布图】/【插入图框】。
- 工具栏图标：⊡。
- 命令：TTitleFrame。

【练习10-1】：打开素材文件"dwg\第10章\10-1.dwg"，完成图10-11所示的图框的插入。

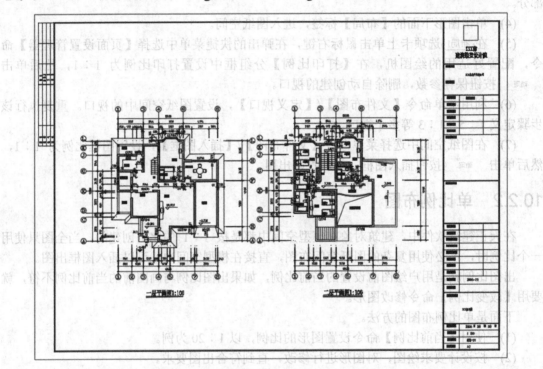

图10-11 插入图框练习

1. 选择菜单命令【文件布图】/【插入图框】，弹出【插入图框】对话框，参数设置如图10-12所示。

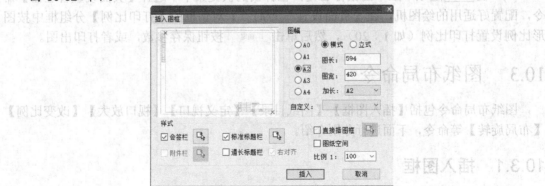

图10-12 【插入图框】对话框

2. 单击 插入 按钮，命令行提示如下。

点取位置或 [转 90 度(A)/左右翻(S)/上下翻(D)/对齐(F)/改转角(R)/改基点(T)]<退出>：

//选取图框位置即可插入图框

结果如图 10-11 所示。

> **要点提示** 如果当前为模型空间，那么图框插入基点为图框中点。

【插入图框】对话框中选项的介绍如下。

- 【图幅】：有 A0～A4 共 5 种标准图幅，高校学生平常练习时用 A3 图幅较多。
- 【横式】和【立式】：用于设定图纸格式为横式还是立式。
- 【图长】和【图宽】：通过输入数值，直接设置图纸的长度和宽度或显示标准图幅的长度与宽度。
- 【加长】：用于选定加长型的标准图幅。该下拉列表中包含了多种国标加长图幅。
- 【自定义】：如果使用过在【图长】和【图宽】文本框中输入的非标准图框尺寸，那么此尺寸会作为自定义尺寸保存在此下拉列表中。
- 【比例 1: 】：用于设置图框的出图比例，此值应与【打印】对话框中的【打印比例】值一致。此值可从下拉列表中直接选择，也可直接输入。选择【图纸空间】复选项后，此选项不可用，比例自动设置为 1：1。
- 【图纸空间】：若选择此复选项，则当前视图切换为图纸空间（布局），比例自动设置为 1：1。
- 【会签栏】：若选择此复选项，则允许在图框左上角加入会签栏。单击其右侧的 ⬚ 按钮可从图框库中选择预先入库的会签栏。
- 【标准标题栏】：若选择此复选项，则允许在图框右下角加入国标样式的标题栏。单击其右侧的 ⬚ 按钮可从图框库中选择预先入库的标题栏。
- 【右对齐】：在图框下方插入横向通长标题栏时，选择【右对齐】复选项，可使标题栏右对齐。
- 【附件栏】：选择【通长标题栏】复选项，【附件栏】复选项可选。选择【附件栏】复选项，表示允许图框一端加入附件栏。单击其右侧的 ⬚ 按钮可从图框库中选择预先入库的附件栏，附件栏可以是设计单位徽标也可以是会签栏。
- 【直接插图框】：若选择此复选项，则允许在当前图形中直接插入带有标题栏与会签栏的完整图框，而不必选择图幅尺寸和图纸格式。单击其右侧的 ⬚ 按钮可从图框库中选择预先入库的完整图框。

2. 图框的插入方法

在图框库中选择预设的标题栏和会签栏，将其组成图框插入，方法如下。

(1) 可先在【图幅】栏中选定所需的图纸格式（横式或立式），然后选择图幅尺寸（A0～A4）。尺寸需加大时，从【加长】下拉列表中选择相应的加长型图幅即可。如果是非标准尺寸，就在【图长】和【图宽】文本框中直接输入。

(2) 插入时选择【图纸空间】复选项，若在模型空间下插入，则先设置出图比例，再确定是否需要标题栏、会签栏。如果需要标题栏，则要确定是使用标准标题栏还是使用通长标题栏。

(3) 选择【通长标题栏】复选项后，单击 按钮，进入图框库选择是按水平图签格式还是按竖置图签格式布置。

(4) 如果还有附件栏要插入，则在单击 按钮后，进入图框库选择合适的附件（徽标或其他附件）。

(5) 确定所有选项后，单击 插入 按钮，屏幕上出现一个可拖动的蓝色图框，拖动图框，看尺寸和位置是否合适，在合适位置单击插入图框。如果图幅尺寸或方向不合适，可以按 Enter 键返回【插入图框】对话框，重新设置参数。

直接插入事先入库的完整图框，方法如下。

(1) 在图 10-13 所示的【插入图框】对话框中选择【直接插图框】复选项，然后单击其右侧的 按钮，进入图框库选择完整图框，其中每个标准图幅和加长图幅都要独立入库，每个图框都是带有标题栏和会签栏、徽标等附件栏的完整图框。

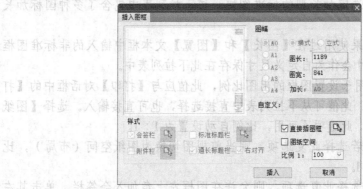

图10-13 直接插入已入库图框

(2) 插入时选择【图纸空间】复选项，若在模型空间下插入则输入比例值。

(3) 确定所有选项都设置后，单击 插入 按钮，其他操作与上述相同。

单击 插入 按钮后，命令行提示如下。

点取位置或 [转 90 度 (A) /左右翻 (S) /上下翻 (D) /对齐 (F) /改转角 (R) /改基点 (T)]<退出>：

//选取图框位置即可插入图框

3. 在图纸空间插入图框的特点

在图纸空间中插入图框与在模型空间中插入图框的区别主要是，在模型空间中的图框插入基点居中，可将其拖动到已绘制的图形外，一旦在【插入图框】对话框中选择【图纸空间】复选项，绘图区立刻切换到图纸空间中的【布局 1】，图框的插入基点则自动定在左下角，默认插入点为"0,0"，此时命令行提示如下。

请点取插入位置或[原点(z)]<返回>:z //选取图框插入点即可在其他位置插入图框

输入"Z"，默认插入点为"0,0"；按 Enter 键返回，重新设置参数。

4. 预览图像框

预览图像框支持鼠标滚轮，可以放大和平移在其中显示的图框，以便清楚地看到所插入标题栏的详细内容。

10.3.2 图纸目录

图纸目录自动生成功能按照国标图集 04J801《民用建筑工程建筑施工图设计深度图

样》4.3.2 条的要求，参考页次 5 的图纸目录实例和一些甲级设计院的图框编制。

【图纸目录】命令的执行对图框有以下要求。

(1)　图框的图层名与当前图层标准中的名称一致（默认是 PUB_TITLE）。

(2)　图框必须包括属性块（图框图块或标题栏图块）。

(3)　属性块必须有以图号和图名为标记的属性，图名也可用图纸名称代替，其中图号和图名字符串中不允许有空格，例如不接受"图　名"这样的写法。

本命令要求配合具有标准属性名称的特定标题栏或图框使用，图框库中的图框横栏提供了符合要求的实例，用户应参照该实例进行图框的定制，入库后形成标准图框库或标准标题栏。在各图上双击标题栏，弹出图 10-14 所示的【增强属性编辑器】对话框，在该对话框中可以将默认内容修改为实际工程内容。

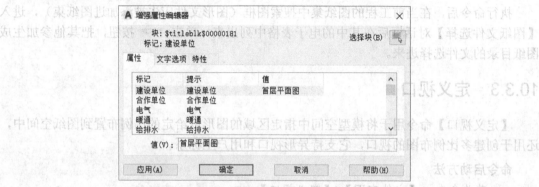

图10-14　【增强属性编辑器】对话框

标题栏修改完成后，即可打开将要插入图纸目录的图形文件，完成创建图纸目录的准备工作。

命令启动方法

- 菜单命令：【文件布图】/【图纸目录】。
- 工具栏图标：▦。
- 命令：TTitleList。

执行该命令后，弹出图 10-15 所示的【图纸文件选择】对话框，并自动搜索图纸。

【图纸文件选择】对话框中选项的介绍如下。

- 【模型空间】：默认选择，表示已经选择的图形文件中包括模型空间里插入的图框，取消选择则表示只保留图纸空间中的图框。
- 【图纸空间】：默认选择，表示已经选择的图形文件中包括图纸空间里插入的图框，取消选择则表示只保留模型空间中的图框。
- 选择文件：单击此按钮将打开【选择文件】对话框，从该对话框中选择要加入图纸目录列表的图形文件，按住 Shift 键可以一次选择多个文件。
- 排除文件：选择要从图纸目录列表中排除的文件，按住 Shift 键可以一次选择多个文件，单击此按钮可把这些文件从列表中去除。
- 生成目录>>：单击此按钮，命令行提示如下。

　请点取图纸目录插入位置<返回>：　　　　　　　　　　　　　//在适当位置单击

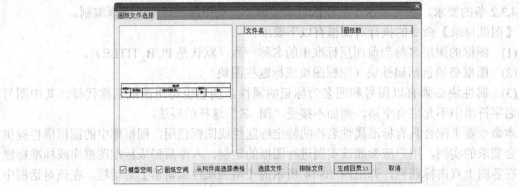

图10-15 【图纸文件选择】对话框

执行命令后，在当前工程的图纸集中搜索图框（图形文件应先被添加进图纸集），进入【图纸文件选择】对话框后在其中的电子表格中列出来，单击 选择文件 按钮，把其他参加生成图纸目录的文件选择进来。

10.3.3 定义视口

【定义视口】命令用于将模型空间中指定区域的图形以给定的比例布置到图纸空间中，还用于创建多比例布图的视口，它支持异形视口和用户坐标系。

命令启动方法

- 菜单命令：【文件布图】/【定义视口】。
- 工具栏图标：⊞。
- 命令：TMakeVPNew。

执行该命令后，如果当前空间为图纸空间，就会切换到模型空间，显示图 10-16 所示的【定义视口】对话框，对话框中选项的介绍如下。

- 视口转角< ：设置视口中一条边框与当前坐标系 x 轴的夹角，可直接输入，也可单击该按钮在图纸中选择。单击该按钮后，对话框临时关闭，命令行提示如下。

  输入待布置的图形的第一个角点<退出>：　　　　　　　　//单击第一个点

  输入另一个角点<退出>：　　　　　　　　　　　　　　//单击第二个点

  图形的输出比例1<100>：　　　　　　　　　　　//输入视口比例，系统切换到图纸空间
- 【创建矩形视口】按钮□：单击该按钮，可创建矩形视口。
- 【创建多边形视口】按钮▯：单击该按钮，可创建多边形视口。
- 【选择对象生成视口】按钮▣：单击该按钮，可从图中拾取闭合多段线创建视口。

(1) 如果先绘图后布图，则创建不同视口时各命令行的提示如下。

- 创建矩形视口，命令行提示如下。

  输入待布置的图形的第一个角点<退出>：　　　　　　　//单击第一个点

  输入另一个角点<退出>：　　　　　　　　　　　　　//单击第二个点

  图形的输出比例1<100>：　　　　　　　　　//输入视口比例，系统切换到图纸空间
- 创建异形视口，命令行提示如下。

  指定起点<退出>：　　　　　　　　　　　　　　//单击视口的第一个点

指定下一个点或 [弧线(A)/回退(U)]:　　　　　//单击下一个点

指定下一个点或 [弧线(A)/回退(U)/闭合(C)]:　//单击下一个点

指定下一个点或 [弧线(A)/回退(U)/闭合(C)]: C //选择"闭合(C)"选项

图形的输出比例 1:<100>:　　　　　　　　　//输入视口比例,系统切换到图纸空间

请点取该视口要放的位置<图纸原点>:　　　　//在图纸空间中单击,将视口布置到图纸空间中

- 选择对象生成视口,命令行提示如下。

请选择要生成视口的多段线<退出>:　　　　　//选择图中的闭合多段线

图形的输出比例 1:<100>:　　　　　　　　　//输入视口比例,系统切换到图纸空间

请点取该视口要放的位置<图纸原点>:　　　　//在图纸空间中单击,将视口布置到图纸空间中

(2) 如果先布图后绘图,则在模型空间中框选一个空白区域选定视口后,将其布置到图纸空间中。其比例要与即将绘制的图形的比例一致。

用户可一次建立多个比例不同的视口,分别进入每个视口中使用天正命令进行绘图和编辑工作。图 10-17 所示为定义视口示意图。

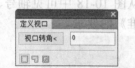

图10-16　【定义视口】对话框

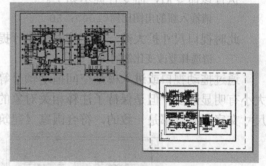

图10-17　定义视口示意图

10.3.4　视口放大

【视口放大】命令用于把当前工作区从图纸空间切换到模型空间,并提示用户选择将视口按中心位置放大到全屏。如果原来某一视口已被激活,则不出现提示,直接放大该视口到全屏。

命令启动方法

- 菜单命令:【文件布图】/【视口放大】。
- 工具栏图标: 。
- 命令: TMaxVport。

执行该命令后,命令行提示如下。

请点取要放大的视口<退出>:　　　　　　　　//选取要放大视口的边界

此时回到模型空间,并将此视口内的模型放大到全屏,同时"当前比例"改为该视口的比例。

10.3.5　改变比例

【改变比例】命令可用于改变模型空间中指定范围内图形的出图比例,包括视口本身的

比例。如果修改成功，出图比例就会自动作为新的当前比例。该命令可以在模型空间中使用，也可以在图纸空间中使用，执行后建筑对象的大小不会变化，但工程符号、尺寸和文字的字高等注释相关对象的大小会发生变化。

除通过选择菜单执行该命令外，还可通过单击状态栏中的 比例 1:1 ▼ 按钮（AutoCAD 2020 没有提供）执行该命令，此时要先选择要改变比例的对象，然后单击该按钮，设置要改变的比例。

如果在模型空间中使用该命令，则可更改某一部分图形的出图比例。如果图形已经布置到图纸空间，但需要改变布图比例，则可在图纸空间中执行该命令。

命令启动方法

- 菜单命令：【文件布图】/【改变比例】。
- 工具栏图标： ▟。
- 命令：TChScale。

执行该命令后，命令行提示如下。

    请输入新的出图比例<100>：50   //输入新值后按 Enter 键

此时视口尺寸扩大约一倍，接着命令行提示如下。

    请选择要改变比例的图元：   //从视口中以两对角点选择范围，按 Enter 键结束

通过拖动视口或进入模型空间拖动轴号等对象修改布图，修改比例后的图形在布局中的大小有明显改变，但是保持了注释相关对象的大小相等。从图 10-18 中可见轴号、详图号、尺寸文字字高等都是一致的，符合国家《建筑制图统一标准》的要求。

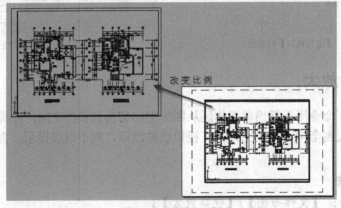

图10-18　改变比例示例

10.3.6　布局旋转

【布局旋转】命令用于对要旋转布置的图形进行特殊旋转，以便布置竖向的图框。

命令启动方法

- 菜单命令：【文件布图】/【布局旋转】。
- 工具栏图标： ↻。
- 命令：TLayoutRot。

为了方便出图，用户可以在一张大幅面的图纸上布置多个图框，这时就可能要求把一些图框旋转 90°，以便更好地利用纸张。这就要求把图纸空间中的图框、视口及相应模型空

间内的图形都旋转 90°，然而用一个命令一步完成视口的旋转是有潜在问题的，因为在图纸空间中旋转某个视口的内容时，无法预知其是否会与其他视口内的内容发生碰撞，因此天正设计了【布局旋转】命令。

该命令是先把要进行布局旋转的部分图形旋转好，然后删除原有视口，将其重新布置到图纸空间。

10.4　转换和导出命令

使用带有专业对象技术的建筑软件不可避免地会产生建筑对象的兼容问题，非对象技术的天正建筑 3 不能打开天正高版本软件，低版本的天正建筑也不能打开高版本的天正对象，没有安装天正插件的 AutoCAD 不能打开天正建筑 5 以上使用专业对象的图形文件。本节将要介绍的多种文件导出和转换命令可以用来解决这些用户之间的文件交流问题。

10.4.1　旧图转换

由于天正软件升级后图形格式变化较大，因此为了重复利用旧图资源继续设计，天正开发了【旧图转换】命令。该命令用于对天正建筑 3 格式的平面图进行转换，将原来用 AutoCAD 图形对象绘制的内容升级为新版的自定义专业对象格式的内容。

命令启动方法

- 菜单命令：【文件布图】/【旧图转换】。
- 工具栏图标： 。
- 命令：ConvTch。

执行该命令后，弹出【旧图转换】对话框，如图 10-19 所示。

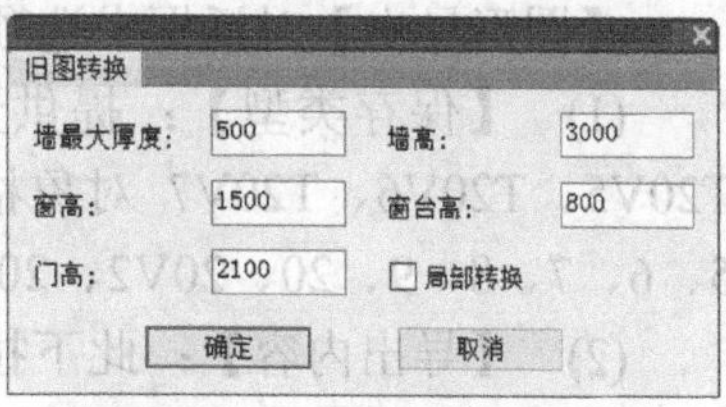

在【旧图转换】对话框中可以为当前工程设置统一的

图10-19　【旧图转换】对话框

参数，转换完成后，再针对不同的情况进行对象编辑。如果仅转换图上的部分旧版图形，可以在对话框中选择【局部转换】复选项，然后单击 确定 按钮，只对指定的范围进行转换。

选择【局部转换】复选项，单击 确定 按钮后，命令行提示如下。

　　　选择需要转化的图元<退出>：　　　　　　　　　//选择局部需要转换的图形
　　　选择需要转化的图元<退出>：　　　　　　　　　//按 Enter 键结束选择

完成后应该运用【连接尺寸】命令对连续的尺寸标注加以连接，否则其依然是分段的。

10.4.2　整图导出

【整图导出】命令用于将最新的天正格式 DWG 文件导出为天正各版本的 DWG 图或各专业条件图。如果下行专业使用同版本的天正给排水、电气，则不必进行版本转换，否则应选择导出低版本，达到与低版本兼容的目的。该命令支持图纸空间布局的导出。天正对象的导出格式不与 AutoCAD 图形版本关联，用户可以根据需要单独选择转换后的 AutoCAD 图形版本。

命令启动方法

- 菜单命令:【文件布图】/【整图导出】。
- 工具栏图标: 🖫。
- 命令: TSaveAs。

执行该命令后，弹出【图形导出】对话框，如图 10-20 所示。

图10-20 【图形导出】对话框

【图形导出】对话框中选项的介绍如下。

(1)【保存类型】：提供天正 3、5、6、7、8、9、T20、T20V2、T20V3、T20V4、T20V5、T20V6、T20V7 对象格式转换类型，选择后自动为文件名加 "_tX" 后缀（X=3、5、6、7、8、9、20、20V2、20V3、20V4、20V5、20V6、20V7）。

(2)【导出内容】：此下拉列表中的选项如图 10-21 所示，选择其中的选项后，系统会按各公用专业要求导出图中的不同内容。

- 【全部内容】：一般用于与其他使用天正低版本的建筑师一起解决图档交流的兼容问题。
- 【三维模型】：不必转到轴测视图，在平面视图下即可导出使用天正对象构造的三维模型。
- 【结构基础条件图】：为结构工程师创建基础条件图，此时门窗洞口被删除，使墙体连续，砖墙可保留，填充墙被删除或转化为梁。受配置的控制，其他的处理包括删除矮墙、矮柱、尺寸标注、房间对象，混凝土墙保留（门改为洞口），其他内容均保留不变。
- 【结构平面条件图】：为结构工程师创建楼层平面图，砖墙可保留或转化为梁，同样也受配置的控制。其他的处理包括删除矮墙、矮柱、尺寸标注、房间对象，混凝土墙保留（门改为洞口），其他内容均保留不变。
- 【设备专业条件图】：为暖通、水、电专业创建楼层平面图，隐藏门窗编号，删除门窗标注，其他内容均保留不变。
- 【配置】：默认配置是按框架结构转为结构平面图设计的，砖墙转为梁，删除填充墙。如果要转为基础图，就选择该选项，在弹出的【结构条件图选项】对话框中进行设置，如图 10-22 所示。

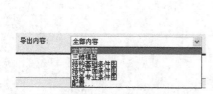

图10-21 天正图形导出类型

图10-22 【结构条件图选项】对话框

10.4.3 批量导出

【批量导出】命令用于将当前版本的文件批量转换为天正旧版 DWG 格式，同样支持图纸空间布局的转换，在转换 R14 版本时只转换第一个图纸空间布局。

命令启动方法

- 菜单命令：【文件布图】/【批量导出】。
- 工具栏图标：。
- 命令：TBatSave。

执行该命令后，弹出【请选择待转换的文件】对话框，如图 10-23 所示。

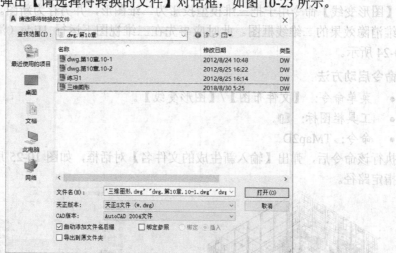

图10-23 【请选择待转换的文件】对话框

在该对话框中可多选文件，选择完成后单击 打开(0) 按钮，按 Enter 键后开始进行转换。

10.5 图形转换命令

图形转换命令包括【图变单色】【颜色恢复】【图形变线】等命令。

10.5.1 图变单色

【图变单色】命令用于把按图层定义绘制的彩色线框图形临时变为黑白线框图形，该命令适用于在编制印刷文档前对图形进行处理。彩色的线框图形在黑白输出的照排系统中输出时色调偏淡，该命令可将不同的图层颜色临时统一改为指定的单一颜色，为抓图做好准备。

命令启动方法

- 菜单命令：【文件布图】/【图变单色】。
- 工具栏图标：▥。
- 命令：TMONO。

10.5.2 颜色恢复

【颜色恢复】命令用于将图层颜色恢复为系统默认的颜色，即在当前图层标准中设置的颜色。

命令启动方法

- 菜单命令：【文件布图】/【颜色恢复】。
- 工具栏图标：▥。
- 命令：TResColor。

执行该命令后没有人机交互，图层颜色会恢复为系统默认的颜色。

10.5.3 图形变线

【图形变线】命令用于把三维模型投影为二维图形，并另存为新图。该命令常用于生成有三维消隐效果的二维线框图。此时应事先在三维视图下运行 Hide（消隐）命令，示例如图 10-24 所示。

命令启动方法

- 菜单命令：【文件布图】/【图形变线】。
- 工具栏图标：▥。
- 命令：TMap2D。

执行该命令后，弹出【输入新生成的文件名】对话框，如图 10-25 所示，输入文件的名称并指定路径。

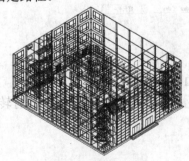

图10-24 图形变线示例

图10-25 【输入新生成的文件名】对话框

单击 保存(S) 按钮后，命令行提示如下。

　　是否进行消除重线？[是(Y)/否(N)]<Y>:Y

　　　　　　　　　　　　　　//选择"是（Y）"选项，消除变换中产生的重合线段

转换后绘图精度会稍下降，并且弧线在二维中由连接的多线段组成。

转换三维消隐图前，要使用快捷菜单将着色模式设置为"二维线框"。

214

10.6　图框的用户定制

天正通过通用图库管理标题栏和会签栏，这样用户可使用的标题栏会得到极大扩充，建筑师可以不受系统的限制插入多家设计单位的图框，自由地为多家单位设计。

图框是由框线、标题栏、会签栏和设计单位徽标组成的，天正建筑把徽标部分称为附件栏。当采用标题栏插入图框时，框线由系统按图框尺寸绘制，用户不必定义，而其他部分都是可以由用户根据自己单位的徽标样式加以定制的。当在【插入图框】对话框（见图 10-26）中选择【直接插图框】复选项时，用户在图库中选择的是预先入库的整个图框，直接按比例将其插入图纸中。

本节将介绍标题栏的定制及直接插入用户图框的定制。

图10-26　【插入图框】对话框

10.6.1　定制标题栏的准备

为了使用新的【图纸目录】功能，用户必须使用 AutoCAD 的属性定义命令（Attdef）把图号和图纸名称属性写入图框的标题栏中，把带有属性的标题栏加入图框库（图框库里面提供了类似的实例，但不一定符合用户的需要），并且在插入图框后把属性值改为实际内容，才能实现图纸目录的生成，方法如下。

(1) 使用【改变比例】命令设置当前比例为 1∶1，此比例能保证文字高度的正确，十分重要。

(2) 执行【插入图框】命令，打开【插入图框】对话框，选择【直接插图框】复选项，用 1∶1 比例插入图框库中需要修改或添加属性的标题栏图块。

(3) 使用 Explode（分解）命令将该图块分解两次，使得图框标题栏的分隔线成为单根线，这时就可以进行属性定义了。

> **要点提示**　如果插入的是已有属性的标题栏图块，则双击该图块即可修改属性。

(4) 在标题栏中使用 Attdef 命令打开【属性定义】对话框，如图 10-27 所示，利用该对话框设置文字属性。

【属性定义】对话框中选项的介绍如下。

- 【插入点】：拾取图名框内文字起始点的左下角位置。

- 【标记】：系统提取的关键字，可以是"图名""图纸名称"或含有这两个词的文字，如"扩展图名"等。
- 【提示】：输入属性时用的文字提示，这里应与【标记】文本框中的内容相同，它提示用户属性项中要填写的内容。
- 【默认】：属性块插入图形时显示的默认值，先填写一个对应于【标记】文本框中的默认值，用户最终要将其修改为实际值。
- 【文字样式】：按标题栏内需要的文字样式选择。
- 【文字高度】：输入实际打印图纸上的规定字高（毫米）。

(5) 使用 Attdef 命令输入图号属性，【标记】和【提示】文本框中均为"图号"，【默认】是"建施-01"，待修改为实际值，【插入点】应拾取图号框内文字起始点的左下角位置。

(6) 可以使用以上方法把日期、比例、工程名称等内容作为属性写入标题栏，使得后续的编辑更加方便。完成后的标题栏局部示意图如图 10-28 所示，其中属性显示的是【标记】文本框中的内容。

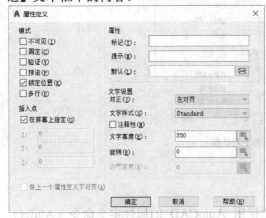

图10-27　【属性定义】对话框

图10-28　标题栏局部示意图

(7) 使用【多行文字】或【单行文字】命令在通长标题栏的空白位置输入其他需要注明的内容（如"备注：不得量取图纸尺寸，设计单位拥有本图著作权"等）。

(8) 使用"重制"方式把添加属性文字后的标题栏入库，取代原来的图块，即可完成定制带属性的标题栏的准备工作，插入位置为右下角。

10.6.2　定制标题栏的入库

图框库提供了部分设计单位的标题栏，它们仅作为样板供用户参考，实际中用户要根据自己所服务的各设计单位的标题栏进行修改，重新入库。用户修改入库的内容有以下要求。

(1) 所有标题栏和附件图块的基点均为右下角点。为了准确计算通长标题栏的宽度，要求用户定义的矩形标题栏外部不能注写其他内容，类似"本图没有盖章无效"等文字说明要写入标题栏或附件栏内部，或者定义为属性（旋转 90°），在插入图框后将其拖到标题栏外。

(2) 作为附件的徽标的四周要留有空白，要使用 Point 命令在左上角和右下角画出角点，用于准确标识徽标范围。点样式为小圆点，入库时要包括徽标和对角点，插入点为右下角点。

(3) 作为附件排在竖排标题栏顶端的会签栏或修改表的宽度要与标题栏的宽度一致，由于不留空白，因此不必画出对角点。

(4) 作为通栏横排标题栏的徽标（包括对角点）的高度要与标题栏的高度一致。

10.6.3 直接插入的用户定制图框

首先通过【插入图框】命令选择计划重新定制的图框，包括用户计划修改的类似标题栏，以 1：1 的比例将图框插入图中，然后执行 Explode（分解）命令分解图框图块。除了用 Line 命令绘制与修改新标题栏的样式外，还要按前面介绍的内容修改与定制新标题栏中的属性。

完成修改后，选择要取代的用户图框，用通用图库的【重制】工具覆盖原有内容，或者创建一个图框页面类型，用通用图库的【入库】工具重新入库。注意，此类图框在插入时不能修改尺寸，因此要重复按本节的内容，对不同尺寸（包括不同的延长尺寸）的图框进行入库。重新安装软件时，图框库不会被安装程序所覆盖。

10.7 综合练习——插入图框、改变图形颜色及导出图形

【练习10-2】：打开素材文件"dwg\第 10 章\10-2.dwg"，如图 10-29 左图所示，利用【插入图框】【图变单色】【整图导出】命令完成操作，结果如图 10-29 右图所示。

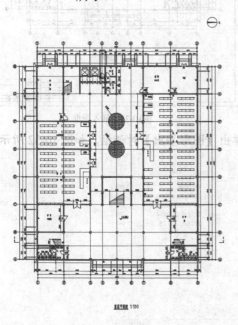
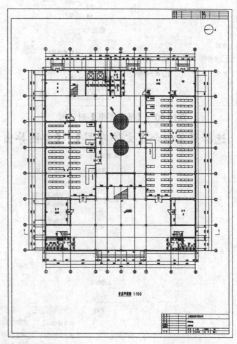

图10-29 练习插入图框、改变图形颜色及导出图形

1. 选择菜单命令【文件布图】/【插入图框】，弹出【插入图框】对话框，参数设置如图 10-30 所示。
2. 单击 插入 按钮，命令行提示如下。

点取位置或 [转 90 度 (A) / 左右翻 (S) / 上下翻 (D) / 对齐 (F) / 改转角 (R) / 改基点 (T)] <退出>:

//单击图 10-29 左图中的点 A

结果如图 10-31 所示。

3. 选择菜单命令【文件布图】/【图变单色】，命令行提示如下。

请输入平面图要变成的颜色 /1-红 /2-黄 /3-绿 /4-青 /5-蓝 /6-粉 /-7 白 /<7>:

//按 Enter 键使用默认的白色

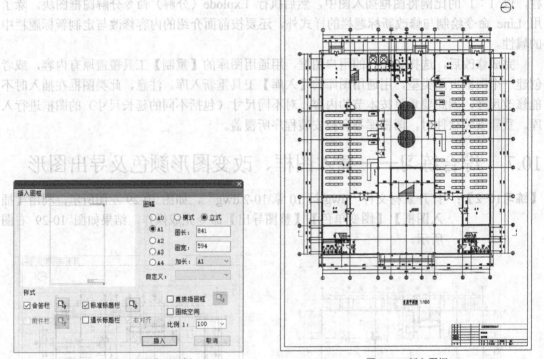

图10-30 【插入图框】对话框

图10-31 插入图框

4. 选择菜单命令【文件布图】/【整图导出】，弹出【图形导出】对话框，如图 10-32 所示。

图10-32 【图形导出】对话框

5. 输入文件名后单击 保存(S) 按钮，完成图形的导出。

10.8　小结

本章主要内容总结如下。

(1)　"天正工程管理"一节主要介绍了天正工程管理的概念、工程管理、图纸集、楼层表及三维组合。

(2)　"图纸布局"一节介绍了图纸布局的两种基本方法，包括适合模型空间的单比例布图与适合图纸空间的多比例布图。

(3)　"图纸布局命令"一节介绍了插入图框、图纸目录、定义视口、视口放大、改变比例及布局旋转。

(4)　"转换和导出"一节介绍了旧图转换、整图导出及批量导出。

(5)　"图形转换命令"一节介绍了图变单色、颜色恢复及图形变线。

(6)　"图框的用户定制"一节主要介绍了定制标题栏的准备、定制标题栏的入库及直接插入的用户定制图框。

10.9　习题

打开素材文件"dwg\第 10 章\练习 1"，如图 10-33 所示，此图为某 A、B 住宅的标准层平面图，完成图 10-34 所示的 A1 图框的插入，并导出为天正建筑 3 及天正 T20V7 格式。

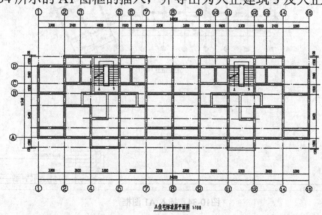

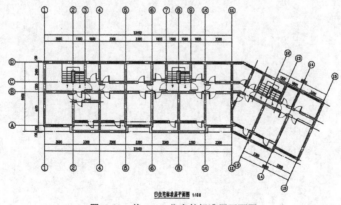

图10-33　某 A、B 住宅的标准层平面图

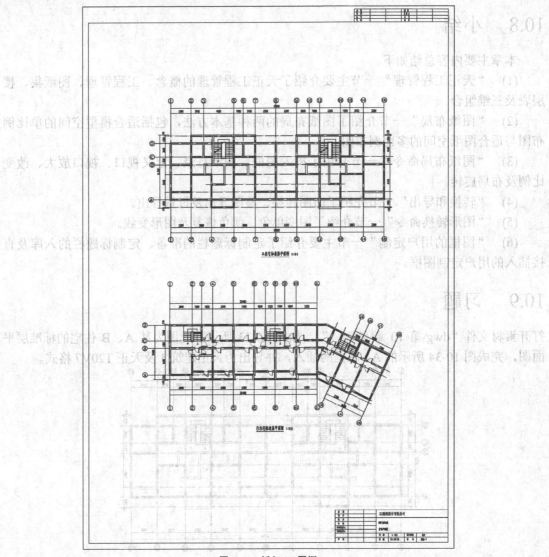

图10-34　插入 A1 图框

第11章 某公司办公楼建筑设计综合实例

【学习重点】

- 掌握完整建筑图的绘制流程。
- 熟练掌握建筑平面图的绘制方法。
- 掌握将建筑平面图向立面图、剖面图转换的方法。
- 了解办公楼的图纸布置。

本章将结合实例详细、完整地介绍建筑设计的基本绘图流程，以及平面图、立面图、剖面图的绘制方法。

11.1 绘制首层建筑轴网

1. 启动 T20 天正建筑 V8.0，系统自动创建一个空白文件，单击【标准】工具栏中的 按钮将该空白文件保存到硬盘中，将文件名设为"建筑轴线平面图"，如图 11-1 所示。

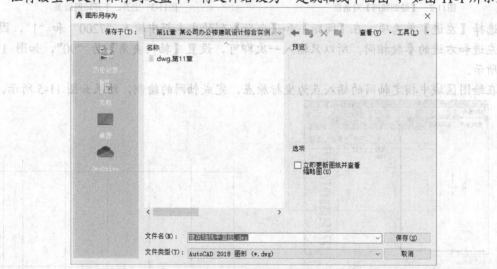

图11-1 保存空白文件

 在选择文件存储位置时，应在硬盘中单独创建一个空白文件夹，名为"某公司办公楼建筑施工图"，将本工程中绘制的所有图纸都存放到该文件夹中，便于后期的调用和管理。

2. 执行【绘制轴网】命令，打开图 11-2 所示的【绘制轴网】对话框，按表 11-1 中的参数绘制建筑轴网。

表 11-1	轴网参数	
直线轴网	上开间	5×3300，600
	下开间	5×3300，1 500
	左进深	7200
	右进深	7200

3. 选择【上开】单选项，在【间距】列的文本框中输入"3300"，在其右侧的【个数】列的文本框中输入"5"，按 Enter 键，接着在【间距】和【个数】列的文本框中输入"600"和"1"。选择【下开】单选项，用同样的方法依次在【间距】和【个数】列的文本框中输入"3300""5"和"1500""1"，如图 11-3 所示。

图11-2 【绘制轴网】对话框

图11-3 上开、下开轴网效果

4. 选择【左进】单选项，在【间距】和【个数】列的文本框中输入"7200"和"1"，因为左进和右进的参数相同，所以只输入一次即可，设置【轴网夹角】为"90"，如图 11-4 所示。

5. 在绘图区域中指定轴网的插入点为坐标原点，完成轴网的绘制，结果如图 11-5 所示。

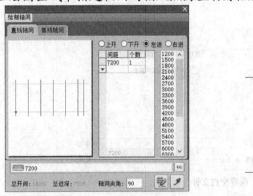

图11-4 左进、右进轴网效果

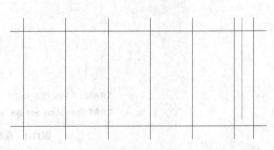

图11-5 绘制轴网

6. 选择菜单命令【轴网柱子】/【轴改线型】，将轴网从连续线切换为点画线，结果如图 11-6 所示。

 在实际工作中，图纸输出的轴网都是以点画线显示的，但软件默认用户绘制的轴网为连续线。

7. 执行【轴网标注】命令，弹出图 11-7 所示的【轴网标注】对话框，在【输入起始轴号】文本框中输入 "1"，选择【双侧标注】单选项，此时命令行提示如下。

命令：TMultAxisDim
请选择起始轴线<退出>： //选择轴网平面图下方左侧第一条轴线 A，如图 11-8 所示
请选择终止轴线<退出>： //选择轴网平面图下方右侧第一条轴线 B
请选择不需要标注的轴线： //按 Enter 键

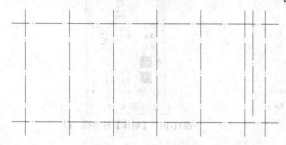

图11-6 点画线轴网

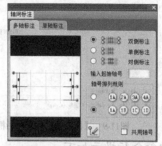

图11-7 【轴网标注】对话框

在【轴网标注】对话框的【输入起始轴号】文本框中输入 "A"，此时命令行提示如下。

请选择起始轴线<退出>： //选择轴网平面图左侧下方第一条轴线 C
请选择终止轴线<退出>： //选择轴网平面图左侧上方第一条轴线 D
请选择不需要标注的轴线： //按 Enter 键

结果如图 11-8 所示。单击 💾 按钮，保存文件。

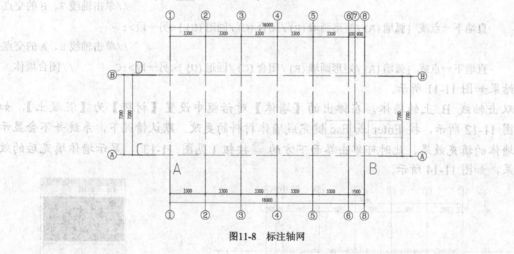

图11-8 标注轴网

11.2 绘制首层墙体和柱子

根据 11.1 节中绘制的轴网平面图来完成本节墙体和柱子的绘制，操作步骤如下。

1. 继续前面的练习，按 Ctrl+Shift+S 组合键，打开【图形另存为】对话框，如图 11-9 所示，在该对话框中将文件名设置为 "墙体和柱子"，再单击 保存(S) 按钮。

2. 执行【绘制墙体】命令，弹出图 11-10 所示的【墙体】对话框，设置【墙高】为 "3000"，墙体左、右宽都为 "120"，【用途】为【内墙】，【材料】为【砖】，然后单击

按钮绘制墙体。

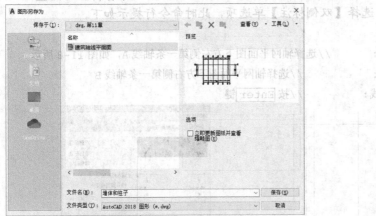

图11-9 【图形另存为】对话框

图11-10 【墙体】对话框（1）

此时命令行提示如下。

```
命令: tgwall
起点或 [参考点(R)]<退出>://单击坐标原点
直墙下一点或 [弧墙(A)/矩形画墙(R)/闭合(C)/回退(U)]<另一段>:
                                            //单击轴线1、B的交点
直墙下一点或 [弧墙(A)/矩形画墙(R)/闭合(C)/回退(U)]<另一段>:
                                            //单击轴线7、B的交点
直墙下一点或 [弧墙(A)/矩形画墙(R)/闭合(C)/回退(U)]<另一段>:
                                            //单击轴线8、A的交点
直墙下一点或 [弧墙(A)/矩形画墙(R)/闭合(C)/回退(U)]<另一段>:C       //闭合墙体
```

结果如图 11-11 所示。

3. 双击轴线 B 上的墙体，在弹出的【墙体】对话框中设置【材料】为【混凝土】，如图 11-12 所示，按 Enter 或 Esc 键完成墙体材料的更改。默认情况下，系统并不会显示墙体的填充效果，此时可单击界面下方的 回 按钮（见图 11-13），显示墙体填充后的效果，如图 11-14 所示。

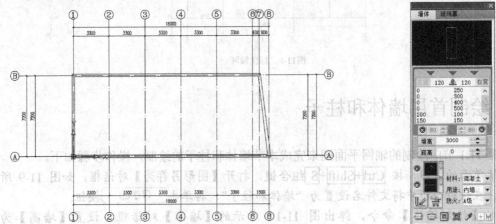

图11-11 绘制墙体

图11-12 【墙体】对话框（2）

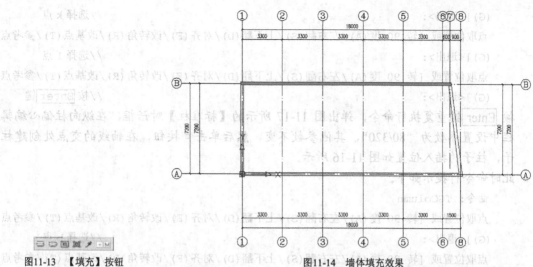

图11-13 【填充】按钮

图11-14 墙体填充效果

4. 执行【标准柱】命令，弹出图 11-15 所示的【标准柱】对话框，设置柱子的【材料】为【钢筋砼】、【形状】为【矩形】、【横向】为 "300"、【纵向】为 "400"、【柱高】为 "3000"，然后单击 ⊕ 按钮，在轴线的交点处创建柱子，柱子的插入位置如图 11-16 所示。

图11-15 【标准柱】对话框（1）

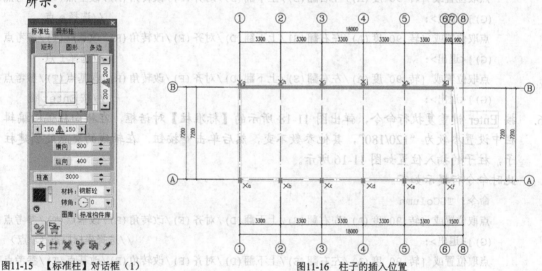

图11-16 柱子的插入位置

此时命令行提示如下。

```
命令：TGColumn
点取位置或 [转 90 度(A)/左右翻(S)/上下翻(D)/对齐(F)/改转角(R)/改基点(T)/参考点
(G)]<退出>：                                              //选择 h 点
点取位置或 [转 90 度(A)/左右翻(S)/上下翻(D)/对齐(F)/改转角(R)/改基点(T)/参考点
(G)]<退出>：                                              //选择 i 点
点取位置或 [转 90 度(A)/左右翻(S)/上下翻(D)/对齐(F)/改转角(R)/改基点(T)/参考点
(G)]<退出>：                                              //选择 j 点
点取位置或 [转 90 度(A)/左右翻(S)/上下翻(D)/对齐(F)/改转角(R)/改基点(T)/参考点
```

225

(G)]<退出>:	//选择 k 点

点取位置或 [转 90 度(A)/左右翻(S)/上下翻(D)/对齐(F)/改转角(R)/改基点(T)/参考点

(G)]<退出>:	//选择 l 点

点取位置或 [转 90 度(A)/左右翻(S)/上下翻(D)/对齐(F)/改转角(R)/改基点(T)/参考点

(G)]<退出>:	//按 Enter 键

5. 按 Enter 键重复执行命令，弹出图 11-17 所示的【标准柱】对话框，在纵向柱偏心编辑栏中设置参数为 "80/320"，其他参数不变，然后单击 ⊕ 按钮，在轴线的交点处创建柱子，柱子的插入位置如图 11-16 所示。

此时命令行提示如下。

命令: TGColumn

点取位置或 [转 90 度(A)/左右翻(S)/上下翻(D)/对齐(F)/改转角(R)/改基点(T)/参考点

(G)]<退出>:	//选择 b 点

点取位置或 [转 90 度(A)/左右翻(S)/上下翻(D)/对齐(F)/改转角(R)/改基点(T)/参考点

(G)]<退出>:	//选择 c 点

点取位置或 [转 90 度(A)/左右翻(S)/上下翻(D)/对齐(F)/改转角(R)/改基点(T)/参考点

(G)]<退出>:	//选择 d 点

点取位置或 [转 90 度(A)/左右翻(S)/上下翻(D)/对齐(F)/改转角(R)/改基点(T)/参考点

(G)]<退出>:	//选择 e 点

点取位置或 [转 90 度(A)/左右翻(S)/上下翻(D)/对齐(F)/改转角(R)/改基点(T)/参考点

(G)]<退出>:	//选择 f 点

点取位置或 [转 90 度(A)/左右翻(S)/上下翻(D)/对齐(F)/改转角(R)/改基点(T)/参考点

(G)]<退出>:	//按 Enter 键

6. 按 Enter 键重复执行命令，弹出图 11-18 所示的【标准柱】对话框，在横向柱偏心编辑栏中设置参数为 "120/180"，其他参数不变，然后单击 ⊕ 按钮，在轴线的交点处创建柱子，柱子的插入位置如图 11-16 所示。

此时命令行提示如下。

命令: TGColumn

点取位置或 [转 90 度(A)/左右翻(S)/上下翻(D)/对齐(F)/改转角(R)/改基点(T)/参考点

(G)]<退出>:	//选择坐标原点（a 点）

点取位置或 [转 90 度(A)/左右翻(S)/上下翻(D)/对齐(F)/改转角(R)/改基点(T)/参考点

(G)]<退出>:	//按 Enter 键

7. 按 Enter 键重复执行命令，弹出图 11-19 所示的【标准柱】对话框，在纵向柱偏心编辑栏中设置参数为 "280/120"，其他参数不变，然后单击 ⊕ 按钮，在轴线的交点处创建柱子，柱子的插入位置如图 11-16 所示。

此时命令行提示如下。

命令: TGColumn

点取位置或 [转 90 度(A)/左右翻(S)/上下翻(D)/对齐(F)/改转角(R)/改基点(T)/参考点

(G)]<退出>:	//选择 g 点

点取位置或 [转 90 度(A)/左右翻(S)/上下翻(D)/对齐(F)/改转角(R)/改基点(T)/参考点

(G)]<退出>:	//按 Enter 键

结果如图 11-20 所示。

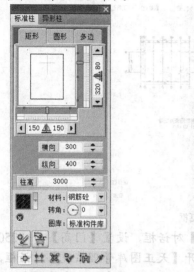

图11-17　【标准柱】对话框（2）　　图11-18　【标准柱】对话框（3）　　图11-19　【标准柱】对话框（4）

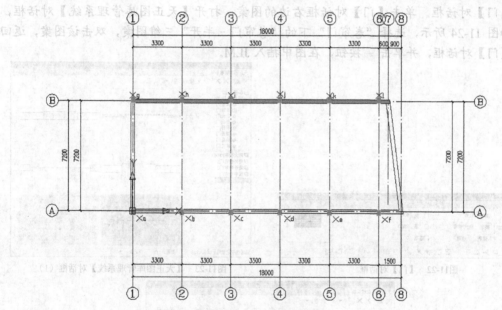

图11-20　绘制墙体和柱子

8. 按 Ctrl+S 组合键保存文件。

11.3　绘制首层门窗

当墙体和柱子绘制完成后，就可根据建筑设计需要绘制门窗了，其操作步骤如下。

1. 继续前面的练习，按 Ctrl+Shift+S 组合键，打开【图形另存为】对话框，如图 11-21 所示，在该对话框中将文件名设置为 "绘制门窗"，再单击 保存(S) 按钮。

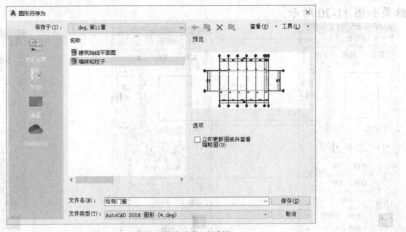

图11-21　【图形另存为】对话框

2. 执行【门窗】命令后，弹出图 11-22 所示的【门】对话框，设置【门高】为 "2500"、【编号】为 "JLM"，单击对话框左边的图案，打开【天正图库管理系统】对话框，如图 11-23 所示，选择 "卷帘门" 下的 "居中卷帘门 1" 二维图案，双击该图案，返回【门】对话框。单击【门】对话框右边的图案，打开【天正图库管理系统】对话框，如图 11-24 所示，选择 "卷帘门" 下的 "卷帘门－半开" 三维图案，双击该图案，返回【门】对话框，并单击 按钮，在图中插入 JLM。

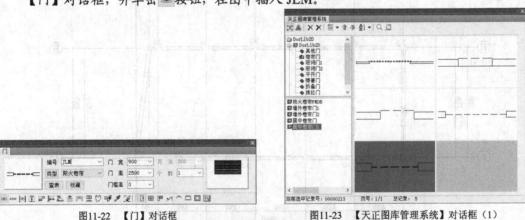

图11-22　【门】对话框　　　　　　　　　图11-23　【天正图库管理系统】对话框（1）

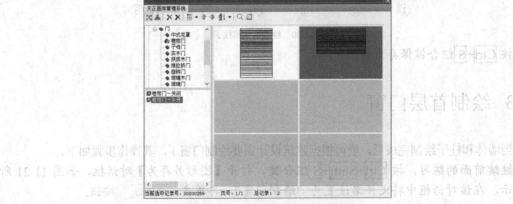

图11-24　【天正图库管理系统】对话框（2）

此时命令行提示如下。

命令：TOpening

点取门窗大致的位置和开向(Shift-左右开)<退出>：　//分别单击轴线 A 上的 5 个开间

点取门窗大致的位置和开向(Shift-左右开)<退出>：　　//按 Enter 键

结果如图 11-25 所示。

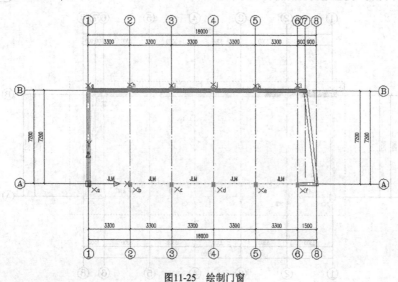

图11-25　绘制门窗

3. 按 Ctrl+S 组合键保存文件。

11.4　绘制其他构件和标注尺寸

当门窗绘制完成后，就可根据设计要求绘制室内外构件及标注尺寸了，其操作步骤如下。

1. 继续前面的练习，按 Ctrl+Shift+S 组合键，打开【图形另存为】对话框，如图 11-26 所示，在该对话框中将文件名设置为"绘制其他构件和标注"，然后单击 保存(S) 按钮。

2. 执行【散水】命令，弹出图 11-27 所示的【散水】对话框，设置【室内外高差】为"250"、【散水宽度】为"800"，选择【绕阳台】【绕柱子】【绕墙体造型】复选项，然后单击 按钮，在图中创建散水。

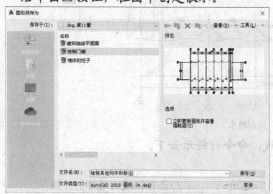

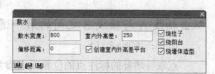

图11-26　【图形另存为】对话框　　　　　　　图11-27　【散水】对话框

此时命令行提示如下。

命令：TOutlna

请选择构成一完整建筑物的所有墙体(或门窗、阳台)<退出>:指定对角点：找到 19 个

　　　　　　　　　　　　　　　　　　　　//按住鼠标左键框选所有墙体，如图 11-28 所示

请选择构成一完整建筑物的所有墙体(或门窗、阳台)<退出>:　　//按 Enter 键

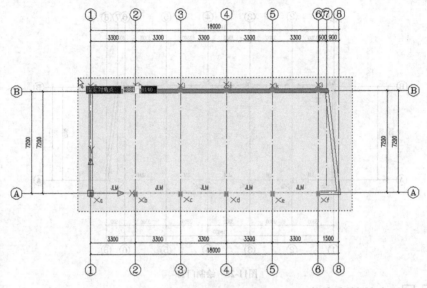

图11-28　框选所有墙体

结果如图 11-29 所示。

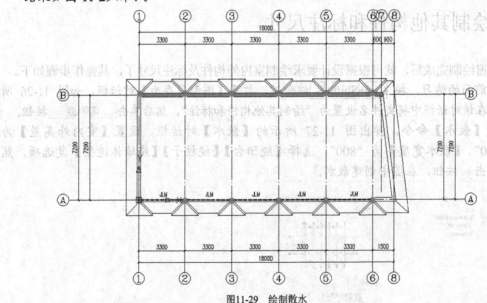

图11-29　绘制散水

3.　双击轴线 A 与轴线 B 之间的第一道尺寸线，命令行提示如下。

命令：TObjEdit

点取待增补的标注点的位置或 [参考点(R)]<退出>:　　　　//选择轴线 A 墙体的外侧

点取待增补的标注点的位置或 [参考点(R)]<退出>:　　　　//选择轴线 B 墙体的外侧

使用同样的方法增补其他轴线上墙体的尺寸。

> **要点提示** 双击第一道尺寸线或第二道尺寸线，此时进入尺寸标注编辑状态，单击墙体外侧点作为标注点，此时将达到增补标注的效果。

4. 执行【裁剪延伸】命令，以轴线 1 上的墙体为例进行详细说明，命令行提示如下。

　　命令：TDimTrimExt
　　要裁剪或延伸的尺寸线<退出>：　　　　　　　　　　//单击轴线 A 上的墙体外侧
　　请给出裁剪延伸的基准点　　　　　　　　　　　　　//单击轴线 A 上的第一道尺寸线

结果如图 11-30 所示。

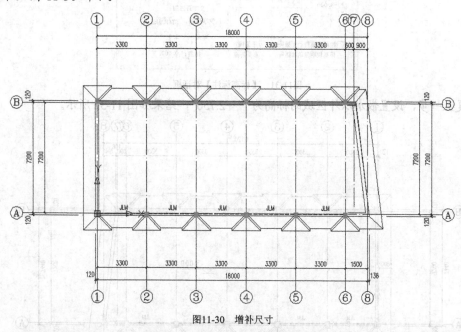

图11-30　增补尺寸

> **要点提示** 在 T20 天正建筑 V8.0 中，【裁剪延伸】命令的调用方式有以下 3 种。
> ① 选择菜单命令【尺寸标注】/【尺寸编辑】/【裁剪延伸】。
> ② 单击【标注】工具栏图标 ┤┤。
> ③ 执行 TDimTrimExt 命令。

5. 给散水创建标注。执行【逐点标注】命令，给轴线 1 处的散水创建尺寸标注，命令行提示如下。

　　命令：TDimMP
　　起点或 [参考点(R)]<退出>：　　　　　　　　　　//选择轴线 1 处墙体的外侧中点
　　第二点<退出>：　　　　　　　　　　　　　　　　//选择轴线 1 处散水的外侧中点
　　请点取尺寸线位置或 [更正尺寸线方向(D)]<退出>：　//在墙体的中点处单击
　　请输入其他标注点或 [撤消上一标注点(U)]<结束>：　//按 Enter 键

6. 执行【标高标注】命令，打开图 11-31 所示的【标高标注】对话框，选择【手工输入】复选项，设置【文字样式】为【STANDARD】、【字高】为"5.0"，并单击 □ 按钮，设置标高值为"-3.000"，然后在平面图中的室内单击，创建室内标高标注，此时命令行提示如下。

命令：TMElev

请点取标高点或 [参考标高(R)]<退出>：　　　　　　　　　　　//在室内的适当位置单击

请点取标高方向<退出>：　　　　　　　　　　　　　　　　　　//标高方向向上

点取基线位置<退出>：　　　　　　　　　　　　　　　　　　　//向左选择适当位置

下一点或 [第一点(F)]<退出>：　　　　　　　　　　　　　　　//按 Enter 键

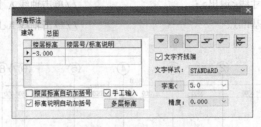

图11-31　【标高标注】对话框

7. 重复上一步，设置散水以外区域的标高为"－2.750"，结果如图 11-32 所示。

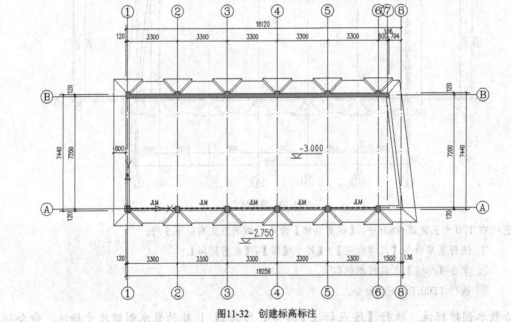

图11-32　创建标高标注

8. 执行【单行文字】命令，打开图 11-33 所示的【单行文字】对话框，输入单行文本"办公室"，设置【字高】为"6"，在室内的合适位置单击，命令行提示如下。

命令：TText

请点取插入位置<退出>：　　　　　　　　　　　　　　　　　//在室内的合适位置单击

请点取插入位置<退出>：　　　　　　　　　　　　　　　　　//按 Enter 键

要点提示　在 T20 天正建筑 V8.0 中，【单行文字】命令的调用方式有以下 3 种。

① 选择菜单命令【文字表格】/【单行文字】。

② 单击【常用快捷功能 1】工具栏图标字。

③ 执行 TText 命令。

9. 执行【图名标注】命令，打开图 11-34 所示的【图名标注】对话框，在该对话框中输入文本 "首层平面图"，设置【字高】为 "7.0"、比例为 "1∶100"，【字高】为 "5.0"，并选择【国标】单选项，然后在图形下方的中间位置单击，结果如图 11-35 所示。

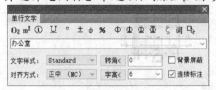

图11-33 【单行文字】对话框   图11-34 【图名标注】对话框

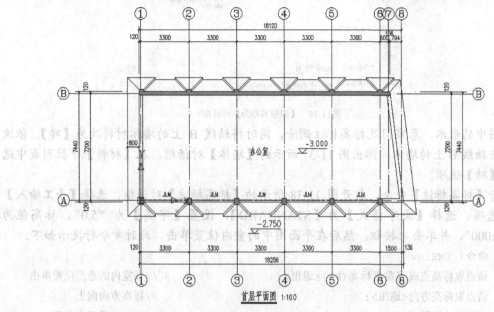

图11-35 标注图名

> **要点提示**
>
> 在 T20 天正建筑 V8.0 中，【图名标注】命令的调用方式有以下 3 种。
> ① 选择菜单命令【符号标注】/【图名标注】。
> ② 单击【常用快捷功能 2】工具栏图标 。
> ③ 执行 TDrawingName 命令。

10. 按 Ctrl+Shift+S 组合键，打开【图形另存为】对话框，在该对话框中设置文件名为 "首层平面图"，最后单击 保存(S) 按钮完成首层平面图的绘制。

11.5 创建标准层平面图

    首层平面图绘制完成后，将它另存一份，对其进行修改，生成标准层平面图。本节将介绍标准层平面图的绘制方法。

1. 继续前面的练习，按 Ctrl+Shift+S 组合键，打开【图形另存为】对话框，将文件存储为 "标准层平面图.dwg"，如图 11-36 所示。

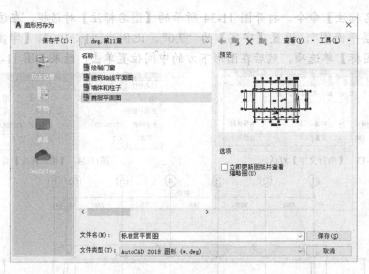

图11-36　【图形另存为】对话框

2. 将图中的散水、卷帘门及标高标注删除，同时将轴线 B 上的墙体材料改为【砖】。依次双击轴线 B 上的墙体，弹出图 11-37 所示的【墙体】对话框，在【材料】下拉列表中选择【砖】选项。

3. 执行【标高标注】命令，打开图 11-38 所示的【标高标注】对话框，选择【手工输入】复选项，选择【文字样式】为【STANDARD】，设置【字高】为 "5.0"、标高值为 "0.000"，并单击▽按钮，然后在平面图中的室内位置单击，此时命令行提示如下。

```
命令：TMElev
请点取标高点或 [参考标高(R)]<退出>：        //在室内的适当位置单击
请点取标高方向<退出>：                      //标高方向向上
点取基线位置<退出>：                        //向左选择适当位置
下一点或 [第一点(F)]<退出>：                //按 Enter 键
```

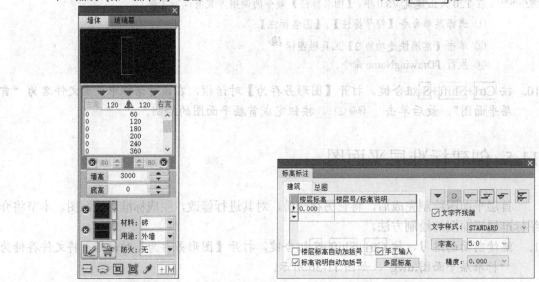

图11-37　【墙体】对话框　　　　　图11-38　【标高标注】对话框

4. 重复上述操作过程，把【标高标注】对话框中的楼层标高值改为"－0.250"，在室外的适当位置单击，创建室外标高；双击标注文本"办公室"，将其改为"会议室"，通过【图名标注】命令完成标准层平面图标注，修改后的结果如图 11-39 所示。

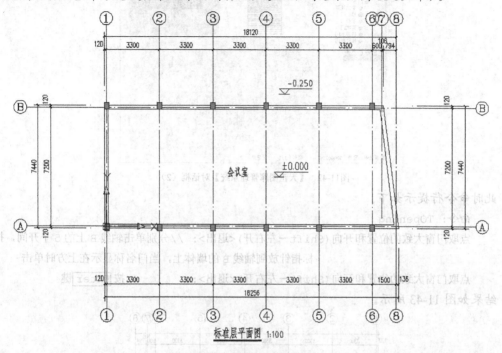

图11-39　标注后的效果图

5. 执行【门窗】命令，打开图 11-40 所示的【门】对话框，设置【门高】为"2500"、【编号】为"JLM2"，单击对话框左边的图案，打开【天正图库管理系统】对话框，如图 11-41 所示，选择"卷帘门"下的"居中卷帘门"二维图案，双击该图案，返回【门】对话框；单击【门】对话框右边的图案，打开【天正图库管理系统】对话框，如图 11-42 所示，选择"卷帘门"下的"卷帘门－半开"三维图案，双击该图案，返回【门】对话框，并单击 按钮，在图中插入 JLM2。

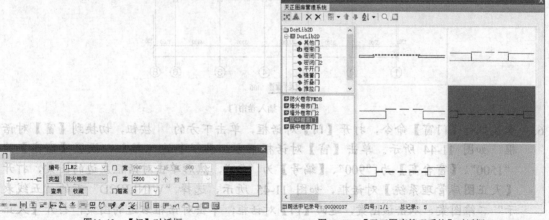

图11-40　【门】对话框　　　　　　　　　图11-41　【天正图库管理系统】对话框（1）

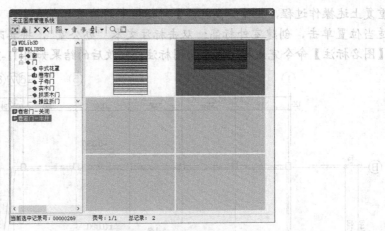

图11-42　【天正图库管理系统】对话框（2）

此时命令行提示如下。

命令：TOpening

　　点取门窗大致的位置和开向(Shift－左右开)<退出>：//分别单击轴线 B 上的 5 个开间，把鼠
　　　　　　　　　　　　　　标指针放到轴线 B 的墙体上，当门名称显示在上方时单击

　　点取门窗大致的位置和开向(Shift－左右开)<退出>：　　　　//按 Enter 键

结果如图 11-43 所示。

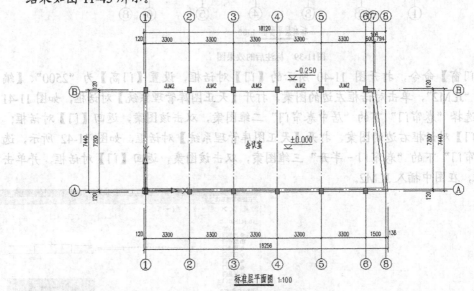

图11-43　插入卷帘门

6. 重复执行【门窗】命令，打开【门】对话框，单击下方的 ⊞ 按钮，切换到【窗】对话
　　框，如图 11-44 所示。单击【窗】对话框下方工具栏中的 ⊟ 按钮，设置【窗高】为
　　"1500"、【窗台高】为 "900"、【编号】为 "C1"，然后单击对话框左边的图案，打开
　　【天正图库管理系统】对话框，如图 11-45 所示，选择 "WINLIB2D" 下的 "五线表
　　示" 二维图案，双击该图案，返回【门】对话框；单击对话框右边的图案，打开【天正
　　图库管理系统】对话框，如图 11-46 所示，选择 "无亮子" 下的 "塑钢窗" 三维图案，
　　在图中插入 C1。

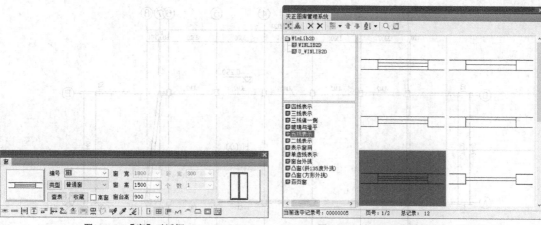

图11-44　【窗】对话框　　　　　　　　　　图11-45　【天正图库管理系统】对话框（3）

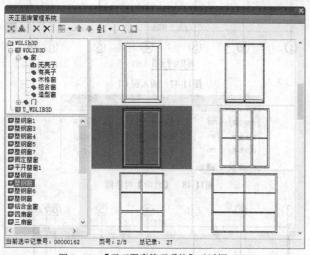

图11-46　【天正图库管理系统】对话框（4）

此时命令行提示如下。

命令：TOpening

点取门窗大致的位置和开向(Shift-左右开)<退出>：　　　　//依次选择轴线 A 上的 5 个开间

点取门窗大致的位置和开向(Shift-左右开)<退出>：　　　　//按 Enter 键

结果如图 11-47 所示。

7. 执行【台阶】命令，打开图 11-48 所示的【台阶】对话框，设置【台阶总高】为 "250"、【踏步数目】为 "1"、【平台宽度】为 "1200"，然后单击对话框下方工具栏中的 ▤ 按钮，在轴线 B 的墙体外侧创建台阶。

此时命令行提示如下。

命令：TStep

指定第一点<退出>：　　　　　　　　　　　　　//选择轴线 1 墙体外侧

第二点或 [翻转到另一侧(F)]<取消>：F　　　　　//利用图形捕捉功能对台阶进行翻转

第二点或 [翻转到另一侧(F)]<取消>：　　　　　//选择轴线 7 墙体外侧

指定第一点<退出>：　　　　　　　　　　　　　//按 Enter 键

结果如图 11-49 所示。

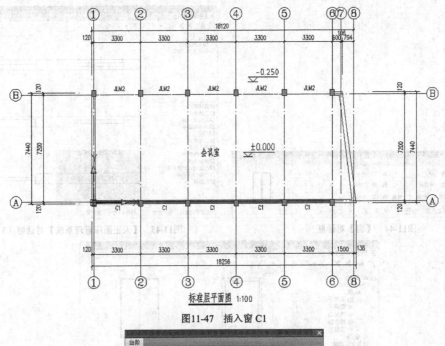

图11-47 插入窗 C1

图11-48 【台阶】对话框

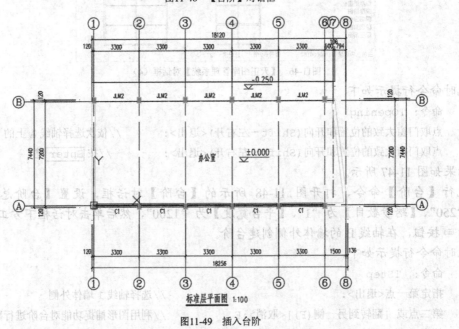

图11-49 插入台阶

8. 单击 按钮，保存标准层平面图，再按 Ctrl+Shift+S 组合键，打开【图形另存为】对话框，在该对话框中设置文件名为"屋顶平面图"，如图 11-50 所示。

9. 在屋顶平面图中删除所有卷帘门、窗及台阶，双击文字"会议室"，将其修改为"不上

人屋面"，双击"±0.000"标高标注，打开【标高标注】对话框，在【楼层标高】列的
文本框中输入"4.000"，如图 11-51 所示，完成标高的标注。

图11-50　【图形另存为】对话框　　　　　　　　　　图11-51　【标高标注】对话框

10. 更改图名为"屋顶平面图"，结果如图 11-52 所示。

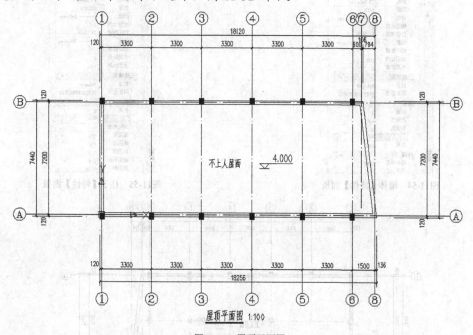

图11-52　屋顶平面图

11. 在屋顶平面图的绘图区中选中所有外墙，如图 11-53 所示，按 Ctrl+1 组合键打开墙体
    【特性】面板，在该面板中设置【墙高】为"600"，如图 11-54 所示；以同样的方法选
    中所有柱子，按 Ctrl+1 组合键打开柱子【特性】面板，在该面板中设置【柱子高度】
    为"600"，如图 11-55 所示。

12. 选择 AutoCAD 中的菜单命令【绘图】/【多段线】，按照图 11-56 所示绘制分水脊线和
    分格缝。

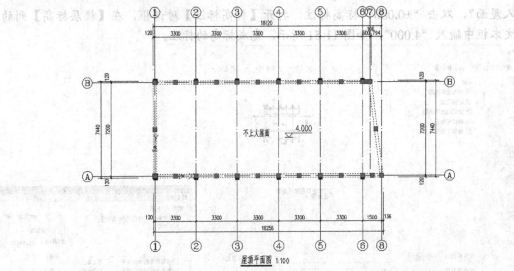

图11-53 选中所有外墙

图11-54 墙体【特性】面板

图11-55 柱子【特性】面板

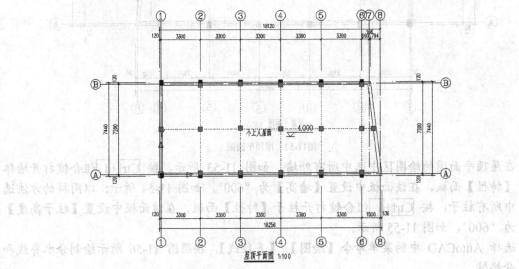

图11-56 绘制分水脊线和分格缝

13. 选中图 11-56 中的所有分水脊线和分格缝,按 Ctrl+1 组合键打开线型【特性】面板,在该面板中设置【线型】为【DASH】,如图 11-57 所示,更改线型后的效果如图 11-58 所示。

图11-57 线型【特性】面板

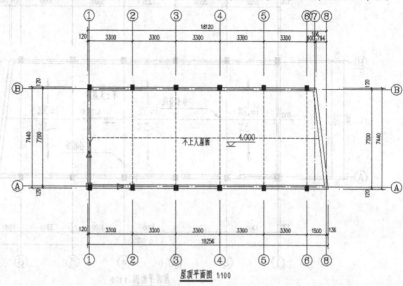

图11-58 更改线型

14. 执行【引出标注】命令,打开【引出标注】对话框,参数设置如图 11-59 所示,标注分水脊线和分格缝,设置坡度为 3%。

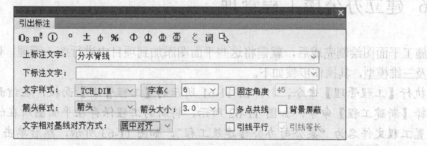

图11-59 【引出标注】对话框

此时命令行提示如下。

命令: TLeader

请给出标注第一点<退出>:　　　　　　　//在适当位置选择一点

输入引线位置<退出>:　　　　　　　　　//在适当位置选择一点,文字在上方

点取文字基线位置<退出>:　　　　　　　//在适当位置选择一点

输入其他的标注点<结束>:　　　　　　　//按 Enter 键

结果如图 11-60 所示。

要点提示 坡度符号是通过菜单命令【符号标注】/【箭头引注】绘制的,其绘制方法与引出标注几乎相同,这里不赘述。

15. 按 Ctrl+S 组合键保存文件。

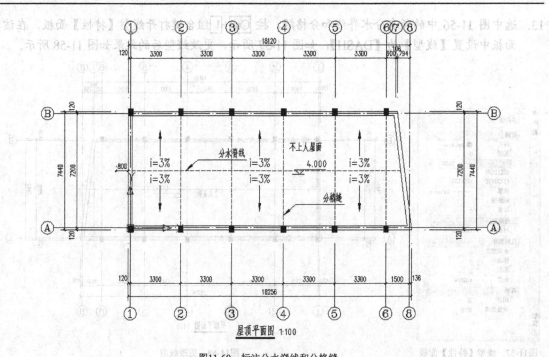

图11-60 标注分水脊线和分格缝

11.6 建立办公楼工程管理

施工平面图绘制完成后，就需将这些平面图添加到项目中进行统一管理，以便生成立面、剖面及三维模型，其操作步骤如下。

1. 执行【工程管理】命令，打开图 11-61 所示的【工程管理】面板，在该面板的菜单中选择【新建工程】命令，如图 11-62 所示，将新的工程保存在平面图所在的文件夹中，设置工程文件名为"某公司办公楼建筑工程"，如图 11-63 所示，然后单击 ![button] 按钮保存。

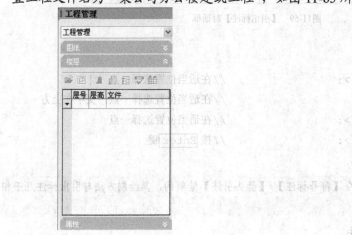

图11-61 【工程管理】面板

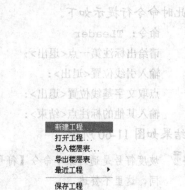

图11-62 【新建工程】命令

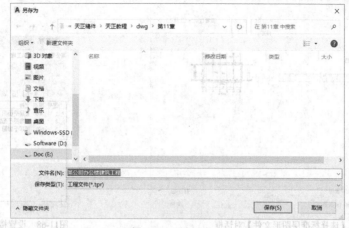

图11-63　设置文件名

2. 在【图纸】栏（见图 11-64）中的"平面图"类别上单击鼠标右键，在弹出的快捷菜单中选择【添加图纸】命令，如图 11-65 所示，弹出【选择图纸】对话框，按住 Ctrl 键，选中"首层平面图""标准层平面图""屋顶平面图"，如图 11-66 所示，再单击 打开(O) 按钮，将其添加到"平面图"类别中。

图11-64　【图纸】栏　　　　　　　　　　　　　图11-65　【添加图纸】命令

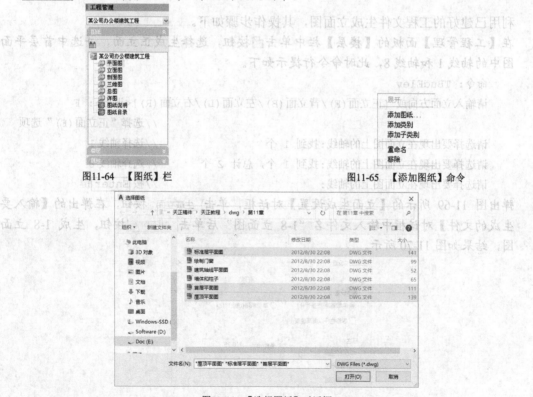

图11-66　【选择图纸】对话框

3. 展开【楼层】栏，在该栏中将光标定位到最后一列的单元格中，再单击其右侧的□按钮，打开【选择标准层图形文件】对话框，如图 11-67 所示，在该对话框中选择"首层平面图"文件，然后单击 打开(O) 按钮，设置该楼层的高度。用同样的方法设置"标准层平面图"和"屋顶平面图"，如图 11-68 所示。

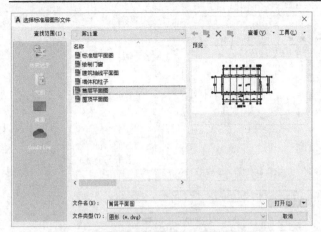

图11-67 【选择标准层图形文件】对话框

图11-68 设置楼层表

4. 至此，楼层表创建完成，按 Ctrl+S 组合键保存文件。

11.7 生成办公楼立面图

利用已建好的工程文件生成立面图，其操作步骤如下。

1. 在【工程管理】面板的【楼层】栏中单击 ⊞ 按钮，选择生成正立面，并选中首层平面图中的轴线 1 和轴线 8，此时命令行提示如下。

命令：TBudElev

请输入立面方向或 [正立面(F)/背立面(B)/左立面(L)/右立面(R)]<退出>：F
　　　　　　　　　　　　　　　　　　　　　　　　　//选择"正立面(F)"选项

请选择要出现在立面图上的轴线：找到 1 个　　　　　　//选择轴线1

请选择要出现在立面图上的轴线：找到 1 个，总计 2 个　//选择轴线8

请选择要出现在立面图上的轴线：　　　　　　　　　　//按 Enter 键

弹出图 11-69 所示的【立面生成设置】对话框，单击 生成立面 按钮，在弹出的【输入要生成的文件】对话框中输入文件名 "1-8 立面图" 后单击 保存(S) 按钮，生成 1-8 立面图，结果如图 11-70 所示。

图11-69 【立面生成设置】对话框（1）

2. 选择 AutoCAD 中的菜单命令【绘图】/【多段线】，按照图 11-71 所示绘制立面图中所需的其他详细部分。

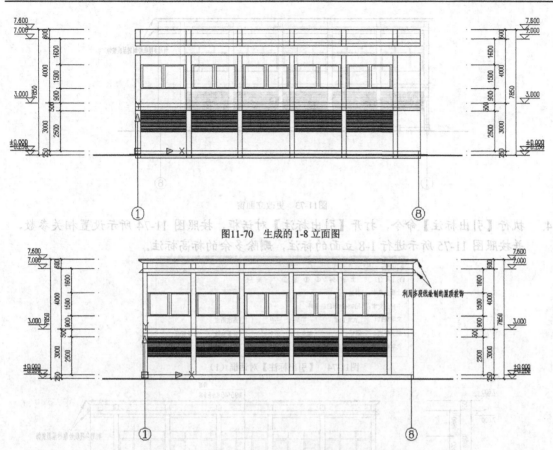

图11-70　生成的 1-8 立面图

图11-71　利用多段线绘制屋顶装饰

3. 执行【立面门窗】命令，打开图 11-72 所示的【天正图库管理系统】对话框，选择"立面窗"下"推拉窗"中的"1800×21000"，然后单击 ☑ 按钮，按照系统提示替换图中的所有窗体，结果如图 11-73 所示。

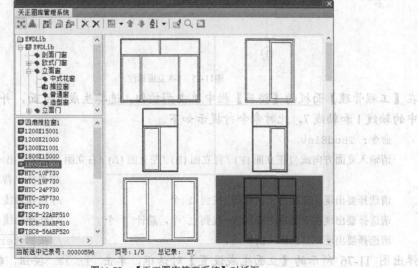

图11-72　【天正图库管理系统】对话框

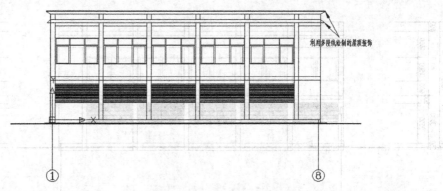

图11-73　更改立面窗

4. 执行【引出标注】命令，打开【引出标注】对话框，按照图 11-74 所示设置相关参数，并按照图 11-75 所示进行 1-8 立面的标注，删除多余的标高标注。

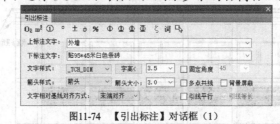

图11-74　【引出标注】对话框（1）

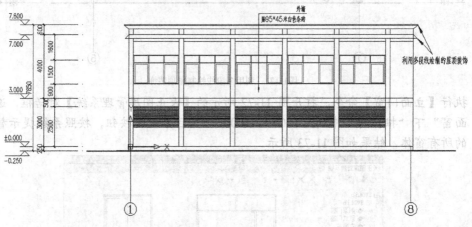

图11-75　1-8 立面标注

5. 在【工程管理】面板的【楼层】栏中单击■按钮，选择生成背立面，并选中首层平面图中的轴线 1 和轴线 7，此时命令行提示如下。

　　　　命令：TBudElev

　　　　请输入立面方向或 [正立面(F)/背立面(B)/左立面(L)/右立面(R)]<退出>：B

　　　　　　　　　　　　　　　　　　　　　　　　　//选择"背立面(B)"选项

　　　　请选择要出现在立面图上的轴线:找到 1 个　　　　//选择轴线 1

　　　　请选择要出现在立面图上的轴线:找到 1 个，总计 2 个　//选择轴线 7

　　　　请选择要出现在立面图上的轴线:　　　　　　　//按 Enter 键

6. 弹出图 11-76 所示的【立面生成设置】对话框，单击 生成立面 按钮，输入文件名"7-1 立面图"后单击 保存(S) 按钮，生成 7-1 立面图，结果如图 11-77 所示。

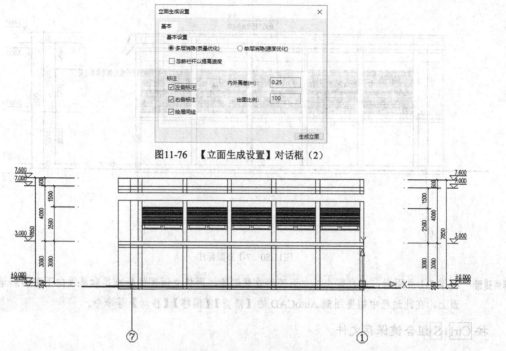

图11-76　【立面生成设置】对话框（2）

图11-77　生成的 7-1 立面图

7. 选择 AutoCAD 中的菜单命令【绘图】/【多段线】，按照图 11-78 所示绘制立面图中所需的其他详细部分。

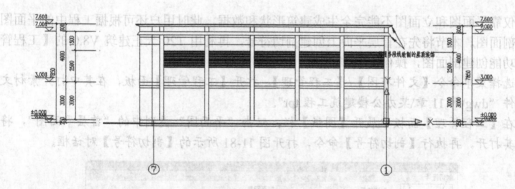

图11-78　利用多段线绘制的屋顶装饰

8. 执行【引出标注】命令，打开【引出标注】对话框，参数设置如图 11-79 所示，并按照图 11-80 所示进行 7-1 立面的标注，并删除多余的标高标注。

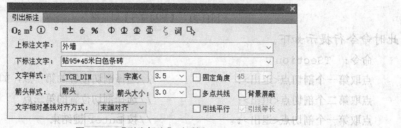

图11-79　【引出标注】对话框（2）

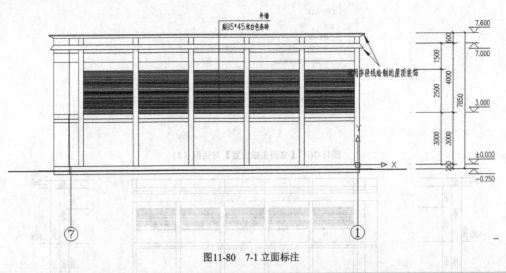

图11-80　7-1 立面标注

要点提示 制作 7-1 立面时，用户需先将立面图的首层删除，再将立面图的标准层和屋顶向下移动到地平面上，在此过程中需要用到 AutoCAD 的【修剪】【偏移】【移动】等命令。

9. 按 Ctrl + S 组合键保存文件。

11.8 生成办公楼剖面图

仅靠平面图和立面图不能完全生成建筑形状和数据，此时用户还可根据工程中的平面图生成剖面图。本节将先在首层平面上创建剖切符号，再利用 T20 天正建筑 V8.0 的【工程管理】功能创建剖面图，操作步骤如下。

1. 选择菜单命令【文件布图】/【工程管理】，打开【工程管理】面板，在其中打开素材文件"dwg\第 11 章\某办公楼建筑工程.tpr"。

2. 在【工程管理】面板中展开【图纸】栏，双击"平面图"类别中的"首层平面图"，将其打开，再执行【剖切符号】命令，打开图 11-81 所示的【剖切符号】对话框。

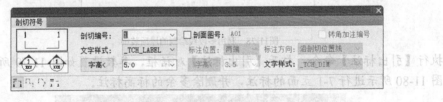

图11-81　【剖切符号】对话框

此时命令行提示如下。

```
命令：TSection
点取第一个剖切点<退出>：          //选择剖切位置的第一点，如图 11-82 所示
点取第二个剖切点<退出>：          //选择剖切位置的第二点
点取第一个剖切点<退出>：          //按 Enter 键结束
```

结果如图 11-82 所示。

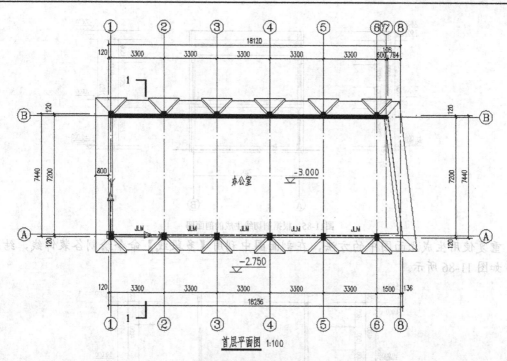

图11-82 创建剖面剖切符号

3. 执行【建筑剖面】命令，命令行提示如下。

命令：TBudSect

请选择一剖切线： //选择第 1 个剖切线符号

请选择要出现在剖面图上的轴线:找到 1 个 //选择轴线 A

请选择要出现在剖面图上的轴线:找到 1 个，总计 2 个 //选择轴线 B

请选择要出现在剖面图上的轴线： //按 Enter 键

打开图 11-83 所示的【剖面生成设置】对话框，单击 生成剖面 按钮，打开图 11-84 所示的【输入要生成的文件】对话框，输入文件名 "1-1 剖面"，单击 保存(S) 按钮，完成剖面图的生成，结果如图 11-85 所示。

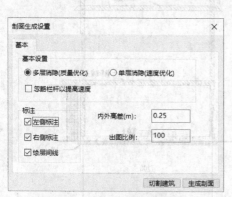

图11-83 【剖面生成设置】对话框

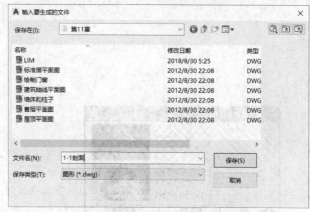

图11-84 【输入要生成的文件】对话框

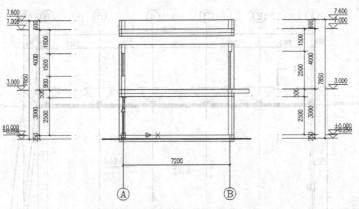

图11-85 根据剖切线生成的剖面图

4. 重复使用生成立面图中的方法，在剖面图中利用【多段线】命令绘制各装饰线，结果如图 11-86 所示。

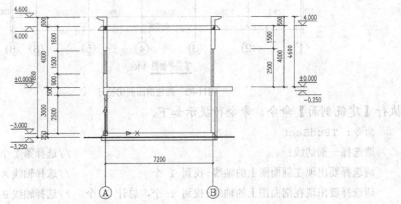

图11-86 绘制各装饰线

5. 选择菜单命令【剖面】/【剖面填充】，选择要填充的剖面墙、梁板、楼梯，打开图 11-87 所示的【请点取所需的填充图案：】对话框，选择相应的填充材料和填充比例进行填充，再在剖面图中为墙体剖面、楼板剖面、散水剖面等进行填充，结果如图 11-88 所示。

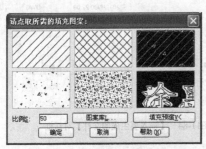

图11-87 【请点取所需的填充图案：】对话框

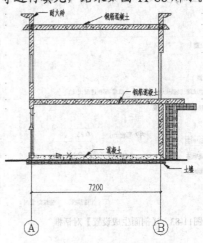

图11-88 填充剖面

6. 在剖面图中选中右侧的尺寸标注，并在该尺寸标注上单击鼠标右键，在弹出的快捷菜单中选择【取消尺寸】命令，如图 11-89 所示，再单击需要删除的尺寸标注。

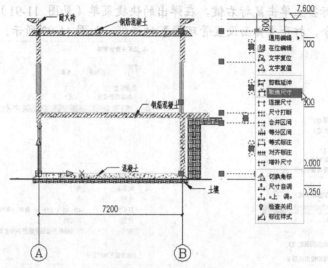

图11-89　【取消尺寸】命令

7. 将剖面图中多余的标高标注删除，并增补相应的尺寸标注，最终结果如图 11-90 所示。

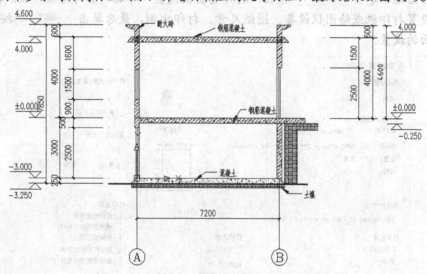

图11-90　剖面图效果

8. 按 Ctrl+S 组合键保存文件。

11.9　布置办公楼图纸

当施工图的平面图、立面图和剖面图都绘制完成后，需制作建筑说明，最后对各图纸及说明进行输出。本节将对已绘制好的图形进行打印前的布局，布局内容包括页面设置、图框添加及图框信息填写等，操作步骤如下。

1. 打开素材文件"dwg\第 11 章\首层平面图.dwg"，单击绘图区左下方的【布局 1】标签，进入"布局 1"绘图环境中，按 Ctrl+A 组合键选中布局页面中的全部对象，按 Delete 键将选中的对象删除。

2. 在【布局 1】标签上单击鼠标右键，在弹出的快捷菜单（见图 11-91）中选择【页面设置管理器】命令，打开【页面设置管理器】对话框，如图 11-92 所示。

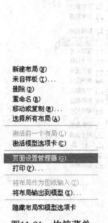

图11-91　快捷菜单

图11-92　【页面设置管理器】对话框

3. 在对话框中单击 修改(M)... 按钮，打开【页面设置 - 布局 1】对话框，按照图 11-93 所示设置打印机或绘图仪设备、图纸尺寸、打印比例，最后单击 确定 按钮完成布局页面的设置。

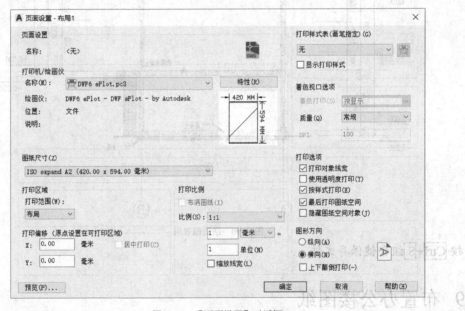

图11-93　【页面设置】对话框

4. 选择菜单命令【文件布图】/【插入图框】，弹出【插入图框】对话框，参数设置如图 11-94 所示，然后单击【标准标题栏】复选项右侧的 按钮，打开【天正图库管理系统】对话框，如图 11-95 所示，选择"普通标题栏"下的"180×50"，双击该图返回【插入图框】对话框。

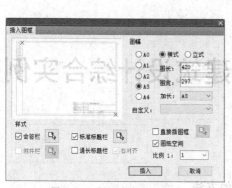

图11-94　【插入图框】对话框

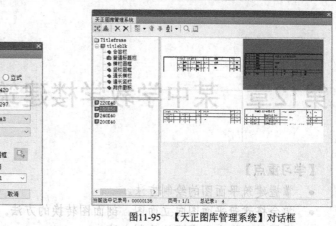

图11-95　【天正图库管理系统】对话框

5. 单击 [插入] 按钮，在布局窗口中按 Z 键将图框插到布局的原点位置，结果如图 11-96 所示。

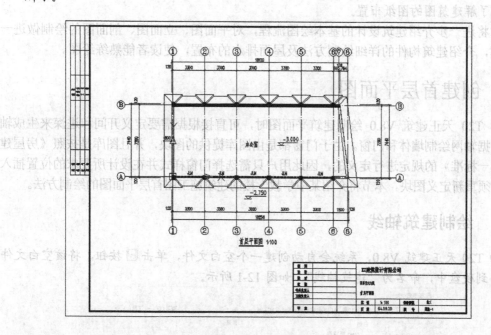

图11-96　插入图框

6. 对所有的平面图、立面图、剖面图进行图框的插入工作，并对图框中的信息进行填写，完成一套完整的建筑施工图。

253

第12章　某中学教学楼建筑设计综合实例

【学习重点】

- 掌握建筑平面图的绘制方法。
- 学会将建筑平面图向立面图、剖面图转换的方法。
- 掌握屋面排水示意图的绘制方法。
- 掌握建筑详图的绘制方法。
- 了解建筑图的图纸布置。

本章将进一步介绍建筑设计的基本绘图流程，对平面图、立面图、剖面图的绘制做进一步的介绍，介绍建筑构件的详细绘制方法及屋面排水的布置，使读者能熟练绘图。

12.1　创建首层平面图

利用 T20 天正建筑 V8.0 绘制建筑平面图时，可直接根据需要定义开间和进深来生成轴网，再根据轴网绘制墙体和门窗。由于门窗都是由图库提供的图块，并且图库是按照《房屋建筑制图统一标准》的规定进行定义的，因此用户只需选择门窗样式并在设计所要求的位置插入即可，无须重新定义图块。本节将介绍某中学教学楼的建筑施工图首层平面图的绘制方法。

12.1.1　绘制建筑轴线

1. 启动 T20 天正建筑 V8.0，系统会自动创建一个空白文件，单击 按钮，将该空白文件保存到硬盘中，命名为"建筑轴线"，如图 12-1 所示。

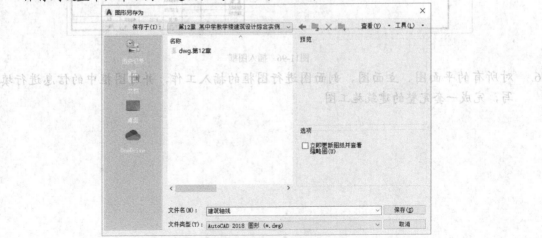

图12-1　【图形另存为】对话框

要点提示　选择文件存储路径时，要先在硬盘中单独创建一个文件夹，文件夹的名称为"某中学教学楼建筑施工图"，将本工程中绘制的所有建筑图纸都存放到该文件夹中，便于后期的调用和管理。

2. 执行【绘制轴网】命令，打开图 12-2 所示的【绘制轴网】对话框，按表 12-1 所示的轴网参数绘制建筑轴网。

表 12-1　　　　　　　　　　　　　　　　　　　轴网参数

直线轴网	上开间	10200，1800，4350×2，4200，8700×4
	下开间	10200，1800，4350×2，4200，8700×4
	左进深	12600，3300，480，7800，3000，7800
	右进深	12600，3300，480，7800，3000，7800

3. 在【绘制轴网】对话框中选择【上开】单选项，在【间距】列中依次输入"10200，1800，4350，4350，4200，8700，8700，8700，8700"，按 Enter 键结束，其中数字之间用逗号隔开，因为上开和下开的轴网参数相同，所以只输入一次即可，如图 12-3 所示。

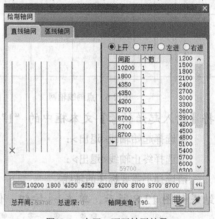

图12-2　【绘制轴网】对话框　　　　　　　　　　图12-3　上开、下开轴网效果

4. 选择【左进】单选项，在【间距】列中依次输入"12600，3300，480，7800，3000，7800"，按 Enter 键结束。同样，其中数字之间用逗号隔开，因为左进和右进的参数相同，所以只输入一次即可，设置【轴网夹角】为"90"，如图 12-4 所示。

5. 在绘图区域中指定轴网的插入点为坐标原点，完成轴网的绘制，结果如图 12-5 所示。

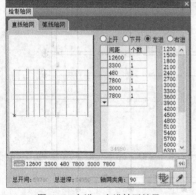
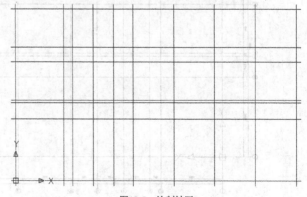

图12-4　左进、右进轴网效果　　　　　　　　　　图12-5　绘制轴网

6. 选择菜单命令【轴网柱子】/【轴改线型】，将轴网从连续线切换为点画线，显示效果如图 12-6 所示。

7. 执行【轴网标注】命令后，弹出图 12-7 所示的【轴网标注】对话框，在【输入起始轴号】文本框中输入"1"，选择【双侧标注】单选项，命令行提示如下。

命令：TMultAxisDim
请选择起始轴线<退出>：　　　　　　　//选择轴网平面图下方左侧第一条轴线 A，如图 12-8 所示
请选择终止轴线<退出>：　　　　　　　//选择轴网平面图下方右侧第一条轴线 B
请选择不需要标注的轴线：　　　　　　//按 Enter 键

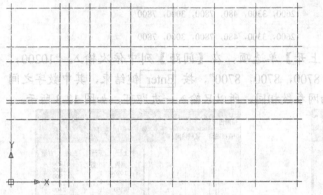

图12-6　点画线轴网

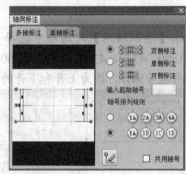

图12-7　【轴网标注】对话框

将【输入起始轴号】文本框中的"1"修改为"A"，命令行提示如下。

请选择起始轴线<退出>：　　　　　　　//选择轴网平面图左侧下方第一条轴线 C
请选择终止轴线<退出>：　　　　　　　//选择轴网平面图左侧上方第一条轴线 D
请选择不需要标注的轴线：　　　　　　//按 Enter 键

结果如图 12-8 所示。单击 🖫 按钮，保存文件。

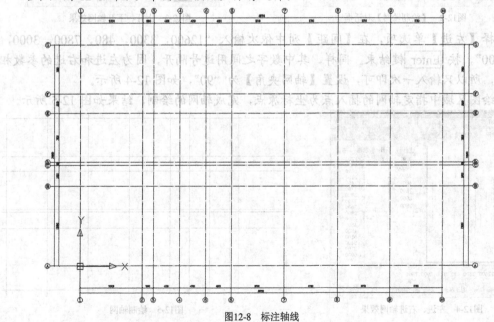

图12-8　标注轴线

8. 选择菜单命令【轴网柱子】/【轴线裁剪】，按照提示裁剪轴线，选择菜单命令【轴网柱子】/【轴号隐现】，对轴号④进行单侧隐藏，结果如图 12-9 所示。

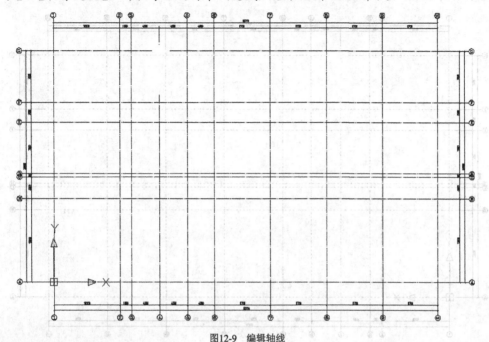

图12-9 编辑轴线

12.1.2 绘制墙体和柱子

根据绘制的建筑轴网完成墙体和柱子的绘制，操作步骤如下。

1. 继续前面的练习，按 Ctrl+Shift+S 组合键，打开【图形另存为】对话框，将文件名设置为"墙体和柱子"，单击 保存(S) 按钮。

2. 执行【单线变墙】命令，打开图 12-10 所示的【单线变墙】对话框，设置墙体【高度】为"3900"、外墙【外侧宽】和【内侧宽】均为"120"、【内墙宽】为"240"、【材料】为【砖】，并选择【轴网生墙】单选项。

图12-10 【单线变墙】对话框

3. 此时命令行提示如下。

命令：TSWall

选择要变成墙体的直线、圆弧或多段线:指定对角点：找到 19 个

　　　　　　//按住鼠标左键框选所有轴线，选中的轴线显示为虚线，如图 12-11 所示

选择要变成墙体的直线、圆弧或多段线：　　　　　　　//按 Enter 键

处理重线···

处理交线···

4. 用 Erase 命令删除图中的多余墙体，选择菜单命令【改析】/【绘制墙体】，

8. 选择菜单命令【轴网柱子】/【轴改线型】，较深层示机轴线。结果【轴网柱子】/【轴号排圈】，可将号索引进行重新调整，结果如图 12-9 所示。

识别外墙···结果如图 12-12 所示。

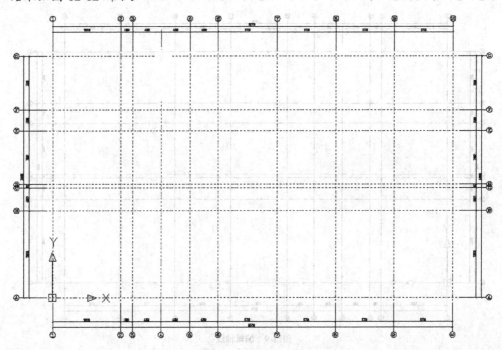

图12-11 轴线显示为虚线

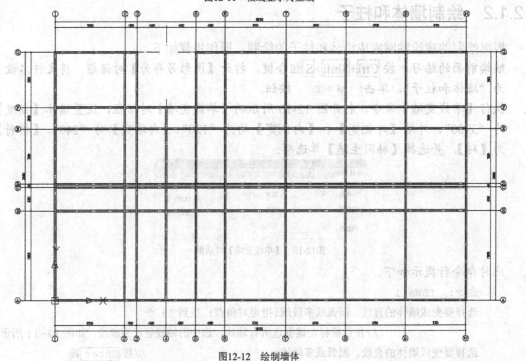

图12-12 绘制墙体

4. 用 Erase 命令删除图中的多余墙体。选择菜单命令【墙体】/【绘制墙体】，打开图 12-13 所示的【墙体】对话框，设置【材料】为【填充墙】、【用途】为【卫生隔断】、【左宽】和

【右宽】均为"100",然后单击 按钮,在图中的轴线 D、E 与轴线 1、2 相交的开间和轴线 9、10 与轴线 F、G 相交的开间内绘制卫生隔断,最后的墙体效果如图 12-14 所示。

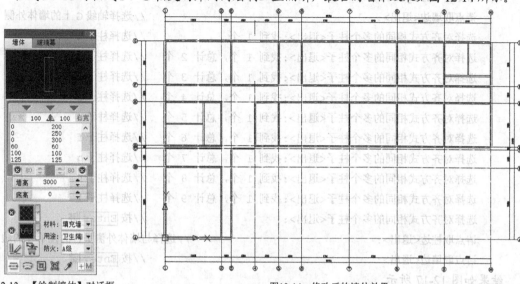

图12-13 【绘制墙体】对话框   图12-14 修改后的墙体效果

5. 执行【标准柱】命令,打开图 12-15 所示的【标准柱】对话框,设置【材料】为【钢筋砼】、【形状】为【矩形】,设置【横向】为"400"、【纵向】为"400"、【柱高】为"3900",然后单击 按钮,在轴线的交点处创建柱子。

此时命令行提示如下。

```
命令: TGColumn
    点取位置或 [转 90 度(A)/左右翻(S)/上下翻(D)/对齐(F)/改转角(R)/改基点(T)/参考点
(G)]<退出>:                              //按照图 12-16 所示的位置插入柱子
    点取位置或 [转 90 度(A)/左右翻(S)/上下翻(D)/对齐(F)/改转角(R)/改基点(T)/参考点
(G)]<退出>:                              //按 Enter 键
```

结果如图 12-16 所示。

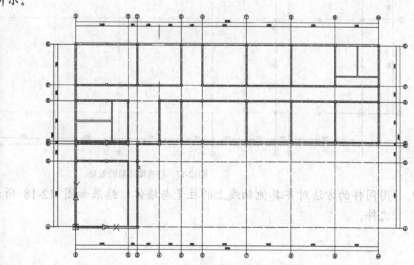

图12-15 【标准柱】对话框   图12-16 插入柱子

6. 在轴线 G 上绘制柱子。执行【柱齐墙边】命令，命令行提示如下。

命令：TAlignColu

请点取墙边<退出>：   //选择轴线 G 上的墙体外侧
选择对齐方式相同的多个柱子<退出>：找到 1 个   //选择柱子 a
选择对齐方式相同的多个柱子<退出>：找到 1 个，总计 2 个 //选择柱子 b
选择对齐方式相同的多个柱子<退出>：找到 1 个，总计 3 个 //选择柱子 c
选择对齐方式相同的多个柱子<退出>：找到 1 个，总计 4 个 //选择柱子 d
选择对齐方式相同的多个柱子<退出>：找到 1 个，总计 5 个 //选择柱子 e
选择对齐方式相同的多个柱子<退出>：找到 1 个，总计 6 个 //选择柱子 f
选择对齐方式相同的多个柱子<退出>：找到 1 个，总计 7 个 //选择柱子 g
选择对齐方式相同的多个柱子<退出>：找到 1 个，总计 8 个 //选择柱子 h
选择对齐方式相同的多个柱子<退出>：找到 1 个，总计 9 个 //选择柱子 i
选择对齐方式相同的多个柱子<退出>：   //按 Enter 键
请点取柱边<退出>：   //选择与墙体外侧平行的柱子 a 的边
请点取墙边<退出>：   //按 Enter 键

结果如图 12-17 所示。

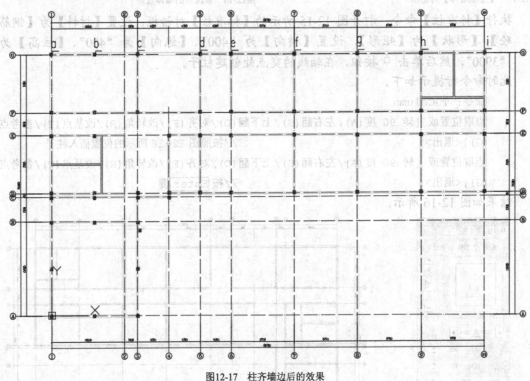

图12-17 柱齐墙边后的效果

7. 用同样的方法对齐其他轴线上的柱子与墙体，结果如图 12-18 所示，单击 按钮保存文件。

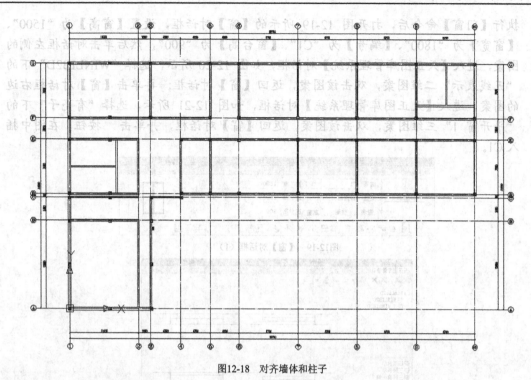

图12-18 对齐墙体和柱子

12.1.3 绘制首层门窗

建筑图中的墙体和柱子绘制完成后，就可按建筑设计的需要绘制门窗了，门窗参数如表 12-2 所示，操作步骤如下。

表 12-2 门窗参数

门窗	编号	宽	高	门槛高	类型
门	M1	1000	2100	0	普通门
	M2	1500	2400	0	普通门
	M3	1800	2700	0	普通门
	M4	3300	2700	0	普通门
窗	C1	1800	1500	900	普通窗
	C2	3000	1500	1800	高窗
	C3	2400	1800	900	普通窗
	C4	3000	1800	900	普通窗
	C5	3000	1800	900	普通窗
	C6	1800	1800	900	高窗
	C7	900	1500	900	普通窗

1. 继续前面的练习，按 Ctrl+Shift+S 组合键，打开【图形另存为】对话框，将文件名设置为"首层门窗"，再单击 保存(S) 按钮。

2. 执行【门窗】命令后，打开图 12-19 所示的【窗】对话框，设置【窗高】为 "1500"、【窗宽】为 "1800"、【编号】为 "C1"、【窗台高】为 "900"，然后单击对话框左侧的图案，进入【天正图库管理系统】对话框，如图 12-20 所示，选择 "WINLIB2D" 下的 "五线表示" 二维图案，双击该图案，返回【窗】对话框；再单击【窗】对话框右边的图案，进入【天正图库管理系统】对话框，如图 12-21 所示，选择 "有亮子" 下的 "平开窗 1" 三维图案，双击该图案，返回【窗】对话框，并单击 按钮，在图中插入 C1。

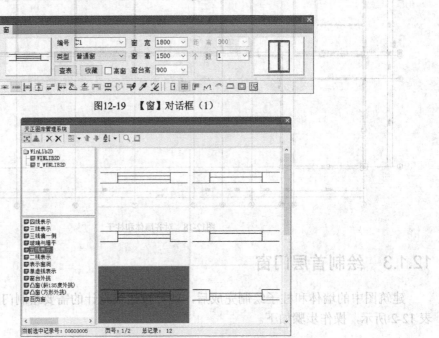

图12-19 【窗】对话框（1）

图12-20 【天正图库管理系统】对话框（1）

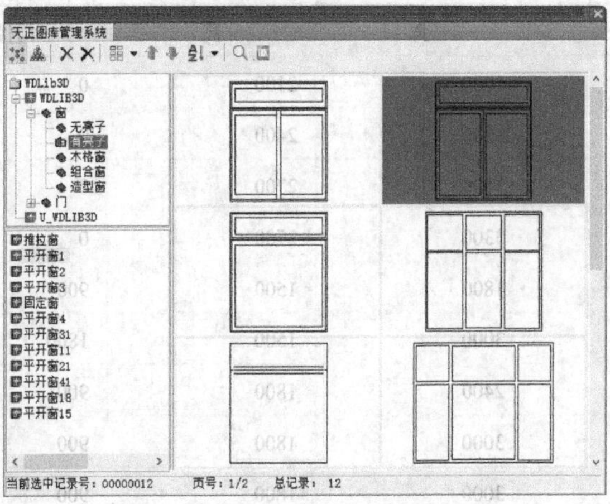

图12-21 【天正图库管理系统】对话框（2）

此时命令行提示如下。

```
命令：TOpening
点取墙体<退出>：                        //选择轴线 G 上的墙体
```

输入从基点到门窗侧边的距离或 [取间距 850(L)] <退出>:800

//输入门窗边缘到基点的距离 //按 Enter 键

输入从基点到门窗侧边的距离或 [左右翻转(S)/内外翻转(D)/取间距 650(L)]<退出>:

//按 Enter 键

结果如图 12-22 所示。

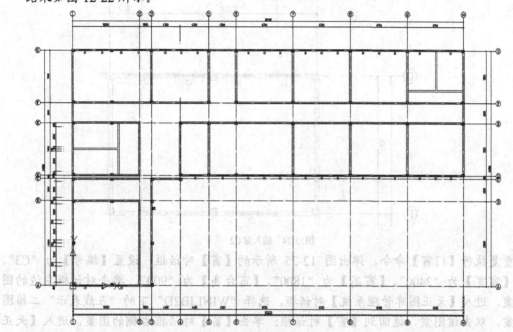

图12-22 插入窗 C1

3. 重复执行【门窗】命令,弹出图 12-23 所示的【窗】对话框,设置【窗宽】为 "3000"、【窗高】为 "1500"、【窗台高】为 "1800",并选择【高窗】复选项,将【编号】设置为 "C2",【窗】对话框左侧的图案默认为四线表示,天正系统中高窗的平面表示不能随意改动;单击【窗】对话框右侧的图案,进入【天正图库管理系统】对话框,选择 "无亮子" 下的 "塑钢窗 5" 三维图案,双击该图案,返回【窗】对话框,并单击 按钮,在图中插入窗 C2。

图12-23 【窗】对话框(2)

此时命令行提示如下。

命令: TOpening

点取墙体<退出>: //选择轴线 F 上侧的墙体

输入从基点到门窗侧边的距离或 [取间距 2200(L)] <退出>:2040

//输入门窗左侧边缘到基点的距离,按 Enter 键

输入从基点到门窗侧边的距离或 [左右翻转(S)/内外翻转(D)/取间距 2040(L)]<退出>:1600

//输入门窗左侧边缘到上一门窗右侧边缘的距离

输入从基点到门窗侧边的距离或 [左右翻转(S)/内外翻转(D)/取间距1600(L)]<退出>:
　　　　　　　　　　　　　　　　　　　//按 Enter 键

高窗在图中用虚线表示，结果如图12-24所示。

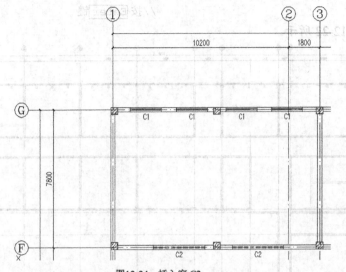

图12-24　插入窗C2

4.　重复执行【门窗】命令，弹出图 12-25 所示的【窗】对话框，设置【编号】为"C3"、
　　【窗宽】为"2400"、【窗高】为"1800"、【窗台高】为"900"，单击对话框左边的图
　　案，进入【天正图库管理系统】对话框，选择"WINLIB2D"下的"五线表示"二维图
　　案，双击该图案，返回到【窗】对话框；单击【窗】对话框右侧的图案，进入【天正
　　图库管理系统】对话框，选择"有亮子"下的"平开窗 1"三维图案，双击该图案，返
　　回到【窗】对话框。单击 ▤ 按钮，在图中插入窗 C3。

图12-25　【窗】对话框（3）

此时命令行提示如下。

　　命令：TOpening
　　点取墙体<退出>:　　　　　　　　　　//选择轴线1上的墙体
　　输入从基点到门窗侧边的距离或 [取间距1200(L)] <退出>:1200
　　　　　　　　　　　　　　　　　　//输入门窗左侧边缘到基点的距离
　　输入从基点到门窗侧边的距离或 [左右翻转(S)/内外翻转(D)/取间距 1200(L)]<退
　　出>:1200　　　　　　　　　　　//输入门窗下边缘到基点的距离
　　输入从基点到门窗侧边的距离或 [左右翻转(S)/内外翻转(D)/取间距 1200(L)]<退
　　出>:1200　　　　　　　　　　　//依次输入门窗下边缘到前一门窗上边缘的距离
　　输入从基点到门窗侧边的距离或 [左右翻转(S)/内外翻转(D)/取间距 1200(L)]<退出>:
　　　　　　　　　　　　　　　　　　//按 Enter 键

以同样的门窗间距在轴线 3 上插入窗 C3，结果如图 12-26 所示。

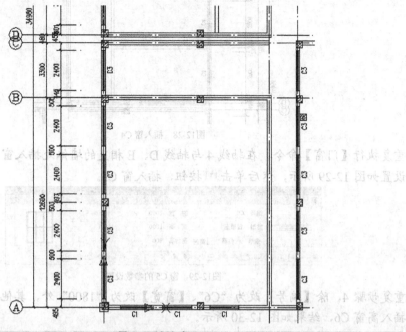

图12-26　插入窗 C3

5. 重复执行【门窗】命令，打开图 12-27 所示的【窗】对话框，设置【编号】为 "C4"、【窗宽】为 "3000"，其他参数不变，单击对话框左侧的图案，打开【天正图库管理系统】对话框，选择 "WINLIB2D" 下的 "四线表示" 二维图案，双击该图案，返回到【窗】对话框；单击【窗】对话框右边的图案，进入【天正图库管理系统】对话框，选择 "有亮子" 下的 "平开窗 1" 三维图案，双击该图案，返回到【窗】对话框。单击 ▦ 按钮，在图中插入窗 C4。

图12-27　【窗】对话框（4）

此时命令行提示如下。

```
TOpening
点取墙体<退出>:                                     //选择轴线 1 上的墙体
输入从基点到门窗侧边的距离或 [取间距 440(L)] <退出>:320
                                //输入第一个窗子下边缘到基点的距离
输入从基点到门窗侧边的距离或 [左右翻转(S)/内外翻转(D)/取间距 320(L)]<退出>:600
                                //输入当前窗子下边缘到上一个窗子上边缘的距离
输入从基点到门窗侧边的距离或 [左右翻转(S)/内外翻转(D)/取间距 1600(L)]<退出>:
                                //按 Enter 键
```

在轴线 1 上插入窗 C4，结果如图 12-28 所示。

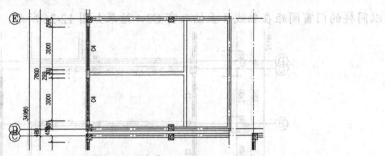

图12-28　插入窗 C4

6. 重复执行【门窗】命令，在轴线 4 与轴线 D、E 相交的墙体处插入窗 C5，窗 C5 的参数设置如图 12-29 所示，然后单击 按钮，插入窗 C5。

图12-29　窗 C5 的参数设置

7. 重复步骤 4，除【编号】改为"C6"、【窗宽】改为"1800"外，其他参数不变，在图中插入高窗 C6，结果如图 12-30 所示。

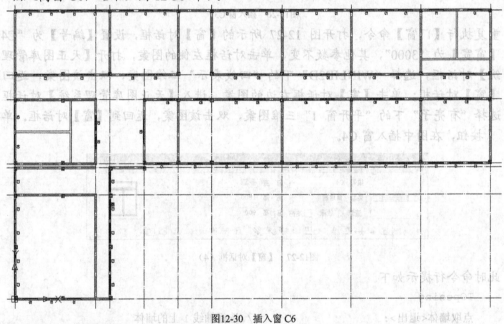

图12-30　插入窗 C6

8. 按 Ctrl + S 组合键，保存文件。

插入窗后，再插入门。

1. 执行【门窗】命令，打开【窗】对话框，单击对话框下侧的 按钮，切换到【门】对话框，如图 12-31 所示，设置【编号】为"M1"、【门宽】为"1000"、【门高】为"2100"，然后单击对话框左侧的图案，进入【天正图库管理系统】对话框，选择"平开门"下的"单扇平开门（全开表示门厚）"二维图案，双击该图案返回到【门】对话框；单击【门】对话框右边的图案，进入【天正图库管理系统】对话框，选择"实木门"下的"实木工艺门 4"三维图案,双击该图案返回到【门】对话框;单击 按钮,在图中插入门 M1。

要点提示 这里以门 M1 在轴线 F 与轴线 1、2 相交的墙体上插入为例进行详细说明,其他位置门 M1 的插入自行练习。

图12-31 【门】对话框(1)

2. 此时命令行提示如下。

命令: TOpening

点取墙体<退出>: //选择轴线 F 上的墙体

输入从基点到门窗侧边的距离或 [取间距 500(L)] <退出>:220

//输入门左侧边缘到基点的距离

输入从基点到门窗侧边的距离或 [左右翻转(S)/内外翻转(D)/取间距 220(L)]<退出>:S

//改变门的开启方向

输入从基点到门窗侧边的距离或 [左右翻转(S)/内外翻转(D)/取间距 220(L)]<退出>:9000

//输入门左侧边缘到第一扇门右侧边缘的距离

输入从基点到门窗侧边的距离或 [左右翻转(S)/内外翻转(D)/取间距 220(L)]<退出>:

//按 Enter 键

以相同的方法插入其余的门 M1,结果如图 12-32 所示。

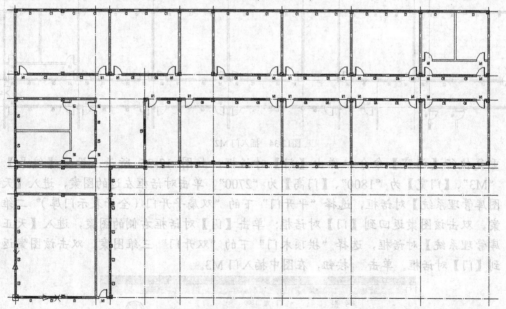

图12-32 插入门 M1

3. 重复执行【门窗】命令,弹出【门】对话框,如图 12-33 所示,设置【编号】为
"M2"、【门宽】为"1500"、【门高】为"2400",单击对话框左侧的图案,进入【天正

图库管理系统】对话框，选择"平开门"下的"双扇平开门（全开表示门厚）"二维图案，双击该图案返回到【门】对话框；单击【门】对话框右侧的图案，进入【天正图库管理系统】对话框，选择"铝塑门"下的"有亮子双开门"三维图案，双击该图案返回到【门】对话框。单击 按钮，在图中插入门 M2。

图12-33　【门】对话框（2）

4. 此时命令行提示如下。

```
TOpening
点取门窗大致的位置和开向(Shift—左右开)<退出>:
                        //在轴线1与轴线D、E相交的墙体上确定门的开启方向后单击
指定参考轴线[S]/门窗或门窗组个数(1~2)<1>:              //按 Enter 键
点取门窗大致的位置和开向(Shift—左右开)或[多墙插入(Q)]<退出>:
                        //在轴线10与轴线D、E相交的墙体上确定门的开启方向后单击
指定参考轴线[S]/门窗或门窗组个数(1~2)<1>:              //按 Enter 键
点取门窗大致的位置和开向(Shift—左右开)<退出>:           //按 Enter 键
```

结果如图 12-34 所示。

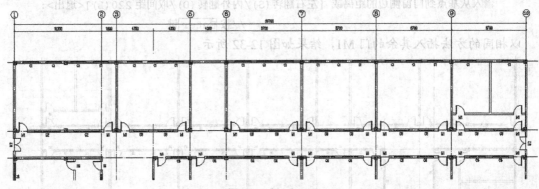

图12-34　插入门 M2

5. 重复执行【门窗】命令，弹出【门】对话框，如图 12-35 所示，设置【编号】为"M3"、【门宽】为"1800"、【门高】为"2700"，单击对话框左边的图案，进入【天正图库管理系统】对话框，选择"平开门"下的"双扇平开门（全开表示门厚）"二维图案，双击该图案返回到【门】对话框；单击【门】对话框右侧的图案，进入【天正图库管理系统】对话框，选择"拱顶木门"下的"双开门"三维图案，双击该图案返回到【门】对话框。单击 按钮，在图中插入门 M3。

图12-35　【门】对话框（3）

6. 此时命令行提示如下。

> TOpening
>
> 点取墙体<退出>：　　　　　　　　　　　　　　　//选择轴线 2 与轴线 A、B 相交的墙体
>
> 输入从基点到门窗侧边的距离或 [取间距 300(L)] <退出>：300　　//输入门边缘到基点的距离
>
> 输入从基点到门窗侧边的距离或 [左右翻转(S)/内外翻转(D)/取间距 300(L)]<退出>：9960
>
> 　　　　　　　　　　　　　　　　　　　　　　//输入门边缘到前一个门边缘的距离
>
> 输入从基点到门窗侧边的距离或 [左右翻转(S)/内外翻转(D)/取间距 300(L)]<退出>：
>
> 　　　　　　　　　　　　　　　　//按 Enter 键

结果如图 12-36 所示。

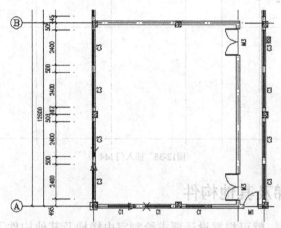

图12-36　插入门 M3

7. 重复执行【门窗】命令，弹出【门】对话框，如图 12-37 所示，设置【编号】为 "M4"、【门宽】为 "3300"、【门高】为 "2700"，单击对话框左侧的图案，打开【天正图库管理系统】对话框，选择 "推拉门" 下的 "四扇推拉门" 二维图案，双击该图案返回到【门】对话框；单击【门】对话框右边的图案，打开【天正图库管理系统】对话框，选择 "推拉折门" 最下方的 "四扇推拉门" 三维图案，双击该图案返回到【门】对话框。单击 📷 按钮，在图中插入门 M4。

图12-37　【门】对话框（4）

8. 此时命令行提示如下。

> TOpening
>
> 点取门窗大致的位置和开向(Shift-左右开)<退出>：
>
> 　　　　　　　　　　//在轴线 C 与轴线 3、4 相交的墙体上确定门的开启方向后单击
>
> 指定参考轴线[S]/门窗或门窗组个数(1~2)<1>：　　　　　　　　//按 Enter 键
>
> 点取门窗大致的位置和开向(Shift-左右开)或 <退出>：　　　　　//按 Enter 键

结果如图 12-38 所示。

9. 单击 💾 按钮，保存文件。

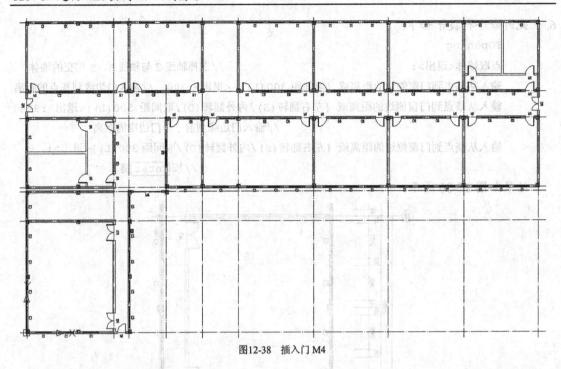

图12-38　插入门 M4

12.1.4　绘制楼梯及其他构件

当门窗绘制完成后，就可根据设计要求绘制室内楼梯及其他构件了，操作步骤如下。

1. 继续前面的练习，按 Ctrl+Shift+S 组合键，打开【图形另存为】对话框，在该对话框中将文件名设置为"绘制楼梯及其他构件"，再单击 保存(S) 按钮。

2. 执行【双跑楼梯】命令，打开【双跑楼梯】对话框，参数设置如图 12-39 所示，然后在轴线 5 与 6 之间的开间内插入楼梯。

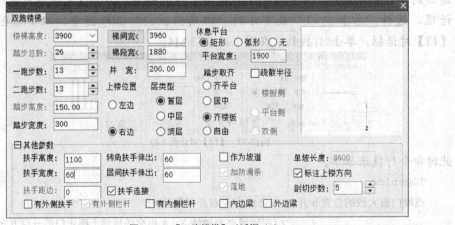

图12-39　【双跑楼梯】对话框（1）

3. 重复执行【双跑楼梯】命令，打开【双跑楼梯】对话框，参数设置如图 12-40 所示，然后在轴线 B 与 C 之间的开间内插入楼梯，结果如图 12-41 所示。

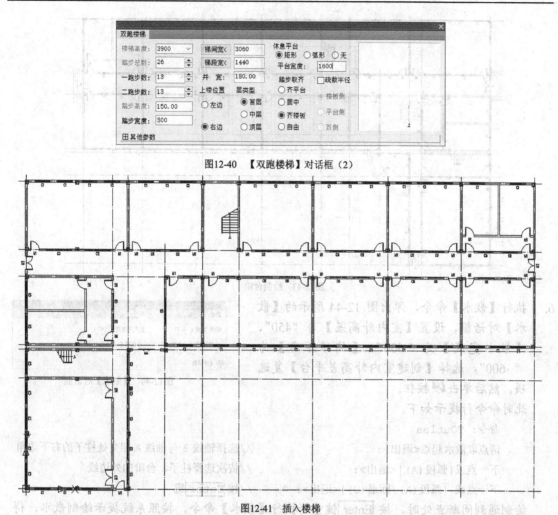

图12-40　【双跑楼梯】对话框（2）

图12-41　插入楼梯

4. 以左侧门 M2 为例插入台阶。执行【台阶】命令，弹出图 12-42 所示的【台阶】对话框，设置【台阶总高】为"450"、【踏步数目】为"3"、【踏步宽度】为"300"、【平台宽度】为"1200"，然后单击██按钮，在轴线 1 上插入台阶。

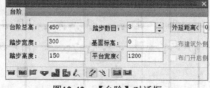

图12-42　【台阶】对话框

5. 此时命令行提示如下。

命令：TStep
指定第一点<退出>：　　　　　　　　　　　　　　//在轴线 1 与轴线 F 的交点处单击
第二点或 [翻转到另一侧(F)]<取消>：　　　　　　//在轴线 1 与轴线 E 的交点处单击
指定第一点或<退出>：　　　　　　　　　　　//按 Enter 键

用同样的方法在右侧门口处插入台阶。在 M4 处利用 AutoCAD 的【圆弧】命令创建台阶，完成上述所有操作后的结果如图 12-43 所示。

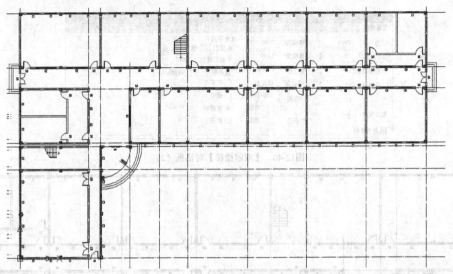

图12-43　绘制台阶

6. 执行【散水】命令，弹出图 12-44 所示的【散水】对话框，设置【室内外高差】为"450"、【散水宽度】为"600"、【偏移距离】为"-600"，选择【创建室内外高差平台】复选项，然后单击 按钮。

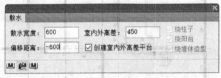

图12-44　【散水】对话框

此时命令行提示如下。

命令：TOutlna

请点取散水起点<退出>：　　　　　　　　//选择轴线 3 与轴线 A 相交处柱子的右下边角

下一点或[弧段(A)]<退出>：　　　　　　　//依次选择柱子、台阶的外边线

下一点或 [弧段(A)/回退(U)]<退出>：　　　//按 Enter 键

绘制遇到间断点处时，按 Enter 键重新执行【散水】命令，按照系统提示绘制散水，得到的散水结果如图 12-45 所示。

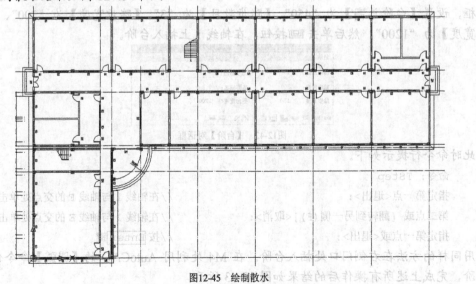

图12-45　绘制散水

272

12.1.5　尺寸及符号标注

当完成所有室内楼梯及其他构件的绘制后，下一步就是尺寸标注及符号标注了，操作步骤如下。

1. 继续前面的练习，按 Ctrl+Shift+S 组合键，打开【图形另存为】对话框，在该对话框中将文件名设置为"尺寸及符号标注"，然后单击 保存(S) 按钮。

2. 双击第一道尺寸线或第二道尺寸线，进入尺寸标注编辑状态，单击外墙外侧点作为标注点，将会达到增补标注的效果。以轴线 1 上的墙体和柱子为例进行介绍。双击轴线 A 与轴线 G 之间的第一道尺寸线，命令行提示如下。

   命令：TObjEdit

   点取待增补的标注点的位置或 [参考点(R)]<退出>：

   //选择轴线 A 与轴线 1 相交处柱子的外侧

   点取待增补的标注点的位置或 [参考点(R)/撤消上一标注点(U)]<退出>：

   //选择轴线 G 与轴线 1 相交处柱子的外侧

   点取待增补的标注点的位置或 [参考点(R)/撤消上一标注点(U)]<退出>：//按 Enter 键

   其他轴线上墙体和柱子的尺寸自行增补，增补尺寸结果如图 12-46 所示。

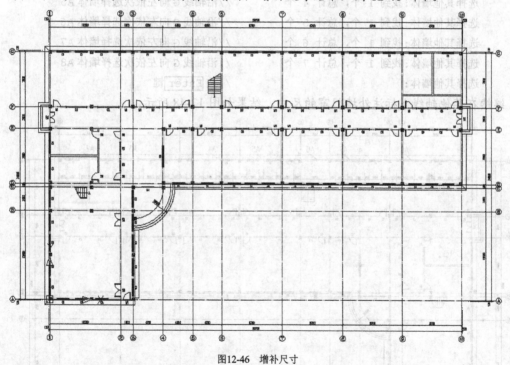

图12-46　增补尺寸

3. 给轴线 D 处的散水创建尺寸标注。执行【逐点标注】命令，弹出图 12-47 所示的【逐点标注】对话框，单击 ⊞ 按钮。

   此时命令行提示如下。

   命令：TDimMP

   起点或 [参考点(R)]<退出>：　　　　　　　　　　　　//选择轴线 D 处墙体的外侧中点

第二点<退出>: //选择轴线 D 处散水的外侧中点

请点取尺寸线位置或 [更正尺寸线方向(D)]<退出>: //在墙体中点处单击

请输入其他标注点或 [撤消上一标注点(U)]<结束>: //按 Enter 键

结果如图 12-48 所示。

图12-47 【逐点标注】对话框

4. 以轴线 G 上的门窗为例进行标注。执行【门窗标注】命令，命令行提示如下。

命令：TDim3

请用线选第一、二道尺寸线及墙体！

起点<退出>: //单击轴线 G 上最右侧门窗的右边墙体 A1，如图 12-48 所示

终点<退出>: //单击轴线 G 上最左侧门窗的左边墙体 A9

选择其他墙体:指定对角点: 找到 1 个 //沿轴线 G 向左依次选择墙体 A2

选择其他墙体:找到 1 个，总计 2 个 //沿轴线 G 向左依次选择墙体 A3

选择其他墙体:找到 1 个，总计 3 个 //沿轴线 G 向左依次选择墙体 A4

选择其他墙体:找到 1 个，总计 4 个 //沿轴线 G 向左依次选择墙体 A5

选择其他墙体:找到 1 个，总计 5 个 //沿轴线 G 向左依次选择墙体 A6

选择其他墙体:找到 1 个，总计 6 个 //沿轴线 G 向左依次选择墙体 A7

选择其他墙体:找到 1 个，总计 7 个 //沿轴线 G 向左依次选择墙体 A8

选择其他墙体: //按 Enter 键

继续在其他轴线上标注外墙门窗的尺寸，结果如图 12-48 所示。

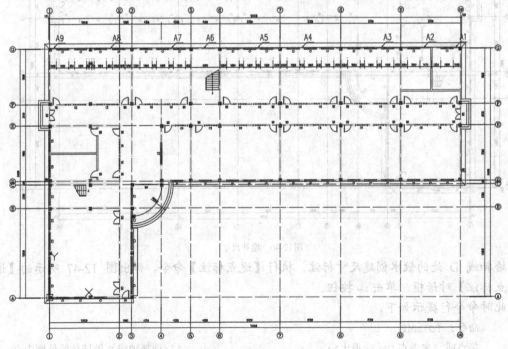

图12-48 标注散水尺寸及门窗尺寸

5. 执行【逐点标注】命令（以轴线 4 上的窗 C5 为例进行介绍），在弹出的【逐点标注】对话框中单击 E. 按钮，命令行提示如下。

> 命令：TDimMP
> 起点或 [参考点(R)]<退出>：　　　　　　　　　//选择轴线 D 与轴线 4 的交点
> 第二点<退出>：　　　　　　　　　　　　　　　//选择门窗的边缘
> 请点取尺寸线位置或 [更正尺寸线方向(D)]<退出>：　//在合适位置单击
> 请输入其他标注点或 [撤消上一标注点(U)]<结束>：　//选择门窗的另一侧
> 请输入其他标注点或 [撤消上一标注点(U)]<结束>：　//选择轴线 E 与轴线 4 的交点
> 请输入其他标注点或 [撤消上一标注点(U)]<结束>：　//按 Enter 键

继续标注所有内墙门窗，结果如图 12-49 所示。

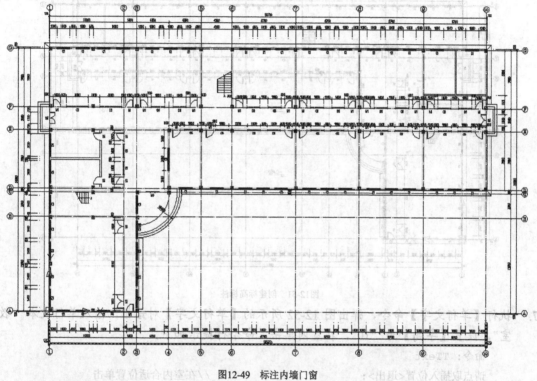

图12-49　标注内墙门窗

6. 执行【标高标注】命令，弹出图 12-50 所示的【标高标注】对话框，选择【手工输入】复选项，设置【文字样式】为【STANDARD】、【字高】为 "6"，并单击 按钮，设置标高值为 "0.000" 后，在平面图中的室内合适位置单击，创建室内标高标注。此时命令行提示如下。

> 命令：TMElev
> 请点取标高点或 [参考标高(R)]<退出>：　　　　　//在室内适当位置单击
> 请点取标高方向<退出>：　　　　　　　　　　　　//标高方向向上
> 点取基线位置<退出>：　　　　　　　　　　　　　//向左选择适当位置并单击
> 下一点或 [第一点(F)]<退出>：　　　　　　　　　//按 Enter 键

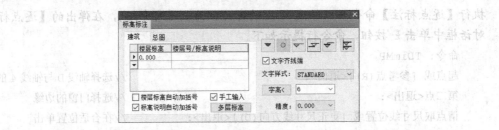

图12-50 【标高标注】对话框

继续设置散水以外区域的标高为"–0.450"，结果如图 12-51 所示。

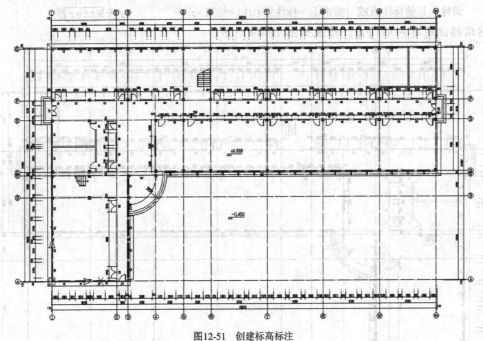

图12-51 创建标高标注

7. 执行【单行文字】命令，弹出图 12-52 所示的【单行文字】对话框，输入单行文本"教室"，设置【字高】为"10"，在室内单击，命令行提示如下。

命令：TText

请点取插入位置<退出>：　　　　　　　　//在室内合适位置单击

请点取插入位置<退出>：　　　　　　　　//按 Enter 键

8. 使用同样的方法标注其他房间。

9. 执行【图名标注】命令，弹出图 12-53 所示的【图名标注】对话框，在该对话框中输入"首层平面图"，设置【字高】为"14"、比例为"1∶100"、【字高】为"10"，并选择【国标】单选项，然后在图中下方的中央位置单击，结果如图 12-54 所示。

图12-52 【单行文字】对话框

图12-53 【图名标注】对话框

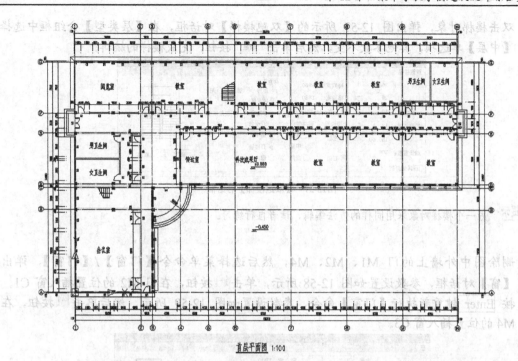

首层平面图 1:100

图12-54　标注图名

10. 按 Ctrl+Shift+S 组合键，打开【图形另存为】对话框，设置文件名为"首层平面图"，
最后单击保存 保存(S) 按钮，完成首层平面图的绘制。

12.2　创建二层至四层平面图

首层平面图绘制完成后，对其进行复制，并对其进行部分修改，生成二至四层平面图，操
作步骤如下。

1. 继续前面的练习，按 Ctrl+Shift+S 组合键，将文件存储为"二至四层平面图.dwg"。
2. 将图中的散水、台阶及室外标高标注删除，双击室内标高标注，弹出图 12-55 所示的
【标高标注】对话框，单击 多层标高 按钮，弹出图 12-56 所示的【多层楼层标高编
辑】对话框，在该对话框中设置【层高(mm)】为"3900"、【层数】为"2"，单击
添加 按钮，再单击 确定 按钮，返回到【标高标注】对话框，完成室内标高
的修改。

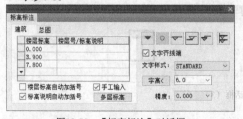

图12-55　【标高标注】对话框

图12-56　【多层楼层标高编辑】对话框

3. 利用 AutoCAD 的【多段线】和【圆弧】命令在原来台阶的位置绘制雨篷，更改图中部
分房间的名称标注。

4. 双击楼梯对象，弹出图 12-57 所示的【双跑楼梯】对话框，在【层类型】分组框中选择【中层】单选项，其他参数不变，然后单击 确定 按钮，完成楼梯的编辑。

图12-57 【双跑楼梯】对话框

> **要点提示** 另一个楼梯对象采用同样的方法编辑，读者自行练习。

5. 删除图中外墙上的门 M1、M2、M4，然后选择菜单命令【门窗】/【门窗】，弹出【窗】对话框，参数设置如图 12-58 所示，单击 按钮，在门 M2 的位置插入窗 C1。按 Enter 键重新执行【门窗】命令，参数设置如图 12-59 所示，然后单击 按钮，在 M4 的位置插入窗 C3。

图12-58 【窗】对话框（1）

图12-59 【窗】对话框（2）

6. 在 M1 的位置插入窗 C7。执行【门窗】命令，弹出图 12-60 所示的【窗】对话框，设置【窗高】为 "1500"、【窗宽】为 "900"、【编号】为 "C7"，单击对话框左侧的图案，进入【天正图库管理系统】对话框，选择 "WINLIB2D" 下的 "四线表示" 二维图案，双击该图案，返回【窗】对话框；单击【窗】对话框右侧的图案，进入【天正图库管理系统】对话框，选择 "有亮子" 下的 "平开窗 1" 三维图案，双击该图案，返回【窗】对话框。单击 按钮，在图中插入窗 C7。

图12-60 【窗】对话框（3）

此时命令行提示如下。

命令: TOpening

点取门窗大致的位置和开向(Shift-左右开)或 [多墙插入(Q)]<退出>:

//在轴线 A 与轴线 2、3 相交的墙体上单击，确定开向

指定参考轴线[S]/门窗或门窗组个数(1~1)<1>:   //按 Enter 键

点取门窗大致的位置和开向(Shift－左右开)<退出>:   //按 Enter 键

然后双击图名，将其修改为"二至四层平面图"，结果如图 12-61 所示。

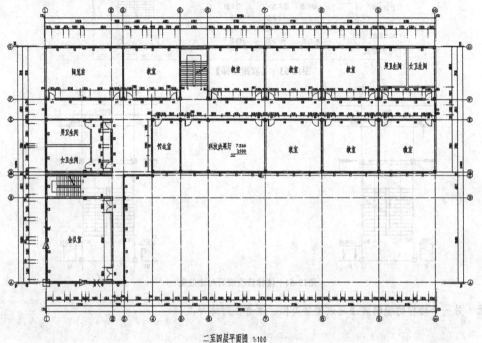

二至四层平面图 1:100

图12-61 二至四层平面图

7. 单击 💾 按钮，保存文件。

12.3 创建顶层平面图

二至四层平面图绘制完成后，对其进行复制，并对其进行部分修改，以生成顶层平面图，操作步骤如下。

1. 继续前面的练习，按 Ctrl+Shift+S 组合键，将文件存储为"顶层平面图.dwg"。

2. 在顶层平面图中删除所有的雨篷及台阶，双击标高标注对象，弹出图 12-62 所示的【标高标注】对话框，修改标高值为"11.700"，然后单击 　确定　 按钮，完成标高的编辑。

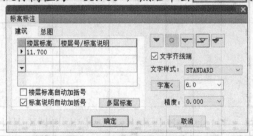

图12-62 【标高标注】对话框

3. 在顶层平面图中双击楼梯对象，弹出图 12-63 所示的【双跑楼梯】对话框，在【层类型】分组框中选择【顶层】单选项，其他参数不变。楼梯更改前后的对比效果如图 12-64

所示。

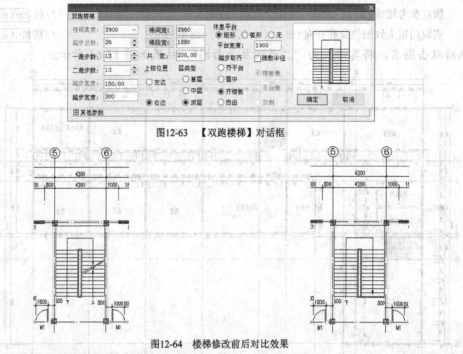

图12-63 【双跑楼梯】对话框

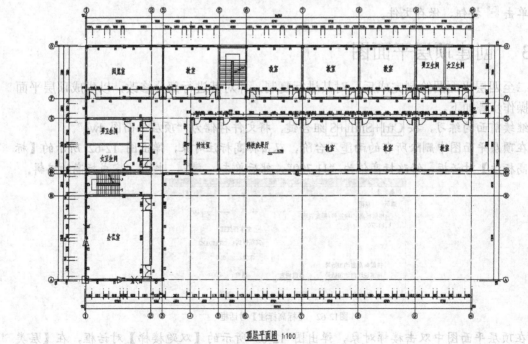

图12-64 楼梯修改前后对比效果

要点提示 另一个楼梯的编辑方法与该楼梯类似，读者自行练习。

4. 双击图名，将其修改为"顶层平面图"，结果如图 12-65 所示。

顶层平面图 1:100

图12-65 顶层平面图

5. 单击 🖫 按钮，保存文件。

12.4 创建屋面排水示意图

1. 继续前面的练习，按 Ctrl+Shift+S 组合键，将文件存储为"屋面排水示意图.dwg"。
2. 在图中删除所有的门窗、三级标注、楼梯、文字标注及内墙，双击"11.700"标高标注，打开【标高标注】对话框，在【楼层标高】列的文本框中输入"15.600"，如图 12-66 所示，单击 确定 按钮，完成标高标注的修改。

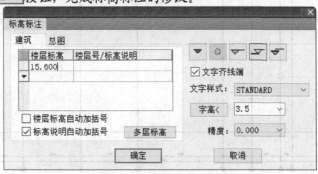

图12-66 【标高标注】对话框

3. 在绘图区中选中所有墙体，如图 12-67 所示，按 Ctrl+1 组合键，打开墙体【特性】面板，在该面板中设置【墙高】为"700"，如图 12-68 所示。

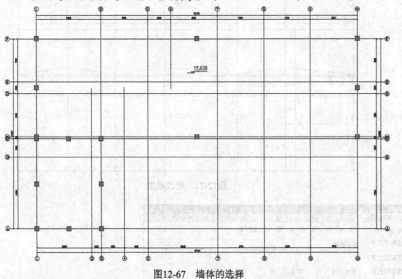

图12-67 墙体的选择

图12-68 墙体【特性】面板

4. 在 AutoCAD 中单击 🖉 按钮，按照图 12-69 绘制分水脊线和天沟分水线。
5. 选中刚绘制的分水脊线和天沟分水线，按 Ctrl+1 组合键，打开【特性】面板，在该面板的【线型】下拉列表中选择【DASH】，如图 12-70 所示，结果如图 12-71 所示。
6. 执行【引出标注】命令，打开【引出标注】对话框，参数设置如图 12-72 所示，根据图 12-73 所示的效果标注分水脊线和天沟分水线，设置坡度为 3%。

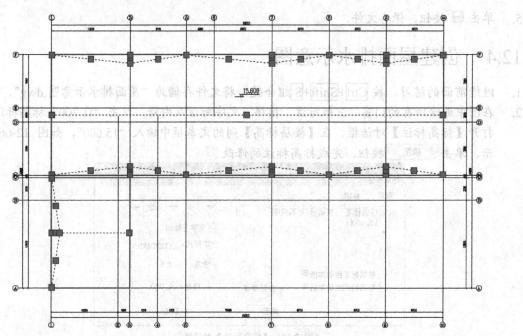

图12-69　绘制分水脊线和天沟分水线

图12-70　【特性】面板

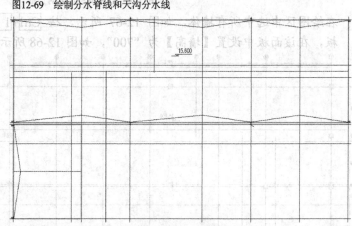

图12-71　更改线型

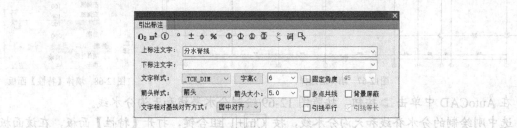

图12-72　【引出标注】对话框

此时命令行提示如下。

```
命令: TLeader
请给出标注第一点<退出>:                      //在适当位置单击
输入引线位置<退出>:                         //在适当位置单击，文字在上方
```

点取文字基线位置<退出>:	//在适当位置单击
输入其他的标注点<结束>:	//按 Enter 键

将图名修改为"屋面排水示意图",结果如图 12-73 所示。

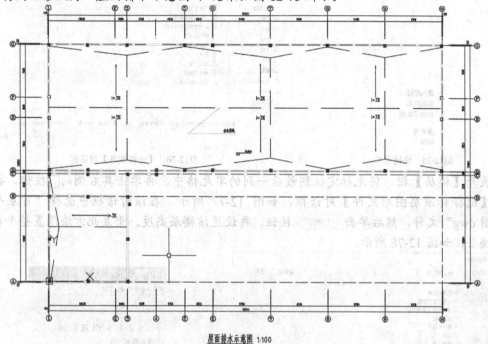

图12-73　屋面排水示意图

> **要点提示** 屋面坡度为 3%是通过菜单命令【符号标注】/【箭头引注】设置的,其绘制方法与引出标注几乎相同,在此不赘述。

7. 按 Ctrl+S 组合键,保存文件。

12.5　建立教学楼工程管理

当施工平面图绘制完成后,还需要将这些平面图添加到项目中进行统一管理,便于生成立面、剖面,以及进行后期管理,操作步骤如下。

1. 执行【工程管理】命令,弹出图 12-74 所示的【工程管理】面板,在该面板的菜单中选择【新建工程】命令,将新的工程保存在平面图所在的文件夹中,设置工程文件名为"某中学教学楼建筑工程",然后单击 ⊞ 按钮,完成工程的创建。

图12-74　【工程管理】面板

2. 在【图纸】栏的"平面图"类别上单击鼠标右键,在弹出的快捷菜单(见图 12-75)中选择【添加图纸】命令,在弹出的【选择图纸】对话框中按住 Ctrl 键选中"首层平面图""二至四层平面图""顶层平面图""屋面排水示意图",如图 12-76 所示,再单击 打开(O) 按钮,将其添加到"平面图"类别中。

图12-75 快捷菜单　　　　　　　　　　　图12-76 【选择图纸】对话框

3. 展开【楼层】栏，将光标定位到最后一列的单元格中，再单击其右侧的□按钮，打开【选择标准层图形文件】对话框，如图 12-77 所示，在该对话框中选择"首层平面图.dwg"文件，然后单击 打开(O) 按钮，再设置该楼层高度。重复此方法设置整个在建楼层，如图 12-78 所示。

图12-77 【选择标准层图形文件】对话框　　　　　图12-78 设置楼层表

4. 至此，楼层表创建完成，按 Ctrl+S 组合键保存文件。

12.6 生成教学楼立面图

利用 12.5 节已建好的工程文件生成立面图，操作步骤如下。

1. 在【工程管理】面板的【楼层】栏中单击█按钮，选择生成正立面，并选中首层平面图中的轴线 1 和轴线 10，按 Enter 键，弹出【立面生成设置】对话框，参数设置如图 12-79所示。单击 生成立面 按钮，弹出图 12-80 所示的【输入要生成的文件】对话框，在【文件名】文本框中输入文件名"正立面图"，单击 保存(S) 按钮。

2. 此时命令行提示如下。

命令：TBudElev

请输入立面方向或 [正立面(F)/背立面(B)/左立面(L)/右立面(R)]<退出>：F

//选择"正立面(F)"选项

请选择要出现在立面图上的轴线:找到 1 个　　　　　　　　　//选择轴线1

请选择要出现在立面图上的轴线:找到 1 个，总计 2 个　　　　　　　　//选择轴线 10

请选择要出现在立面图上的轴线:　　　　　　　　　　　　　　　　　//按 Enter 键

结果如图 12-81 所示。

图12-79　【立面生成设置】对话框（1）

图12-80　【输入要生成的文件】对话框

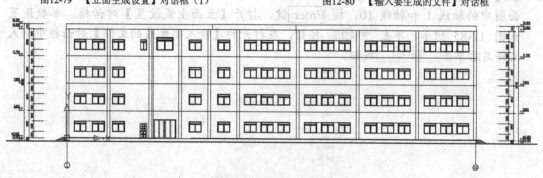

图12-81　生成正立面图

3.　在 AutoCAD 中选择菜单命令【绘图】/【多段线】，绘制立面图中所需的其他详细部分，也可利用 AutoCAD 的【修剪】命令对图 12-81 中的柱子进行修剪。

4.　执行【立面门窗】命令，打开图 12-82 所示的【天正图库管理系统】对话框，选择"立面窗"下"推拉窗"中的"HTC-10P730"，然后单击对话框工具栏中的 ▣ 按钮，弹出【图块编辑】对话框，选择【输入比例】单选项，如图 12-83 所示，插入的窗如图 12-84 所示。

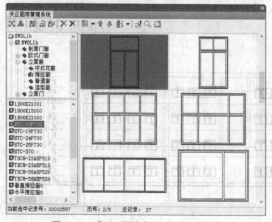

图12-82　【天正图库管理系统】对话框

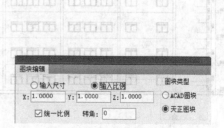

图12-83　【图块编辑】对话框

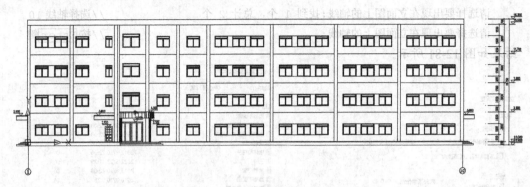

图12-84　生成立面门窗并进行标高标注

5.　选择 AutoCAD 中的菜单命令【绘图】/【多段线】，绘制雨篷及台阶，选择天正建筑中的菜单命令【符号标注】/【标高标注】，标注雨篷，结果如图 12-84 所示。

6.　在【工程管理】面板的【楼层】栏中单击 按钮，选择生成背立面，并选中首层平面图中的轴线 1 和轴线 10，按 Enter 键，打开【立面生成设置】对话框，参数设置如图 12-85 所示，单击 生成立面 按钮，在打开的【输入要生成的文件】对话框中输入文件名后单击 保存(S) 按钮。

图12-85　【立面生成设置】对话框（2）

此时命令行提示如下。

命令：TBudElev

请输入立面方向或 [正立面(F)/背立面(B)/左立面(L)/右立面(R)]<退出>：B

//选择"背立面(B)"选项

请选择要出现在立面图上的轴线:找到 1 个　　　　　　　　　　//选择轴线1

请选择要出现在立面图上的轴线:找到 1 个，总计 2 个　　　　//选择轴线10

请选择要出现在立面图上的轴线:　　　　　　　　　　　　　//按 Enter 键

结果如图 12-86 所示。

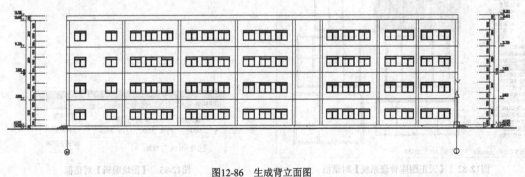

图12-86　生成背立面图

7. 选择 AutoCAD 中的菜单命令【绘图】/【多段线】，绘制立面图中所需的其他详细部分，如雨篷等，最终得到的背立面图如图 12-87 所示。

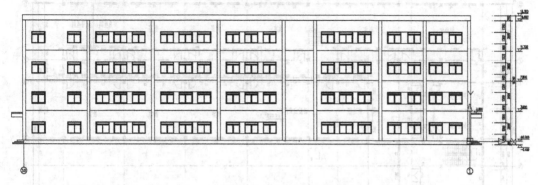

图12-87　最终的背立面图

8. 按 Ctrl+S 组合键，保存文件。

12.7　生成教学楼剖面图

仅依靠平面图和立面图不能完全生成建筑形状和数据，此时用户还可根据工程中的平面图生成剖面图。本节将先在首层平面上创建剖切符号，再利用 T20 天正建筑软件的【工程管理】功能创建剖面图，其操作步骤如下。

1. 选择菜单命令【文件布图】/【工程管理】，打开【工程管理】面板，利用该面板打开素材文件 "dwg\第 12 章\某中学教学楼建筑工程.tpr"。

2. 在【工程管理】面板中展开【图纸】栏，双击【平面图】子类别中的"首层平面图"，将其打开，再执行【剖切符号】命令，打开【剖切符号】对话框，参数设置如图 12-88 所示。

图12-88　【剖切符号】对话框

此时命令行提示如下。

命令: TSection

点取第一个剖切点<退出>:　　　　　　　　//选择剖切位置的第一点 A，如图 12-89 所示

点取第二个剖切点<退出>:　　　　　　　　//选择剖切位置的第二点 B

点取剖视方向<当前>:　　　　　　　　　　//向右剖切

点取下一个剖切点<结束>:　　　　　　　　//按 Enter 键

结果如图 12-89 所示。

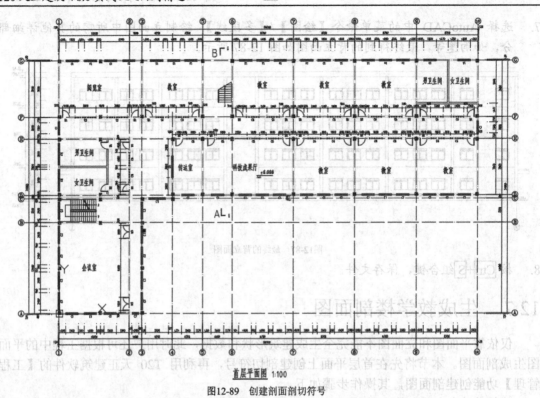

首层平面图 1:100

图12-89　创建剖面剖切符号

3. 执行【建筑剖面】命令，命令行提示如下。

```
命令：TBudSect
请选择一剖切线：                                    //选择第 1 个剖切线符号
请选择要出现在剖面图上的轴线：找到 1 个              //选择轴线 D
请选择要出现在剖面图上的轴线：找到 1 个，总计 2 个    //选择轴线 G
请选择要出现在剖面图上的轴线：

                                                  //按 Enter 键
```

4. 打开图 12-90 所示的【剖面生成设置】对话框，采用默认参数，单击 生成剖面 按钮，弹出【输入要生成的文件】对话框，设置文件名为"1-1 剖面"，然后单击 保存(S) 按钮，生成剖面图，结果如图 12-91 所示。

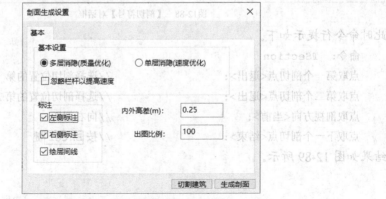

图12-90　【剖面生成设置】对话框

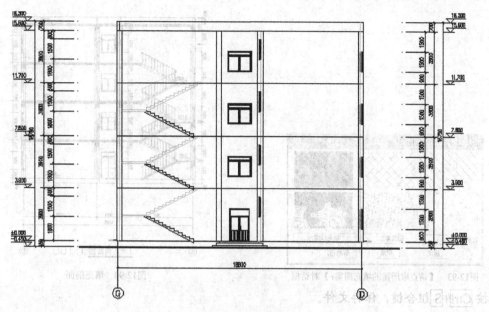

图12-91 生成剖面图

5. 重复生成立面图的方法，在剖面图中利用 AutoCAD 的【多段线】命令绘制各详细构件，如扶手等，然后删除标注，对图中的尺寸标注及标高标注进行重新编辑，结果如图 12-92 所示。

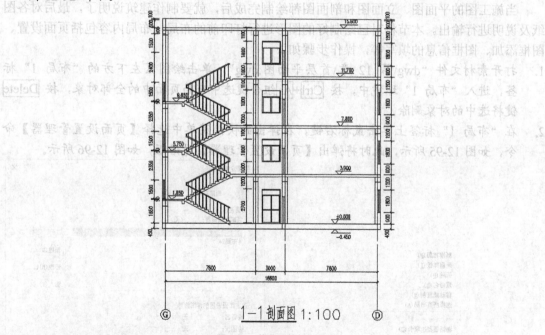

1—1剖面图 1:100

图12-92 修改后的剖面图

6. 选择菜单命令【剖面】/【剖面填充】，选择要填充的剖面柱、梁板、楼梯，打开图 12-93 所示的【请点取所需的填充图案:】对话框，选择相应的填充材料并设置填充比例，完成填充，结果如图 12-94 所示。

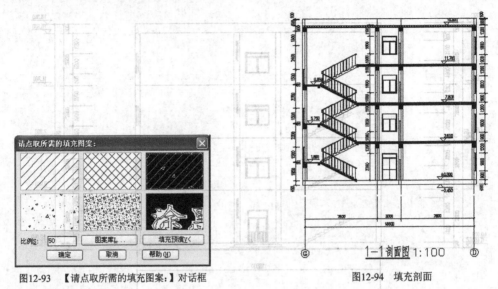

图12-93　【请点取所需的填充图案：】对话框

图12-94　填充剖面

7. 按 Ctrl+S 组合键，保存文件。

12.8　布置教学楼图纸

当施工图的平面图、立面图和剖面图都绘制完成后，就要制作建筑说明了，最后对各图纸及说明进行输出。本节将对已绘制好的图形进行打印前的布局，布局内容包括页面设置、图框添加、图框信息的填写等，操作步骤如下。

1. 打开素材文件"dwg\第 12 章\首层平面图.dwg"，单击绘图区左下方的"布局 1"标签，进入"布局 1"环境中，按 Ctrl+A 组合键选中布局页面中的全部对象，按 Delete 键将选中的对象删除。

2. 在"布局 1"标签上单击鼠标右键，在弹出的快捷菜单中选择【页面设置管理器】命令，如图 12-95 所示，此时将弹出【页面设置管理器】对话框，如图 12-96 所示。

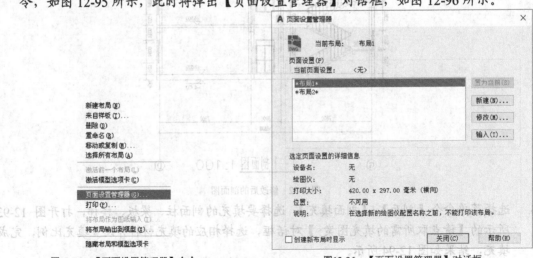

图12-95　【页面设置管理器】命令

图12-96　【页面设置管理器】对话框

3. 在对话框中单击 修改(M)... 按钮，打开【页面设置-布局 1】对话框，按照图 12-97 设置参数，然后单击 确定 按钮，完成布局页面的设置。

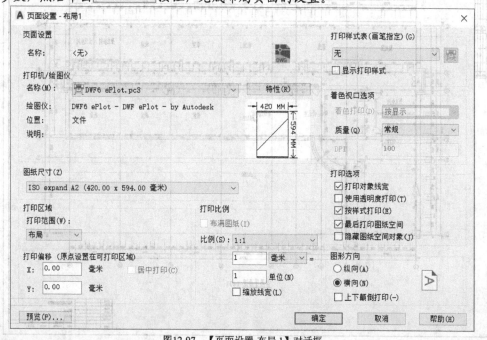

图12-97　【页面设置-布局 1】对话框

4. 选择菜单命令【文件布图】/【插入图框】，打开【插入图框】对话框，按照图 12-98 设置参数，然后单击【标准标题栏】复选项右侧的 按钮，打开【天正图库管理系统】对话框，如图 12-99 所示，选择"普通标题栏"下的"180×50"，双击该图案返回【插入图框】对话框。

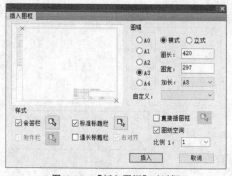

图12-98　【插入图框】对话框

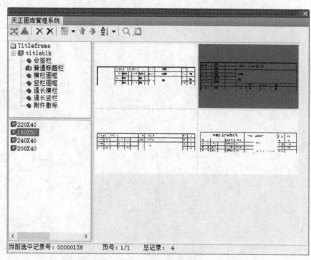

图12-99　【天正图库管理系统】对话框

5. 在【插入图框】对话框中单击 插入 按钮，再在布局窗口中按 Z 键，将图框插到布局原点的位置，结果如图 12-100 所示。

291

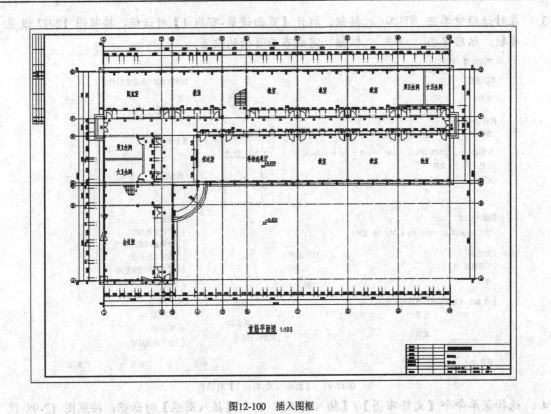

图12-100 插入图框

6. 对所有的平面图、立面图、剖面图进行图框的插入工作，并将图框中的信息填写完整，完成一套完整的建筑施工图。

第13章　某酒店建筑设计综合实例

【学习重点】

- 熟悉完整建筑图的绘制流程。
- 掌握建筑平面图的绘制方法。
- 掌握将建筑平面图转换成立面图、剖面图的方法。

本章将详细、完整地介绍绘制某酒店的建筑设计图，其中包括各楼层平面图、立面图及剖面图。

13.1　绘制首层建筑轴网

利用 T20 天正建筑 V8.0 绘制建筑平面图非常方便，用户可直接根据需要定义开间和进深来生成轴网，再根据轴网绘制墙体和门窗。由于门窗由天正建筑图库提供，因此用户只需选择门窗样式并在适当位置插入即可，无须另外定义图块。

本节将介绍某酒店建筑施工图首层平面图的绘制方法。根据前面所介绍的知识，利用【轴网柱子】菜单中的子命令绘制建筑轴网。

1. 创建一个空白文件，按 Ctrl+S 组合键，打开【图形另存为】对话框，将该文件命名为"建筑轴线网"后保存。

 在选择文件存储位置时，用户应在硬盘中单独创建一个名为"某酒店建筑施工图"的空白文件夹，将本工程的所有图纸都存放到该文件夹中，以便管理。

2. 选择菜单命令【轴网柱子】/【绘制轴网】，在弹出的【绘制轴网】对话框中按照表 13-1 中的参数绘制建筑轴网，如图 13-1 所示。

表 13-1　　　　　　　　　　　　　　　　　　　　　　轴网参数

轴网名称	轴网方向	轴网参数
直线轴网	上、下开间	7×7200
	左、右进深	6600，2400，6600，2400，6600

3. 在绘图区域中指定轴网的插入点为坐标原点，结果如图 13-2 所示。

 在实际工作中，图纸输出的轴网都是以点画线形式显示的，但 T20 天正建筑 V8.0 默认用户绘制的轴网为连续线。用户可利用菜单命令【轴网柱子】/【轴改线型】将轴网在连续线与点画线之间切换。

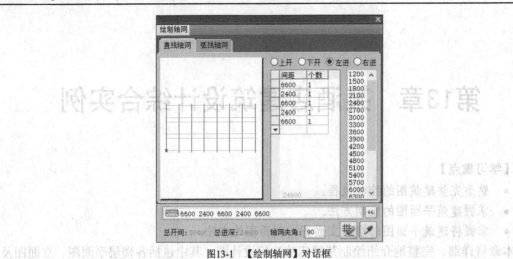

图13-1 【绘制轴网】对话框

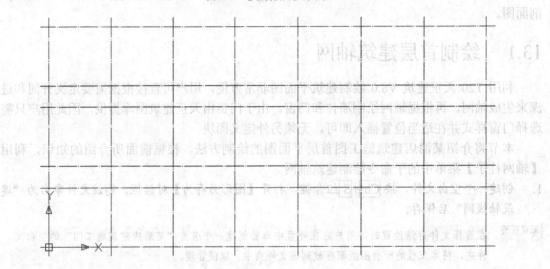

图13-2 插入轴网

4. 选择菜单命令【轴网柱子】/【轴网标注】，打开【轴网标注】对话框，如图 13-3 所示。在轴网下方的左右两条轴线上单击、在轴网左侧的上下两条轴线上单击，创建轴标，结果如图 13-4 所示。

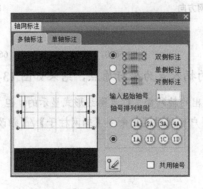

图13-3 【轴网标注】对话框

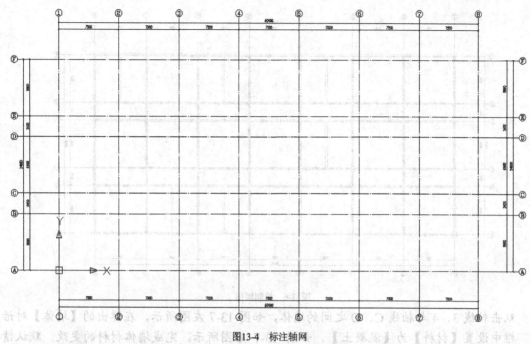

图13-4 标注轴网

5. 按 Ctrl+S 组合键保存文件。

13.2 绘制首层墙体和柱子

继续前面的练习，绘制墙体和柱子。

1. 按 Ctrl+Shift+S 组合键或选择 AutoCAD 中的菜单命令【文件】/【另存为】，打开【图形另存为】对话框，将文件名设置为"墙体和柱子"，再单击 保存(S) 按钮。

2. 选择菜单命令【墙体】/【绘制墙体】，打开【墙体】对话框，设置墙体左右宽均为"120"、【墙高】为"4200"，其余参数设置如图 13-5 所示，结果如图 13-6 所示。

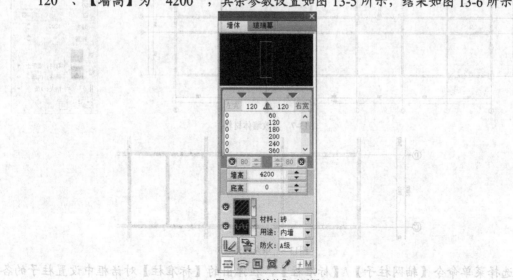

图13-5 【墙体】对话框

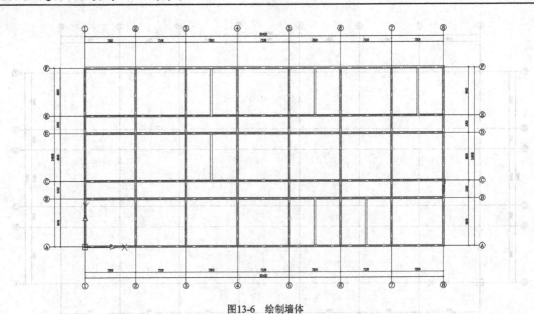

图13-6 绘制墙体

3. 双击轴线 3、4 与轴线 C、D 之间的墙体，如图 13-7 左图所示，在弹出的【墙体】对话框中设置【材料】为【混凝土】，如图 13-7 右图所示，完成墙体材料的更改。默认情况下，系统并不会显示图形的填充效果，用户可在【墙体】对话框单击 按钮，填充墙体，结果如图 13-8 所示。

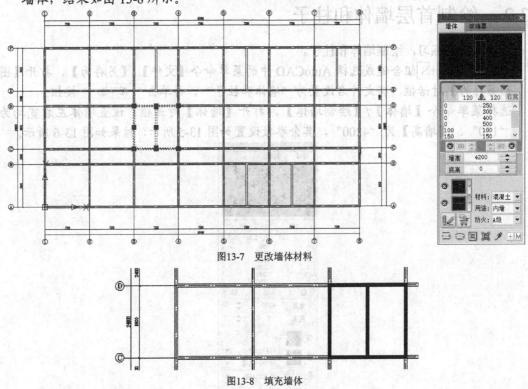

图13-7 更改墙体材料

图13-8 填充墙体

4. 选择菜单命令【轴网柱子】/【标准柱】，在弹出的【标准柱】对话框中设置柱子的各项参数，单击 按钮，如图 13-9 所示，然后框选整个墙体，在轴线的交点处创建柱子，结果如图 13-10 所示。

图13-9 【标准柱】对话框

要点提示 本例为方便起见，柱子的尺寸统一设置为 400×400，材料为钢筋砼，无偏心转角。

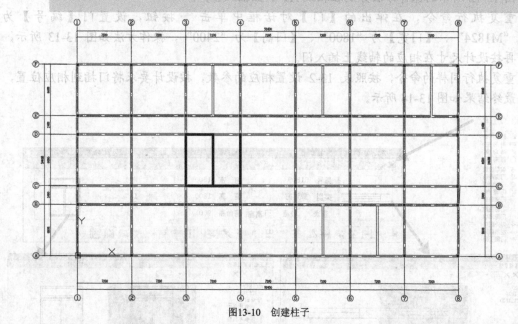

图13-10 创建柱子

5. 按设计要求使外墙的柱子统一与墙边对齐。选择菜单命令【轴网柱子】/【柱齐墙边】，以轴线 A 上的墙体和柱子为例进行说明，命令行显示如下。

命令: TAlignColu

请点取墙边<退出>:   //选择要对齐的墙边

选择对齐方式相同的多个柱子<退出>:指定对角点: 找到 8 个 //选择该墙上的所有柱子

选择对齐方式相同的多个柱子<退出>:   //按 Enter 键

请点取柱边<退出>:   //选择任意一个柱子的底边

其他外墙的操作方式与轴线 A 上的相同，结果如图 13-11 所示。

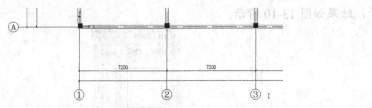

图13-11　外墙柱子修改

6.　按 Ctrl+S 组合键保存文件。

13.3　绘制首层门窗

绘制完墙体和柱子后，根据需要绘制门窗，操作步骤如下。

1.　继续前面的练习，按 Ctrl+Shift+S 组合键，打开【图形另存为】对话框，将文件名设置为"绘制门窗"后单击 保存(S) 按钮。

2.　选择菜单命令【门窗】/【门窗】，在弹出的【窗】对话框中单击 按钮，再设置【编号】为"C1809"、【窗宽】和【窗高】均为"1800"、【窗台高】为"900"，按照图 13-12 所示的操作方法分别在轴线 A、F 上插入窗户。

3.　重复执行命令，在弹出的【门】对话框中单击 按钮，设置门【编号】为"M1824"、【门宽】为"1800"、【门高】为"2400"，操作方法如图 13-13 所示，再按设计尺寸在相应的轴线上插入门。

4.　重复执行同样的命令，按照表 13-2 设置相应的参数，按设计要求将门插到相应位置，最终结果如图 13-14 所示。

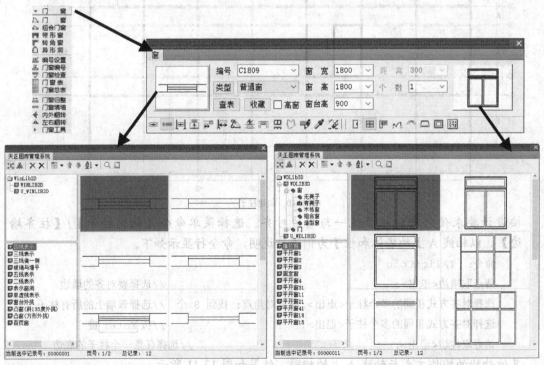

图13-12　窗户绘制操作

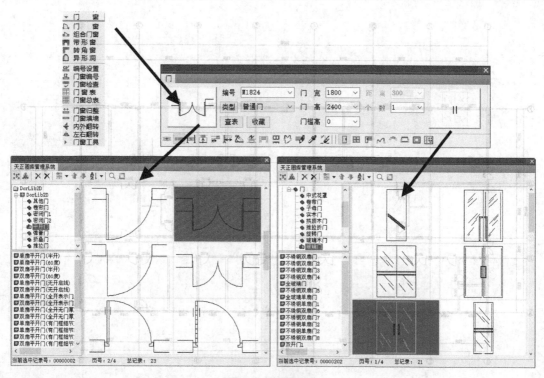

图13-13 门绘制操作

表 13-2   门窗参数

门窗名称	门窗参数
M1	1000×2100
M2	900×2100
M3	900×2100
M111	3600×3300
M0621	600×2100
M0921	900×2100
M1021	1000×2100
M1524	1500×2400
M1824	1800×2400
C1	1800×1800
C2	1500×1500
C3	1200×900
C1809	1800×1800

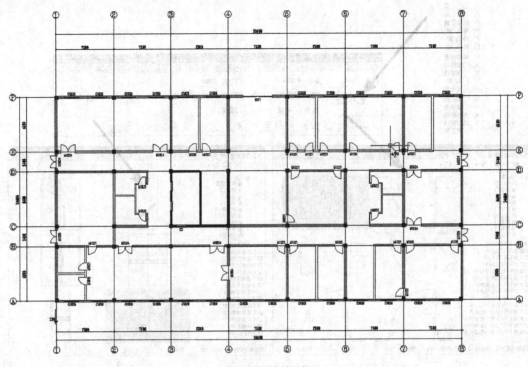

图13-14　绘制门窗

13.4　绘制首层楼梯

绘制完门窗后，就可根据设计要求绘制楼梯了，操作步骤如下。

1. 继续前面的练习，按 Ctrl+Shift+S 组合键，打开【图形另存为】对话框，在该对话框中将文件名设置为"绘制楼梯"，再单击 保存(S) 按钮。

2. 选择菜单命令【楼梯其他】/【双跑楼梯】，打开【双跑楼梯】对话框，参数设置如图 13-15 所示，按照系统提示在相应的位置插入楼梯。

3. 选择菜单命令【楼梯其他】/【电梯】，打开【电梯参数】对话框，如图 13-16 所示，按照系统提示在图中插入电梯，结果如图 13-17 所示。

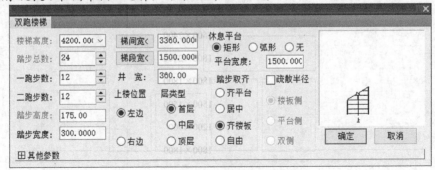

图13-15　【双跑楼梯】对话框

图13-16 【电梯参数】对话框

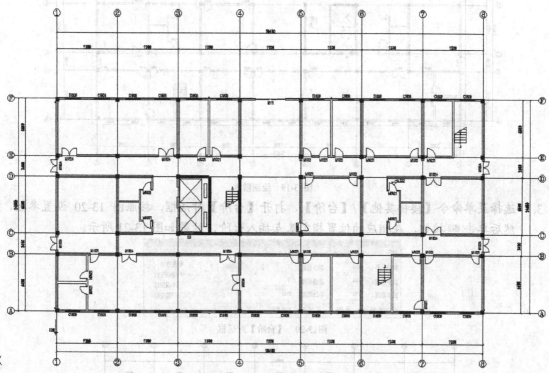

图13-17 绘制双跑楼梯和电梯

13.5 创建室内外构件及标注尺寸

本节将介绍如何绘制部分室内外构件及标注尺寸，操作步骤如下。

1. 继续前面的练习，按 Ctrl+Shift+S 组合键，将文件另存为"室内外构件及标注.dwg"。

2. 选择菜单命令【楼梯其他】/【散水】，打开【散水】对话框，如图 13-18 所示，设置 【室内外高差】为"600"、【散水宽度】为"600"，单击 按钮，选中所有已绘制的 外墙（或门窗、阳台），按 Enter 键结束，完成散水的创建，结果如图 13-19 所示。

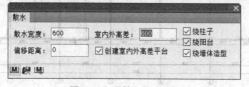

图13-18 【散水】对话框

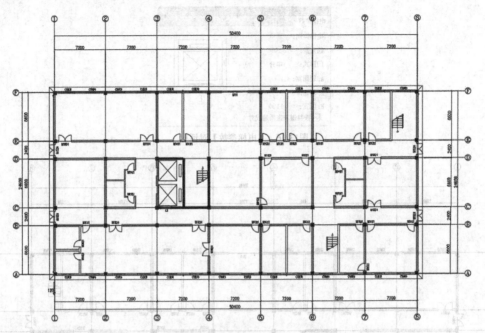

图13-19 绘制散水

3. 选择菜单命令【楼梯其他】/【台阶】，打开【台阶】对话框，按照图 13-20 设置参数，然后单击 ▣ 按钮，在相应的位置指定基点插入台阶，结果如图 13-21 所示。

图13-20 【台阶】对话框

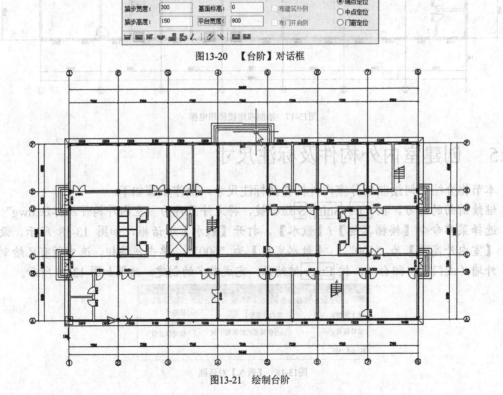

图13-21 绘制台阶

4. 选择菜单命令【房间屋顶】/【房间布置】/【布置洁具】，打开【天正洁具】对话框，如图 13-22 所示，选择"大便器"，双击"蹲便器（感应式）"图形，弹出【布置蹲便器（感应式）】对话框，设置【长度 X】为"300"、【宽度 Y】为"600"，如图 13-23 所示，然后单击 按钮在相应的位置插入蹲便器。

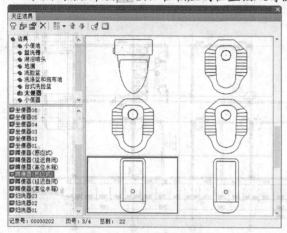

图13-22 【天正洁具】对话框

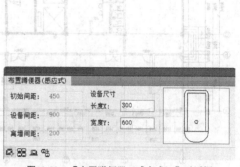

图13-23 【布置蹲便器（感应式）】对话框

5. 选择菜单命令【房间屋顶】/【房间布置】/【布置洁具】，打开【天正洁具】对话框，选择"洗脸盆"，双击"洗脸盆 06"图形，弹出【布置洗脸盆 06】对话框，参数设置如图 13-24 所示，同样采用"自由插入"的方式进行插入，洁具布置的效果如图 13-25 所示。

图13-24 【布置洗脸盆 06】对话框

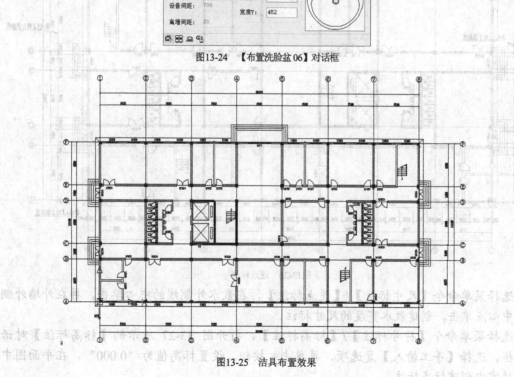

图13-25 洁具布置效果

6. 以轴线 A 上的墙体和门窗为例演示标注尺寸。选择菜单命令【尺寸标注】/【逐点标注】，根据命令行提示在外墙外侧指定一点，再沿墙体依次单击需要标注的位置，并且选择合适的尺寸线标注位置，结果如图 13-26 上图所示。

7. 用步骤 6 的方法标注轴线 1、8、F 上的墙体、门窗、柱子，以及台阶，结果如图 13-26 下图所示。

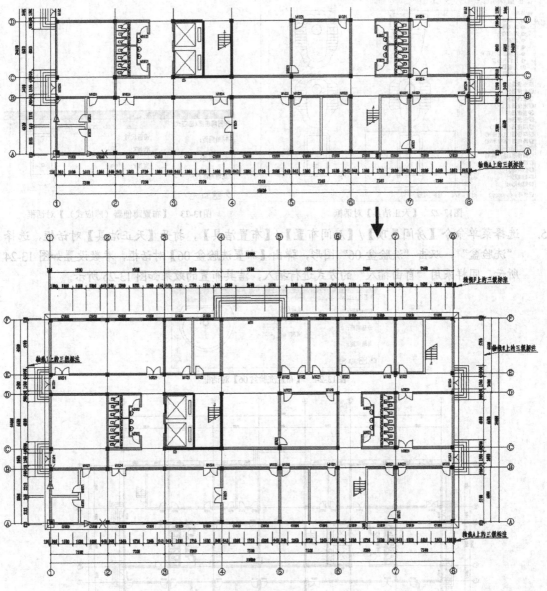

图13-26 逐点标注

8. 选择菜单命令【尺寸标注】/【逐点标注】，在散水外侧线的中心单击，再在外墙外侧中心点单击，创建散水宽度的尺寸标注。

9. 选择菜单命令【符号标注】/【标高标注】，打开图 13-27 所示的【标高标注】对话框，选择【手工输入】复选项，再单击▽按钮，设置标高值为"0.000"，在平面图中的室内创建标高标注。

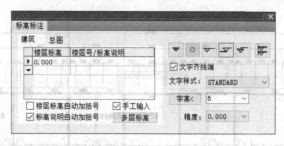

图13-27　【标高标注】对话框

10. 以同样的方法设置室内卫生间的标高为"−0.150"、散水以外区域的标高为"−0.600"，最终效果如图 13-28 所示。

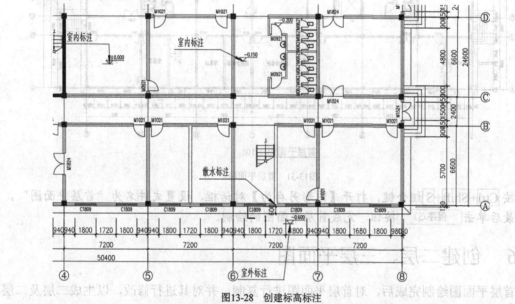

图13-28　创建标高标注

11. 选择菜单命令【文字表格】/【单行文字】，在打开的对话框中输入单行文本"办公室"，如图 13-29 所示，创建单行文本。选择菜单命令【符号标注】/【图名标注】，在打开的对话框中设置参数，如图 13-30 所示，创建图名标注。

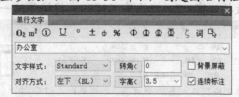

图13-29　创建单行文本

图13-30　创建图名标注

12. 创建的首层平面图的最终结果如图 13-31 所示。

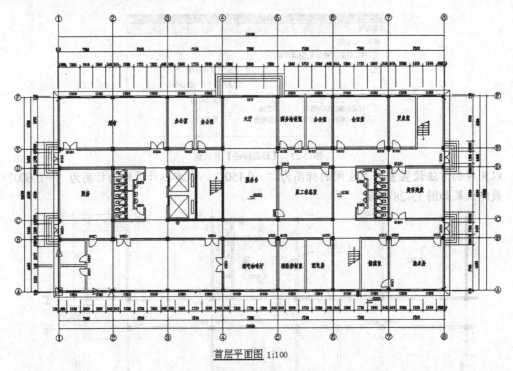

首层平面图 1:100

图13-31　首层平面图

13. 按 Ctrl+Shift+S 组合键，打开【图形另存为】对话框，设置文件名为"首层平面图"，最后单击 保存(S) 按钮，完成首层平面图的绘制。

13.6　创建二层、三层平面图

首层平面图绘制完成后，对首层平面图进行复制，并对其进行修改，以生成二层及二层以上的平面图。本节将介绍某酒店二层、三层平面图的绘制方法。

1. 继续前面的练习，按 Ctrl+Shift+S 组合键，将文件存储为"二、三层平面图.dwg"。
2. 将图中的楼梯、散水、台阶、三级标注及门 M1021 删除，删除门 M1524 后，在此位置按图 13-32 所示的参数插入窗 C2。双击窗 C1809，将编号统一改为"C1"。

图13-32　【窗】对话框

3. 将图中的房间按图 13-33 所示进行设置，房间中的卫生间墙体采用的材料为加气块，墙厚为 120，墙高与楼高相同，M1、M2 的参数如表 13-3 所示，将它们插到图中的相应位置，并对房间进行文字标注，如客房、卫生间等。

> 要点提示　本例以轴线 1~3 与轴线 E~F 之间的房间进行说明。

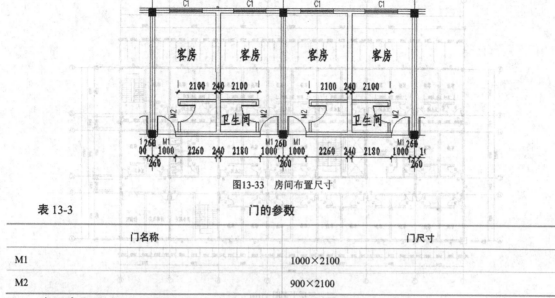

图13-33　房间布置尺寸

表 13-3	门的参数
门名称	门尺寸
M1	1000×2100
M2	900×2100

4. 其他房间的布置只需要对上两类房间进行复制和镜像即可完成。

5. 选择菜单命令【楼梯其他】/【双跑楼梯】，打开【双跑楼梯】对话框，参数设置如图 13-34 所示，在图中的合适位置插入双跑楼梯。

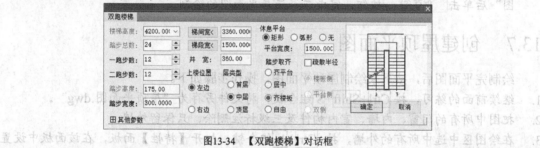

图13-34　【双跑楼梯】对话框

6. 选择菜单命令【符号标注】/【标高标注】，打开【标高标注】对话框，选择【手工输入】复选项，输入 "4.200" 和 "8.400" 两个标高，单击 按钮，如图 13-35 所示，在图中的合适位置创建标高标注。

7. 双击卫生间的门 M0921，弹出编辑框，将编号改为 "M3"，继续修改其他 3 个相同编号的门窗。

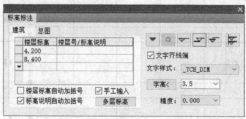

图13-35　【标高标注】对话框

8. 选择菜单命令【尺寸标注】/【逐点标注】，对整个建筑物外墙进行三级尺寸标注，同时对轴线 E 上的墙体、柱子、门窗进行尺寸标注；双击图名，把 "首层平面图" 改为 "二、三层平面图"，最终结果如图 13-36 所示。

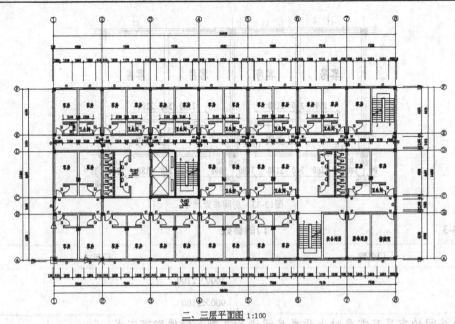

二、三层平面图 1:100

图13-36 二、三层平面图

9. 按 Ctrl+Shift+S 组合键，打开【图形另存为】对话框，设置文件名为"二、三层平面图"后单击 保存(S) 按钮，完成二、三层平面图的绘制。

13.7 创建屋顶平面图

绘制完平面图后，接下来绘制屋顶平面图，操作步骤如下。

1. 继续前面的练习，按 Ctrl+Shift+S 组合键，将文件另存为"屋顶平面图.dwg"。

2. 把图中所有的门窗、内墙、室内构件及三级标注删除，只保留外墙。

3. 在绘图区中选中所有的外墙，按 Ctrl+1 组合键，打开【特性】面板，在该面板中设置【墙高】为"600"。以同样的方法选中所有的柱子，并设置柱高为"600"，结果如图13-37所示。

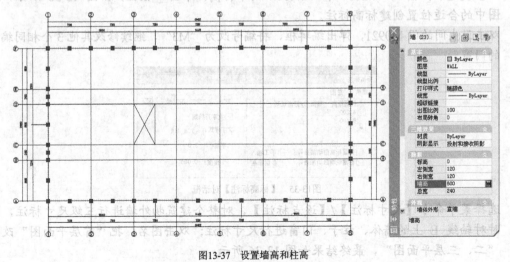

图13-37 设置墙高和柱高

4. 选择 AutoCAD 中的菜单命令【绘图】/【多段线】，按照图 13-38 绘制分水脊线和分格缝。

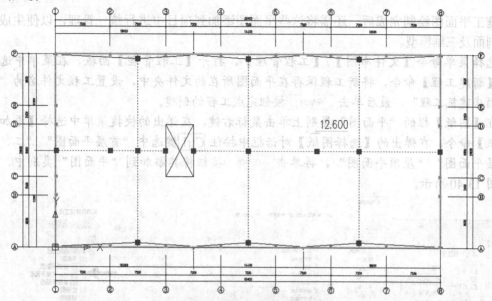

图13-38　绘制分水脊线和分格缝

5. 选中绘制的分水脊线和分格缝，按 $\boxed{\text{Ctrl}}$+$\boxed{1}$ 组合键，打开【特性】面板，在该面板中选择线型为虚线。

6. 选择菜单命令【符号标注】/【引出标注】，标注分水脊线和分格缝，设置坡度为 3%，结果如图 13-39 所示。

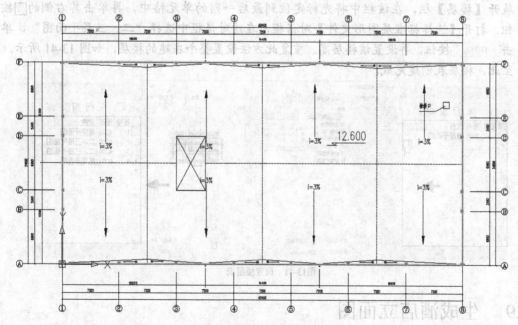

图13-39　创建引出标注

7. 按 $\boxed{\text{Ctrl}}$+$\boxed{\text{S}}$ 组合键保存文件。

13.8　建立酒店工程管理

施工平面图绘制完成后，还需将这些平面图添加到项目中进行统一管理，以便生成立面、剖面及三维模型。

1. 选择菜单命令【文件布图】/【工程管理】，打开【工程管理】面板，在菜单中选择【新建工程】命令，将新工程保存在平面图所在的文件夹中，设置工程文件名为"某酒店建筑工程"，最后单击 保存(S) 按钮完成工程的创建。

2. 在【图纸】栏的"平面图"类别上单击鼠标右键，在弹出的快捷菜单中选择【添加图纸】命令，在弹出的【选择图纸】对话框中按住 Ctrl 键选中"首层平面图""二、三层平面图""屋顶平面图"，再单击 打开(O) 按钮将其添加到"平面图"类别中，如图 13-40 所示。

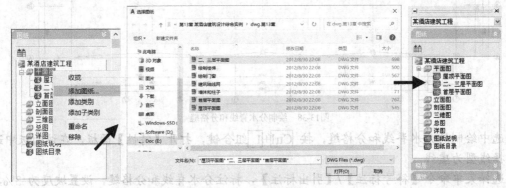

图13-40　添加图纸文件

3. 展开【楼层】栏，在该栏中将光标定位到最后一列的单元格中，再单击其右侧的□按钮，打开【选择标准层图形文件】对话框，在该对话框中选择"二、三层平面图"，单击 打开(O) 按钮，再设置该楼层高。重复此方法设置整个在建的楼层，如图 13-41 所示。

4. 至此，楼层表创建完成。

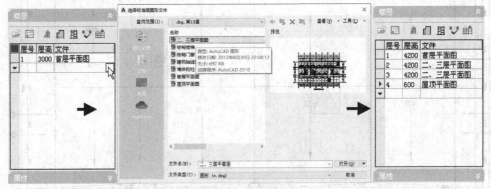

图13-41　设置楼层表

13.9　生成酒店立面图

利用已建好的工程文件生成立面图，操作步骤如下。

1. 在【工程管理】面板的【楼层】栏中单击 按钮，选择生成正立面，并选中首层平面图中的轴线 1 和 8，在弹出的【立面生成设置】对话框中单击 生成立面 按钮，在打开的对话框中输入文件名后单击 保存(S) 按钮生成立面图。

2. 系统生成的立面图并不能满足用户的需求，此时可选择 AutoCAD 中的菜单命令【绘图】/【多段线】，按照图 13-42 绘制立面图中所需的其他详细部分。

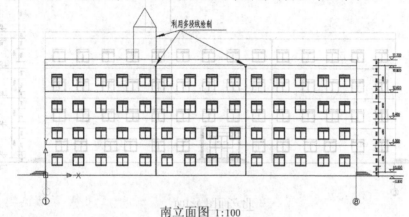

图13-42　利用多段线绘制屋顶装饰

3. 选择菜单命令【尺寸标注】/【逐点标注】，按照命令行提示对屋顶塔楼装饰进行标注，同时选择菜单命令【符号标注】/【引出标注】，在弹出的【引出标注】对话框中设置标注参数，如图 13-43 所示，并进行立面图标注，结果如图 13-44 所示。

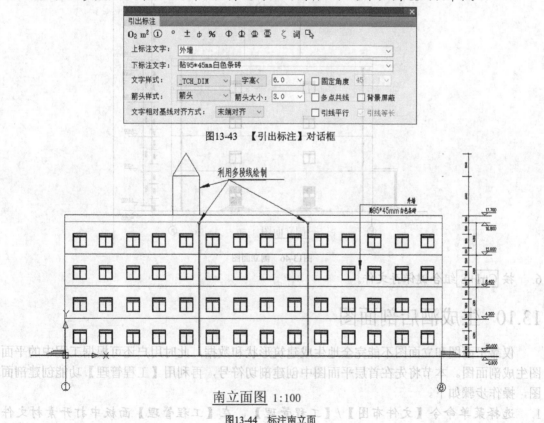

图13-43　【引出标注】对话框

图13-44　标注南立面

4. 用相同的方法创建酒店的北立面图，其图形装饰部分及增补标注部分与南立面图完全相同，结果如图 13-45 所示。

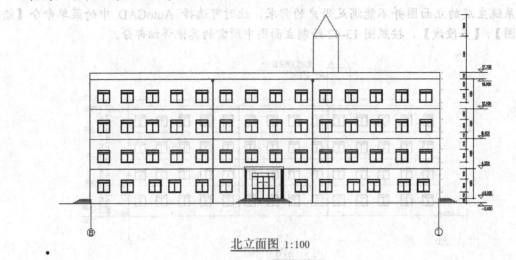

北立面图 1:100

图13-45 北立面图

5. 用相同的方法创建酒店的侧立面图，其图形装饰部分及增补标注部分与南立面图完全相同，结果如图 13-46 所示。

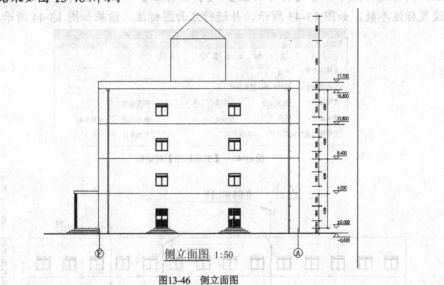

侧立面图 1:50

图13-46 侧立面图

6. 按 Ctrl+S 组合键保存文件。

13.10 生成酒店剖面图

仅靠平面图和立面图不能完全地生成建筑形状和数据，此时用户还可根据工程中的平面图生成剖面图。本节将先在首层平面图中创建剖切符号，再利用【工程管理】功能创建剖面图，操作步骤如下。

1. 选择菜单命令【文件布图】/【工程管理】，在【工程管理】面板中打开素材文件

"dwg\第 13 章\某酒店建筑工程.tpr"。

2. 在【工程管理】面板中展开【图纸】栏，双击"平面图"类别中的"首层平面图"，此时首层平面图被打开，选择菜单命令【符号标注】/【剖切剖切】，创建剖切符号，如图 13-47 所示。

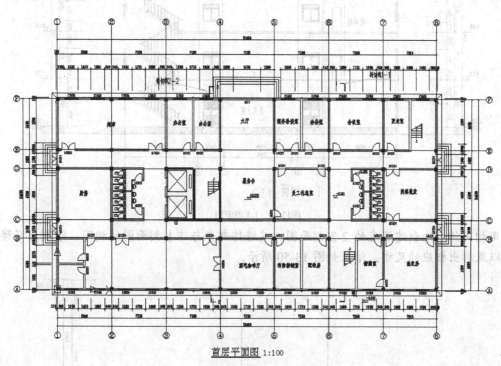

首层平面图 1:100

图13-47　创建剖切符号

3. 选择菜单命令【剖面】/【建筑剖面】，单击首层平面图中已创建好的剖切符号，再选择需显示在剖面图中的轴线，单击鼠标右键结束选择，在弹出的【剖面生成设置】对话框中单击 生成剖面 按钮，生成剖面图。

4. 重复生成立面图的方法，在剖面图中利用【多段线】命令绘制各装饰线。选择菜单命令【剖面】/【剖面填充】，打开【请点取所需的填充图案：】对话框，如图 13-48 所示，选择相应的填充材料和填充比例，在剖面图中对墙体剖面、楼板剖面、散水剖面等进行填充。

图13-48　【请点取所需的填充图案：】对话框

5. 选择菜单命令【符号标注】/【引出标注】，在弹出的【引出标注】对话框中为 1-1 剖面图添加文字标注，结果如图 13-49 所示。

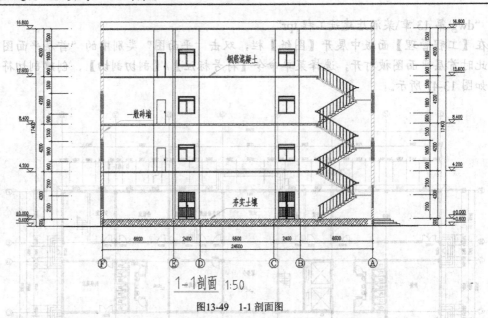

图13-49 1-1 剖面图

6. 用相同的方法创建酒店的 2-2 剖面图，其修饰部分与 1-1 剖面图的相同，绘制出塔楼，以及标出相应的尺寸，结果如图 13-50 所示。

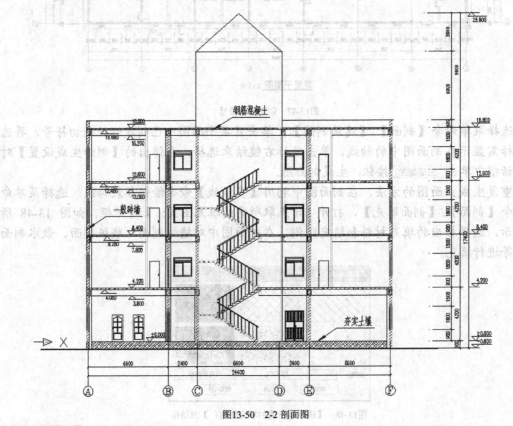

图13-50 2-2 剖面图

7. 按 Ctrl+S 组合键保存文件。

13.11　布置酒店图纸

　　绘制完施工图的平面图、立面图和剖面图后，就要制作建筑说明了，最后将各图纸及说明进行输出。本案例将对已绘制好的图形进行打印前的布局，布局内容包括页面设置、图框添加、图框信息的填写等，操作步骤如下。

1. 打开素材文件"dwg\第 13 章\首层平面图.dwg"，单击绘图区左下方的【布局 1】标签，进入"布局 1"环境中，按 Ctrl+A 组合键，选中布局页面中的全部对象，按 Delete 键将选中的对象删除。

2. 在【布局 1】标签上单击鼠标右键，在弹出的快捷菜单中选择【页面设置管理器】命令，打开【页面设置管理器】对话框，如图 13-51 所示。

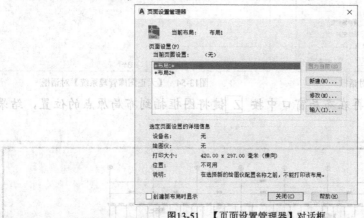

图13-51　【页面设置管理器】对话框

3. 在对话框中单击 修改(M)... 按钮，打开【页面设置-布局 1】对话框，参数设置如图 13-52 所示，然后单击 确定 按钮，完成布局页面的设置。

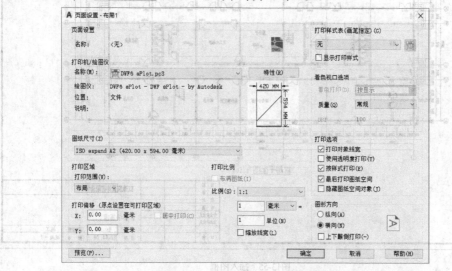

图13-52　【页面设置 - 布局 1】对话框

4. 选择菜单命令【文件布图】/【插入图框】，打开【插入图框】对话框，参数设置如图 13-53 所示，然后单击【标准标题栏】复选项右侧的 按钮，弹出【天正图库管理系统】对话框，如图 13-54 所示，选择"普通标题栏"下的"180×50"，双击该图案返回【插入图框】对话框。

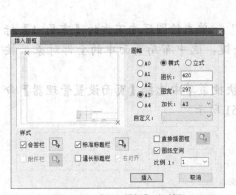

图13-53　【插入图框】对话框

图13-54　【天正图库管理系统】对话框

5. 单击　插入　按钮，再在布局窗口中按 Z 键将图框插到布局原点的位置，结果如图 13-55 所示。

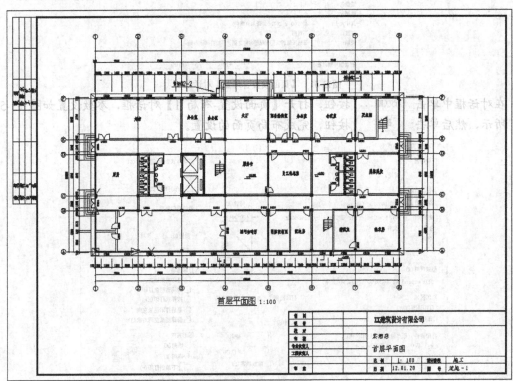

图13-55　插入图框

6. 对所有平面图、立面图、剖面图进行图框的插入工作，并填写图框中的信息，完成一套完整的建筑施工图。